普通高等教育"十三五"规划教材

应用随机过程

施三支　马文联　主编

电子工业出版社

Publishing House of Electronics Industry

北京·BEIJING

内 容 简 介

本书介绍应用随机过程的基础知识，将随机过程的基本理论和分析问题、解决问题的方法与自然科学、工程技术、经济学及社会科学等相关知识结合，注重渗透现代数学思想和方法，融入数学建模思想，加强培养学生应用随机过程的理论、方法解决实际问题的能力。

全书共分为 10 章，分别是预备知识、随机过程的基本概念、泊松过程、更新过程、马尔可夫链、连续时间的马尔可夫链、随机分析与随机微分方程、鞅、布朗运动和平稳过程。本书提供配套电子课件和每章习题详细解答。

本书既可以作为大专院校相关专业高年级本科生或研究生的教材或教学参考书，也可以供相关领域的读者学习、参考。

图书在版编目 (CIP) 数据

应用随机过程 / 施三支，马文联主编. —北京：电子工业出版社，2018.3

ISBN 978-7-121-33106-0

Ⅰ. ①应…　Ⅱ. ①施… ②马…　Ⅲ. ①随机过程－高等学校－教材　Ⅳ. ①O211.6

中国版本图书馆 CIP 数据核字（2017）第 288526 号

策划编辑：王晓庆
责任编辑：王晓庆
印　　刷：河北虎彩印刷有限公司
装　　订：河北虎彩印刷有限公司
出版发行：电子工业出版社
　　　　　北京市海淀区万寿路 173 信箱　　邮编：100036
开　　本：787×1 092　1/16　印张：13.5　　字数：346 千字
版　　次：2018 年 3 月第 1 版
印　　次：2025 年 7 月第 8 次印刷
定　　价：45.00 元

前　　言

随机过程是研究客观世界中随机演变过程的理论工具，起源于统计物理学领域，是对一系列的随机事件间动态关系的定量描述，其理论在物理、生物、工程、心理学、计算机科学、经济、社会科学等领域都得到了广泛的应用，发展迅速，并显示出十分重要的作用。随机过程在处理问题的思路和方法上有着独特的风格，为进一步学习现代科学技术、探索科学技术新领域奠定了必要的数学基础。

本书是编者根据多年的教学和科研经验，在《随机过程》一书的基础上修改编写而成的。本书对应用随机过程的基本理论做了介绍，将用随机过程的基本理论分析问题、解决问题的方法与自然科学、工程技术、经济学及社会科学等相关知识结合，注重渗透数学建模思想，加强培养学生应用随机过程的理论、方法解决实际问题的能力。应用随机过程是各理工科专业，特别是统计学、电子通信、计算机、金融工程等专业的本科生及研究生重要的专业基础课，先修课程是高等数学、概率论和线性代数。

全书共分为 10 章，分别是预备知识、随机过程的基本概念、泊松过程、更新过程、马尔可夫链、连续时间的马尔可夫链、随机分析与随机微分方程、鞅、布朗运动和平稳过程。本书在内容上力求以简明扼要、通俗易懂的语言深入浅出地为读者诠释概念、解析疑难，着重强调基本方法的叙述和实际事例的演示，并在书后给出了每章习题的详细解答。

本书既可以作为大专院校相关专业高年级本科生或研究生的教材或教学参考书，也可以供相关领域的读者学习、参考。

本书提供配套电子课件，请登录华信教育资源网（http://www.hxedu.com.cn）注册下载，也可联系本书编辑［(010) 88254113，wangxq@phei.com.cn］索取。

施三支编写了本书的第 1～4 章和第 7、8 章，马文联编写了第 5、6、9、10 章及相应的习题答案。本书的出版，得到了长春理工大学教务处领导和电子工业出版社编辑的大力帮助和支持，在此向他们致以诚挚的谢意。特别要感谢王晓庆编辑对本书的出版给予了极大的帮助。

由于编者水平和学识有限，书中难免有错误和不妥之处，恳请广大读者批评指正。

作　者

2018 年 2 月

于长春理工大学

目　　录

第1章 预 备 知 识

　　一般来说，随机过程可视为动态的随机变量．对随机过程一般理论的研究通常认为开始于 20 世纪 30 年代，其理论基础被公认为是由柯尔莫哥洛夫（Kolmogorov）和杜布（Doob）奠定的．这一学科最早源于对物理学的研究．吉布斯（Gibbs）、玻尔兹曼（Boltzmann）、庞加莱（Poincare）、爱因斯坦（Einstein）、维纳（Wiener）及莱维（Levy）等人都做了这方面开创性的工作．1931 年，Kolmogorov 发表了《概率论的解析方法》，奠定了马尔可夫（Markov）过程的理论基础．1953 年，Doob 出版了《随机过程论》，系统且严格地叙述了随机过程基本理论．

　　随机过程是以概率论为基础的，本章对要用到的概率论基本知识做简单的回顾，包括概率的定义，随机变量及分布函数，数字特征，矩母函数和特征函数，n 维高斯分布，最后给出几种收敛的定义．

1.1 概　　率

　　概率论中，随机试验是指在一定条件下，其结果事先不能确定的试验．所有可能的试验结果组成样本空间，通常用 Ω 表示，Ω 中的元素称为样本点，通常用 ω 表示．Ω 的子集称为事件，通常用 A、B、C 等表示，空集 $\varnothing$ 称为不可能事件，Ω 也称为必然事件（注：本书中，∞ 等同于 $+\infty$）．

　　定义 1.1　设 Ω 是一个集合，$A \subset \Omega$，如果 $P(A)$ 满足：

（1）$0 \leqslant P(A) \leqslant 1$；

（2）$P(\varnothing) = 1$；

（3）对两两互不相容事件 $A_1, A_2, \cdots, A_n \subset \Omega$ 有，$P\left(\bigcup_{n=1}^{\infty} A_n\right) = \sum_{n=1}^{\infty} P(A_n)$．

则称 $P(A)$ 是事件 A 的概率（Probability）．

　　由定义可知，概率具有如下性质：

（1）$P(\varnothing) = 0$；

（2）如果 $A \subset B$，则 $P(A) \leqslant P(B)$；（单调性）

（3）$A_1, A_2, \cdots, A_n \subset \Omega$，有 $P\left(\bigcup_{n=1}^{\infty} A_n\right) \leqslant \sum_{n=1}^{\infty} P(A_n)$；（次可加性）

（4）若 $A_1, A_2, \cdots, A_n \subset \Omega$，有

$$P(A_1 \bigcup A_2 \bigcup \cdots \bigcup A_n) = \sum_{i=1}^{n} P(A_i) - \sum_{1 \leqslant i < j \leqslant n} P(A_i A_j) + \sum_{1 \leqslant i < j < k \leqslant n} P(A_i A_j A_k) -$$
$$\cdots + (-1)^{n-1} P(A_1 A_2 \cdots A_n)；（多除少补原理） \tag{1.1}$$

（5）若 $A_1 \subset A_2 \subset \cdots$，有 $\lim_{n \to \infty} P(A_n) = P(\lim_{n \to \infty} A_n) = P\left(\bigcup_{n=1}^{\infty} A_n\right)$；若 $A_1 \supset A_2 \supset \cdots$，有 $\lim_{n \to \infty} P(A_n) =$

$P(\lim_{n \to \infty} A_n) = P\left(\bigcap_{n=1}^{\infty} A_n\right)$．（连续性）

性质（5）中，如果事件序列 $\{A_n, n \geq 1\}$ 满足 $A_n \subset A_{n+1} (n \geq 1)$，则称为递增序列；如果满足 $A_n \supset A_{n+1} (n \geq 1)$，则称为递减序列．对递增序列 $\{A_n, n \geq 1\}$，有 $A_n = \bigcup\limits_{k=1}^{n} A_k$，从而有 $\lim\limits_{n \to \infty} A_n = \bigcup\limits_{n=1}^{\infty} A_n$；对递减序列 $\{A_n, n \geq 1\}$，有 $A_n = \bigcap\limits_{k=1}^{n} A_k$，从而有 $\lim\limits_{n \to \infty} A_n = \bigcap\limits_{n=1}^{\infty} A_n$．

下面看性质（4）的一个应用例子．

【例 1.1】（匹配问题）在一次集会上，n 个人把他们的帽子放到房间的中央混合在一起，而后每人随机选取一项，求恰好有 k 个人拿到自己帽子的概率．

解：记 P_k 为恰有 k 个人拿到自己帽子的概率，$k = 0, 1, 2, \cdots, n$，并设 A_i 为第 i 个人拿到自己帽子这一事件，$i = 1, 2, \cdots, n$，则 P_0 表示没有人拿到自己帽子的概率，且

$$P_0 = P(\bar{A}_1 \bar{A}_2 \cdots \bar{A}_n) = 1 - P(A_1 \cup A_2 \cup \cdots \cup A_n)$$

$$= 1 - \left[\sum_{i=1}^{n} P(A_i) - \sum_{1 \leq i < j \leq n} P(A_i A_j) + \sum_{1 \leq i < j < k \leq n} P(A_i A_j A_k) - \cdots + (-1)^{n-1} P(A_1 A_2 \cdots A_n) \right].$$

依题意，A_i 表示第 i 个人拿到自己帽子，因第 i 个人是等可能地选 n 个帽子中的任何一项，故有

$$P(A_i) = \frac{1}{n},$$

同样，对任意的 $i < j < k$，有

$$P(A_i A_j) = P(A_i) P(A_j \mid A_i) = \frac{1}{n} \cdot \frac{1}{n-1} = \frac{1}{n(n-1)},$$

$$P(A_i A_j A_k) = P(A_i) P(A_j \mid A_i) P(A_k \mid A_i A_j) = \frac{1}{n(n-1)(n-2)},$$

$$\cdots$$

$$P(A_1 A_2 \cdots A_n) = \frac{1}{n(n-1)\cdots 1} = \frac{1}{n!},$$

因此，没有一个人拿对自己帽子的概率为

$$P_0 = 1 - \left[C_n^1 \frac{1}{n} - C_n^2 \frac{1}{n(n-1)} + C_n^3 \frac{1}{n(n-1)(n-2)} - \cdots + (-1)^{n-1} C_n^n \frac{1}{n!} \right]$$

$$= 1 - 1 + \frac{1}{2!} - \frac{1}{3!} + \frac{1}{4!} - \cdots + \frac{(-1)^n}{n!} = \sum_{k=0}^{n} \frac{(-1)^k}{k!}.$$

P_k 为恰有 k 个人拿到自己帽子的概率．而前 k 个人拿到自己帽子，后 $n-k$ 个人没有拿到自己帽子的概率为

$$P(A_1 A_2 \cdots A_k \bar{A}_{k+1} \bar{A}_{k+2} \cdots \bar{A}_n) = P(A_1 A_2 \cdots A_k) P(\bar{A}_{k+1} \bar{A}_{k+2} \cdots \bar{A}_n \mid A_1 A_2 \cdots A_k)$$

$$= \frac{1}{n(n-1)\cdots(n-k+1)} \cdot \sum_{m=0}^{n-k} \frac{(-1)^m}{m!},$$

这里由 P_0 的表达式可知，

$$P(\overline{A}_{k+1}\overline{A}_{k+2}\cdots\overline{A}_n \mid A_1A_2\cdots A_k) = \sum_{m=0}^{n-k}\frac{(-1)^m}{m!}.$$

这种不同的排序方法共有 C_n^k 种，因此恰有 k 个人拿到自己帽子的概率为

$$P_k = C_n^k \frac{1}{n(n-1)\cdots(n-k+1)}\cdot\sum_{m=0}^{n-k}\frac{(-1)^m}{m!} = \frac{1}{k!}\cdot\sum_{m=0}^{n-k}\frac{(-1)^m}{m!},\quad k=0,1,2,\cdots,n.$$

注意到，显然当 $n\to\infty$ 时，$P_k\to\dfrac{\mathrm{e}^{-1}}{k!}$.

1.2　随机变量与分布函数

定义 1.2　设 $X=X(\omega)$ 是定义在 Ω 上，取值于 $\mathbf{R}$ 的实函数，如果对任意实数 x，$P\{\omega: X(\omega)\leqslant x\}$ 是某试验结果 $A\subset\Omega$ 的概率，则称 X 是一个**随机变量**（Random variable）. 称函数

$$F(x) = P\{\omega:\ X(\omega)\leqslant x\},\quad -\infty < x < \infty \tag{1.2}$$

为随机变量 X 的（**累积**）**分布函数**（Cumulative distribution function）.

注意，我们常常略去 ω 不写.

记 $\overline{F}(x) = 1 - F(x) = P(X > x)$. 如果 X 表示机器的寿命，则 $P\{X > x\}$ 表示到 x 时机器还工作的概率，因此称 $\overline{F}(x)$ 为生存函数.

分布函数具有下列性质：

（1）$F(x)$ 是非减函数，即当 $x_1 < x_2$ 时，$F(x_1)\leqslant F(x_2)$；

（2）$0\leqslant F(x)\leqslant 1$，且 $F(-\infty) = \lim\limits_{x\to -\infty}F(x) = 0$，$F(+\infty) = \lim\limits_{x\to +\infty}F(x) = 1$；

（3）$F(x)$ 是右连续的，即 $F(x+0) = F(x)$.

可以证明，如果定义在实数域 $\mathbf{R}$ 上的实值函数 $F(x)$ 满足以上三条性质，则必存在一个随机变量 X，其分布函数为 $F(x)$.

随机变量 X 称为**离散的**（Discrete），如果它取值的集合是有限的或可数的. 对离散型随机变量 X，其分布函数为

$$F(x) = \sum_{x_k\leqslant x} P\{X = x_k\}.$$

随机变量 X 称为**连续的**（Continuous），如果存在一非负可积函数 $p(x)$，使其分布函数

$$F(x) = \int_{-\infty}^{x} p(x)\mathrm{d}x.$$

这里 $p(x)$ 称为随机变量 X 的**概率密度函数**（Probability density function）.

表 1.1 和表 1.2 分别给出了一些常见的离散型和连续型随机变量的概率分布和概率密度函数.

定义 1.3　设 $X=(X_1, X_2, \cdots, X_n)$ 是定义在 Ω 上的 n 维空间 $\mathbf{R}^n$ 中取值的向量函数，如果对任意 $x=(x_1, x_2, \cdots, x_n)\in\mathbf{R}^n$，$P\{\omega: X_1\leqslant x_1, X_2\leqslant x_2, \cdots, X_n\leqslant x_n\}$ 是某试验结果 $A\subset\Omega$ 的概率，则称 X 为 n 维随机变量或随机向量（Random vector）. 称

$$F(x) = F(x_1, x_2, \cdots, x_n) = P\{X_1\leqslant x_1, X_2\leqslant x_2, \cdots, X_n\leqslant x_n\} \tag{1.3}$$

为 $X=(X_1, X_2, \cdots, X_n)$ 的联合分布函数 (Joint distribution function).

联合分布函数 $F(x_1, x_2, \cdots, x_n)$ 也有与一维随机变量的分布函数类似的性质.

设 $F(x_1, x_2, \cdots, x_n)$ 为 $(X_1, X_2, \cdots, X_n)$ 的联合分布函数, $i_1, i_2, \cdots, i_k$ 是 $1, 2, \cdots, n$ 中任意 k 个数, 若 $1 \leqslant i_1 < i_2 < \cdots < i_k \leqslant n$, 则 $X_{i_1}, X_{i_2}, \cdots, X_{i_k}$ 的边际分布函数为

$$F_{i_1, i_2, \cdots, i_k}(x_{i_1}, x_{i_2}, \cdots, x_{i_k}) = F(\infty, \cdots, \infty, x_{i_1}, \infty, \cdots, \infty, x_{i_2}, \infty, \cdots, \infty, x_{i_k}, \infty, \cdots, \infty).$$

定义 1.4 设 $X_1, X_2, \cdots, X_n$ 是定义在 Ω 上的 n 个随机变量, $F(x_1, x_2, \cdots, x_n)$ 和 $F_1(x_1), \cdots, F_n(x_n)$ 分别是 $(X_1, X_2, \cdots, X_n)$ 的联合分布函数和 $X_1, X_2, \cdots, X_n$ 的边际分布函数, 如果 $\forall x_1, x_2, \cdots, x_n \in \mathbf{R}$, 有

$$F(x_1, x_2, \cdots, x_n) = F_1(x_1) F_2(x_2) \cdots F_n(x_n), \tag{1.4}$$

则称随机变量 $X_1, X_2, \cdots, X_n$ 是相互独立的 (Independent).

表 1.1　常见的离散型随机变量

分　布	概　率　分　布	期　　望	方　　差
0-1 分布	$P(X=1)=p,\ P(X=0)=q,\ 0<p<1,\ p+q=1$	p	pq
二项分布	$P(X=k)=C_n^k p^k q^{n-k},\ 0<p<1,\ p+q=1,\ k=0,1,\cdots,n$	np	npq
泊松分布	$P(X=k)=\dfrac{\lambda^k}{k!}\mathrm{e}^{-\lambda},\ \lambda>0,\ k=0,1,\cdots$	λ	λ
几何分布	$P(X=k)=pq^{k-1},\ 0<p<1,\ p+q=1,\ k=1,2,\cdots$	$1/p$	q/p^2
负二项分布	$P(X=j)=C_{j-1}^{k-1} p^k q^{j-k},\ 0<p<1,\ p+q=1,\ j\geqslant k$	k/p	kq/p^2
离散均匀分布	$P\left(X=a+i\dfrac{b-a}{n}\right)=\dfrac{1}{n+1},\quad i=0,1,\cdots,n$	$\dfrac{a+b}{2}$	$\dfrac{(n+2)(b-a)^2}{12n}$

表 1.2　常见的连续型随机变量

分　布	概　率　密　度　函　数	期　　望	方　　差
指数分布	$p(x)=\lambda\mathrm{e}^{-\lambda x},\ \lambda>0, x>0$	$1/\lambda$	$1/\lambda^2$
正态分布	$p(x)=\dfrac{1}{\sqrt{2\pi}\sigma}\mathrm{e}^{-(x-a)^2/2\sigma^2}$	a	σ^2
瑞利分布	$p(x)=\dfrac{x}{\sigma^2}\mathrm{e}^{\frac{x^2}{2\sigma^2}},\quad \sigma>0, x>0$	$\sqrt{\dfrac{\pi}{2}}\sigma$	$\left(2-\dfrac{\pi}{2}\right)\sigma^2$
均匀分布	$p(x)=\begin{cases}1/(b-a), & a<x<b \\ 0, & \text{其他}\end{cases}$	$\dfrac{a+b}{2}$	$\dfrac{(b-a)^2}{12}$
χ^2 分布	$p(x)=\dfrac{x^{(n/2)-1}}{2^{N/2}\Gamma(n/2)}\mathrm{e}^{-\frac{x}{2}},\ n>0, x>0$	n	$2n$
Γ 分布	$p(x)=\dfrac{\lambda^\alpha}{\Gamma(\alpha)}x^{\alpha-1}\mathrm{e}^{-\lambda x},\ \alpha,\lambda>0, x>0$	$\dfrac{\alpha}{\lambda}$	$\dfrac{\alpha}{\lambda^2}$
β 分布	$p(x)=\begin{cases}\dfrac{\Gamma(\alpha+\beta)}{\Gamma(\alpha)\Gamma(\beta)}x^{\alpha-1}(1-x)^{\beta-1}, & 0<x<1 \\ 0, & \text{其他}\end{cases}\quad \alpha,\beta>0$	$\dfrac{\alpha}{\alpha+\beta}$	$\dfrac{\alpha\beta}{(\alpha+\beta)^2(\alpha+\beta+1)}$

1.3　数　字　特　征

随机变量的分布函数反映了随机变量的所有特征, 但是在实际问题中, 确定随机变量的分布一般是相当麻烦的. 有时只需要知道随机变量的某些特征就够了.

定义 1.5 设随机变量 X 的分布函数为 $F(x)$，若 $\int_{-\infty}^{\infty} |x| \, dF(x) < \infty$，则称

$$E(X) = \int_{-\infty}^{\infty} x \, dF(x) = \begin{cases} \int_{-\infty}^{\infty} xp(x)dx, & X \text{ 为连续型}, \\ \sum_{k=1}^{\infty} x_k P\{X = x_k\}, & X \text{ 为离散型}. \end{cases} \tag{1.5}$$

为 X 的**数学期望**（Expectation）或均值.

注意：定义 1.5 中的积分为黎曼–斯蒂杰斯（Riemann-Stieltjes）积分，其性质与普通的黎曼（Riemann）积分类似.

定义 1.6 设 X 是随机变量，若 $E(X^2) < \infty$，则称

$$\text{Var}(X) = E[X - E(X)]^2 \tag{1.6}$$

为 X 的**方差**（Variance），或记为 $D(X)$. 称 $\sigma = \sqrt{\text{Var}(X)}$ 为 X 的**标准差**（或均方差）.

表 1.1 和表 1.2 中给出了一些常见分布的期望和方差.

定义 1.7 设 X、Y 是随机变量，若 $E(X^2) < \infty$，$E(Y^2) < \infty$，则称

$$\text{Cov}(X,Y) = E\{[X - E(X)][Y - E(Y)]\} \tag{1.7}$$

为 X、Y 的**协方差**（Covariance）. 称

$$\rho_{XY} = \frac{\text{Cov}(X,Y)}{\sqrt{\text{Var}(X)}\sqrt{\text{Var}(Y)}} \tag{1.8}$$

为 X、Y 的**相关系数**（Correlation coefficient）.

若 $\rho_{XY} = 0$ 或 $\text{Cov}(X,Y) = 0$，则称 X、Y 不相关.

下面给出一个常用的概率不等式.

定理 1.1 （**柯西–施瓦兹不等式** Cauchy-Schwarz inequality）

如果 $E(X^2)$ 和 $E(Y^2)$ 存在，则

$$|E(XY)| \leqslant [E(X^2)]^{1/2} [E(Y^2)]^{1/2} . \tag{1.9}$$

定义 1.8 设 X、Y 是随机变量，若下列期望值存在，则

（1）称 $E(X^k)$ 为 X 的 k 阶（原点）**矩**（Moment）；

（2）称 $E\{[X - E(X)]^k\}$ 为 X 的 k 阶中心矩；

（3）称 $E(X^k Y^l)$ 为 X 和 Y 的 $k+l$ 阶**混合矩**；

（4）称 $E\{[X - E(X)]^k [Y - E(Y)]^l\}$ 为 X 和 Y 的 $k+l$ 阶**混合中心矩**.

数学期望 $E(X)$ 为 X 的一阶矩，方差 $\text{Var}(X)$ 为 X 的二阶中心矩，协方差 $\text{Cov}(X,Y)$ 为 X 和 Y 的二阶混合中心矩.

数学期望的一个重要性质是随机变量和的期望等于各个随机变量的期望的和，即

$$E\left(\sum_{i=1}^{n} X_i\right) = \sum_{i=1}^{n} E(X_i) . \tag{1.10}$$

相应的方差的性质为

$$\text{Var}(\sum_{i=1}^{n} X_i) = \sum_{i=1}^{n} \text{Var}(X_i) + 2\sum_{i=1}^{n}\sum_{j=i+1}^{n} \text{Cov}(X_i, X_j).$$ （1.11）

利用期望和方差的性质来求某些问题的期望和方差,有时会比用分布直接来求更加简单.

【例 1.2】 （例 1.1 续）在一次集会上, n 个人把他们的帽子放到房间的中央混合在一起,而后每人随机选取一项,求拿到自己帽子的人数 X 的期望和方差.

解： 在例 1.1 中,已经算出拿到自己帽子的人数 X 的概率分布,由其概率分布求解期望和方差显然是比较烦琐的. 为了求 X 的期望和方差, 设

$$X = X_1 + X_2 + \cdots + X_n,$$

其中

$$X_i = \begin{cases} 1, & \text{如果第 } i \text{ 个人拿到自己的帽子,} \\ 0, & \text{其他.} \end{cases}$$

因第 i 个人是等可能地选 n 个帽子中的任何一项,所以 $P(X_i = 1) = \dfrac{1}{n}$, 这时 X_i 服从 0-1 分布, $E(X_i) = \dfrac{1}{n}$, $\text{Var}(X_i) = \dfrac{1}{n}\left(1 - \dfrac{1}{n}\right) = \dfrac{n-1}{n^2}$. 从而 X 的期望为

$$E(X) = \sum_{i-1}^{n} \frac{1}{n} = 1.$$

为了求出 X 的方差,先求协方差 $\text{Cov}(X_i, X_j)$:

$$\text{Cov}(X_i, X_j) = E(X_i X_j) - E(X_i)E(X_j).$$

由于 $X_i X_j$ 也服从 0-1 分布,且

$$P(X_i X_j = 1) = P(X_i = 1, X_j = 1) = P(X_i = 1)P(X_j = 1 \mid X_i = 1) = \frac{1}{n} \cdot \frac{1}{n-1},$$

因此

$$E(X_i X_j) = \frac{1}{n(n-1)},$$

协方差

$$\text{Cov}(X_i, X_j) = \frac{1}{n(n-1)} - \frac{1}{n^2} = \frac{1}{n^2(n-1)}.$$

X 的方差为

$$\text{Var}(X) = \text{Var}(\sum_{i=1}^{n} X_i) = \sum_{i=1}^{n} \frac{n-1}{n^2} + 2\sum_{i=1}^{n}\sum_{j=i+1}^{n} \frac{1}{n^2(n-1)}$$

$$= \frac{n-1}{n} + 2C_n^2 \frac{1}{n^2(n-1)} = \frac{n-1}{n} + \frac{1}{n} = 1.$$

从例 1.1 可以看出,当 $n \to \infty$ 时, X 的分布为

$$P\{X=k\}=\frac{\mathrm{e}^{-1}}{k!}, \quad k=0,1,2,\cdots.$$

这正好是 $\lambda=1$ 的泊松（Poisson）分布.

【例 1.3】 为了使某种商品能够满足下个月的销量需求，商店需给出这种商品的订购量，假定需求量服从参数为 λ 的指数分布. 如果商店以每千克 c 元的价格购入该商品，以 $s(s>c)$ 元的价格卖出.

（1）假定月底有存货，存货一文不值，缺货也不受处罚，商店应订购多少商品才能使商店的期望利润最大？

（2）假定月底没有卖出的存货以每千克 $r(r<c)$ 元的价格退回，缺货会处以每千克 p 元的罚款，这时商店应订购多少商品才能使商店的期望利润最大？

解：（1）设 X 为需求量，商品订购量为 x，利润为 Z，则有

$$Z=s\min\{X,x\}-cx.$$

其中

$$\min\{X,x\}=X-(X-x)^+,$$

$$(X-x)^+=\begin{cases} X-x, & X>x \\ 0, & X\leqslant x \end{cases}.$$

由条件期望公式

$$E[(X-x)^+]=E[(X-x)^+\mid X>x]P\{X>x\}+E[(X-x)^+\mid X\leqslant x]P\{X\leqslant x\}$$

$$=E[(X-x)^+\mid X>x]\int_x^{+\infty}\lambda\mathrm{e}^{-\lambda t}\mathrm{d}t=E[X-x\mid X>x]\mathrm{e}^{-\lambda x}=\frac{1}{\lambda}\mathrm{e}^{-\lambda x},$$

其中，最后一个等式成立，由指数分布的无记忆性可知，在 $X>x$ 条件下，$Y=X-x$ 服从参数为 λ 的指数分布，因此 $E[X-x\mid X>x]=\frac{1}{\lambda}$，期望利润

$$E(Z)=sE[\min\{X,x\}]-cx=s[E(X)-E[(X-x)^+]-cx$$

$$=\frac{s}{\lambda}(1-\mathrm{e}^{-\lambda x})-cx.$$

为使得商店的期望利润最大，可以通过对 x 求导，并令导数为 0，得

$$x=\frac{1}{\lambda}\ln\frac{s}{c}$$

时期望利润最大，这时最大的期望利润为

$$\max E(Z)=\frac{s}{\lambda}\left(1-\frac{c}{s}\right)-\frac{c}{\lambda}\ln\frac{s}{c}=\frac{s-c}{\lambda}-\frac{c}{\lambda}\ln\frac{s}{c}.$$

（2）如果月底没有卖出的存货以每千克 r（$r<c$）元的价格退回，缺货会处以每千克 p 元的罚款，则

$$Z=s\min\{X,x\}-cx+r(x-X)^+-p(X-x)^+,$$

其中

$$E[(x-X)^+] = x - E[\min\{X,x\}] = x - \frac{1}{\lambda}(1-\mathrm{e}^{-\lambda x}),$$

故

$$E(Z) = \frac{s}{\lambda}(1-\mathrm{e}^{-\lambda x}) - cx + rx - \frac{r}{\lambda}(1-\mathrm{e}^{-\lambda x}) - \frac{p}{\lambda}\mathrm{e}^{-\lambda x}$$

$$= \frac{s-r}{\lambda} - \frac{s+p-r}{\lambda}\mathrm{e}^{-\lambda x} - (c-r)x,$$

对 x 求导，并令导数为 0，得

$$x = \frac{1}{\lambda}\ln\frac{s+p-r}{c-r}$$

时期望利润最大，这时最大的期望利润为

$$\max E(Z) = \frac{s-r}{\lambda} - \frac{c-r}{\lambda} - \frac{c-r}{\lambda}\ln\frac{s+p-r}{c-r} = \frac{s-c}{\lambda} - \frac{c-r}{\lambda}\ln\frac{s+p-r}{c-r}.$$

注意到最佳订购量 x 是关于 s、p 和 r 的增函数，是关于 c 和 λ 的减函数.

1.4　矩母函数与特征函数

矩母函数和特征函数都是研究随机变量的分布的重要工具，它们均具有良好的分析性质.

定义 1.9　设随机变量 X 的分布函数为 $F(x)$，若 $E(\mathrm{e}^{tX})$ 存在，则称

$$G(t) = E(\mathrm{e}^{tX}) = \int_{-\infty}^{\infty}\mathrm{e}^{tx}\,\mathrm{d}F(x), \quad -\infty < t < +\infty \tag{1.12}$$

为 X 的**矩母函数**（Moment generating function）.

若 X 为离散型随机变量，概率分布为 $P\{X=x_k\} = p_k, k=1,2,\cdots$，则

$$G(t) = \sum_{k=1}^{\infty} p_k \mathrm{e}^{tx_k}.$$

若 X 为连续型随机变量，概率密度函数为 $p(x)$，则

$$G(t) = \int_{-\infty}^{\infty} p(x)\mathrm{e}^{tx}\mathrm{d}x.$$

对 $G(t)$ 逐次求导，并计算在 $t=0$ 时的值，能得到 X 的各阶矩，即

$$G'(t) = E(X\mathrm{e}^{tX}),$$

$$G''(t) = E(X^2\mathrm{e}^{tX}),$$

$$\cdots$$

$$G^{(n)}(t) = E(X^n\mathrm{e}^{tX}).$$

令 $t=0$，得

$$E(X^n) = G^{(n)}(0). \tag{1.13}$$

【例 1.4】　求标准正态分布 $N(0, 1)$ 的矩母函数.

解：
$$G(t) = \frac{1}{\sqrt{2\pi}} \int_{-\infty}^{+\infty} \mathrm{e}^{tx-\frac{x^2}{2}} \mathrm{d}x = \frac{1}{\sqrt{2\pi}} \int_{-\infty}^{+\infty} \mathrm{e}^{-\frac{(x-t)^2-t^2}{2}} \mathrm{d}x$$

$$= \mathrm{e}^{\frac{t^2}{2}} \cdot \frac{1}{\sqrt{2\pi}} \int_{-\infty}^{+\infty} \mathrm{e}^{-\frac{(x-t)^2}{2}} \mathrm{d}x = \mathrm{e}^{\frac{t^2}{2}},$$

故标准正态分布的矩母函数为

$$G(t) = \mathrm{e}^{\frac{t^2}{2}}.$$

当矩母函数存在时，随机变量的分布函数由矩母函数唯一地确定. 但有时随机变量的矩母函数不一定存在. 这时，使用特征函数更方便.

定义 1.10　设随机变量 X 的分布函数为 $F(x)$，则称

$$\varphi(t) = E(\mathrm{e}^{\mathrm{i}tX}) = \int_{-\infty}^{\infty} \mathrm{e}^{\mathrm{i}tx} \mathrm{d}F(x), \quad -\infty < t < +\infty \qquad (1.14)$$

为随机变量 X 的**特征函数**（Characteristic function），其中 $\mathrm{i} = \sqrt{-1}$.

若 X 为离散型随机变量，概率分布为 $P\{X = x_k\} = p_k, k = 1, 2, \cdots$，则

$$\varphi(t) = \sum_{k=1}^{\infty} p_k \mathrm{e}^{\mathrm{i}tx_k}.$$

若 X 为连续型随机变量，概率密度为 $p(x)$，则

$$\varphi(t) = \int_{-\infty}^{\infty} p(x)\mathrm{e}^{\mathrm{i}tx} \mathrm{d}x.$$

注意到特征函数是一个自变量为实数的复值函数，由于 $|\mathrm{e}^{\mathrm{i}t}| = 1$，所以随机变量的特征函数一定存在. 当 X 为连续型随机变量时，其特征函数是概率密度在 $t = -t$ 时的傅里叶（Fourier）变换.

【例 1.5】　求参数为 λ 的泊松分布的特征函数.

解：设 X 服从参数为 λ 的泊松分布，则

$$P(X = k) = \frac{\lambda^k}{k!} \mathrm{e}^{-\lambda}, \quad k = 0, 1, \cdots.$$

其特征函数

$$\varphi(t) = E(\mathrm{e}^{\mathrm{i}tX}) = \sum_{k=0}^{\infty} \mathrm{e}^{\mathrm{i}tk} \frac{\lambda^k}{k!} \mathrm{e}^{-\lambda} = \mathrm{e}^{-\lambda} \sum_{k=0}^{\infty} \frac{(\lambda \mathrm{e}^{\mathrm{i}t})^k}{k!} = \mathrm{e}^{-\lambda} \mathrm{e}^{\lambda \mathrm{e}^{\mathrm{i}t}} = \mathrm{e}^{\lambda(\mathrm{e}^{\mathrm{i}t}-1)},$$

故泊松分布的特征函数为

$$\varphi(t) = \mathrm{e}^{\lambda(\mathrm{e}^{\mathrm{i}t}-1)}.$$

对特征函数 $\varphi(t)$ 逐次求导并计算在 $t = 0$ 时的值，同样能得到 X 的各阶矩，即

$$\varphi'(t) = \mathrm{i}E(X\mathrm{e}^{\mathrm{i}tX}),$$

$$\varphi''(t) = \mathrm{i}^2 E(X^2 \mathrm{e}^{\mathrm{i}tX}),$$

...

$$\varphi^{(n)}(t) = \mathrm{i}^n E(X^n \mathrm{e}^{\mathrm{i}tX}).$$

令 $t = 0$，得

$$\varphi^{(n)}(0) = \mathrm{i}^n E(X^n),$$

故有

$$E(X^n) = \frac{\varphi^{(n)}(0)}{\mathrm{i}^n}. \tag{1.15}$$

特征函数有下列性质：

（1）有界性：$|\varphi(t)| \leqslant \varphi(0) = 1$；

（2）共轭对称性：$\varphi(-t) = \overline{\varphi(t)}$；

（3）一致连续性：对任意 $\varepsilon > 0$，存在 $\delta > 0$，当 $|h| < \delta$ 时，对 t 一致地有

$$|\varphi(t+h) - \varphi(t)| < \varepsilon;$$

（4）非负定性：对任意正整数 n，实数 $t_1, t_2, \cdots, t_n$ 及复数 $\lambda_1, \lambda_2, \cdots, \lambda_n$，有

$$\sum_{k=1}^{n} \sum_{j=1}^{n} \varphi(t_k - t_j) \lambda_k \overline{\lambda}_j \geqslant 0;$$

（5）若 $Y = aX + b$，则 Y 的特征函数为 $\varphi_Y(t) = \mathrm{e}^{\mathrm{i}tb} \varphi_X(at)$。

定理 1.2 （波赫纳尔-辛钦（Bochner-Khintchine）定理）

设 $\varphi(t)$ 满足 $\varphi(0) = 1$，且在 $-\infty < t < \infty$ 上 $\varphi(t)$ 是连续的复值函数，则 $\varphi(t)$ 是特征函数的充要条件是它是非负定的。

表 1.3 和表 1.4 给出了部分常见分布的矩母函数和特征函数。

表 1.3　常见离散型随机变量的矩母函数和特征函数

分　布	概　率　分　布	矩　母　函　数	特　征　函　数
二项分布	$P(X = k) = C_n^k p^k q^{n-k}$, $0 < p < 1$, $p + q = 1$, $k = 0, 1, \cdots, n$	$(p\mathrm{e}^t + q)^n$	$(p\mathrm{e}^{\mathrm{i}t} + q)^n$
泊松分布	$P(X = k) = \dfrac{\lambda^k}{k!}\mathrm{e}^{-\lambda}$, $\lambda > 0$, $k = 0, 1, \cdots$	$\mathrm{e}^{\lambda(\mathrm{e}^t - 1)}$	$\mathrm{e}^{\lambda(\mathrm{e}^{\mathrm{i}t} - 1)}$
几何分布	$P(X = k) = pq^{k-1}$, $0 < p < 1$, $p + q = 1$, $k = 1, 2, \cdots$	$\dfrac{p\mathrm{e}^t}{1 - q\mathrm{e}^t}$	$\dfrac{p\mathrm{e}^{\mathrm{i}t}}{1 - q\mathrm{e}^{\mathrm{i}t}}$
负二项分布	$P(X = j) = C_{j-1}^{k-1} p^k q^{j-k}$, $0 < p < 1$, $p + q = 1$, $j \geqslant k$	$\left(\dfrac{p\mathrm{e}^t}{1 - q\mathrm{e}^t}\right)^k$	$\left(\dfrac{p\mathrm{e}^{\mathrm{i}t}}{1 - q\mathrm{e}^{\mathrm{i}t}}\right)^k$

表 1.4　常见连续型随机变量的矩母函数和特征函数

分　布	概率密度函数	矩　母　函　数	特　征　函　数
均匀分布	$p(x) = \begin{cases} 1/(b-a), & a < x < b \\ 0, & \text{其他} \end{cases}$	$\dfrac{\mathrm{e}^{tb} - \mathrm{e}^{ta}}{t(b-a)}$	$\dfrac{\mathrm{e}^{\mathrm{i}tb} - \mathrm{e}^{\mathrm{i}ta}}{\mathrm{i}t(b-a)}$
正态分布	$p(x) = \dfrac{1}{\sqrt{2\pi}\sigma}\mathrm{e}^{-(x-a)^2/2\sigma^2}$	$\mathrm{e}^{at + \frac{1}{2}\sigma^2 t^2}$	$\mathrm{e}^{\mathrm{i}at - \frac{1}{2}\sigma^2 t^2}$
指数分布	$p(x) = \lambda\mathrm{e}^{-\lambda x}$, $x > 0, \lambda > 0$	$\left(1 - \dfrac{t}{\lambda}\right)^{-1}$	$\left(1 - \dfrac{\mathrm{i}t}{\lambda}\right)^{-1}$
Γ 分布	$p(x) = \dfrac{\lambda^\alpha}{\Gamma(\alpha)} x^{\alpha-1}\mathrm{e}^{-\lambda x}$, $x > 0, \alpha, \lambda > 0$	$\left(1 - \dfrac{t}{\lambda}\right)^{-\alpha}$	$\left(1 - \dfrac{\mathrm{i}t}{\lambda}\right)^{-\alpha}$

对 n 维随机变量也可以定义特征函数.

定义 1.11 设 $\boldsymbol{X}=(X_1, X_2, \cdots, X_n)^{\mathrm{T}}$ 是 n 维随机变量，$\boldsymbol{t}=(t_1, t_2, \cdots, t_n)^{\mathrm{T}} \in \mathbf{R}^n$，则称

$$\varphi(t) = \varphi(t_1, t_2, \cdots, t_n) = E(\mathrm{e}^{\mathrm{i}t^T X}) = E(\mathrm{e}^{\mathrm{i}\sum_{k=1}^{n} t_k X_k}) \tag{1.16}$$

为 n 维随机变量 $\boldsymbol{X}=(X_1, X_2, \cdots, X_n)^{\mathrm{T}}$ 的**特征函数**.

可以证明，n 维随机变量的特征函数唯一地确定其联合分布函数.

当随机变量相互独立时，用其矩母函数或特征函数表示其分布，要比用分布函数表示更为方便.

例如，设随机变量 X_1 与 X_2 相互独立，$F_1(x)$ 和 $F_2(x)$ 分别是它们的分布函数，则由独立性知 $X_1 + X_2$ 的分布函数为

$$F(x) = P\{X_1 + X_2 \leqslant x\} = \int_{-\infty}^{+\infty} P\{X_1 + X_2 \leqslant x \mid X_1 = t\}\mathrm{d}F_1(t) = \int_{-\infty}^{+\infty} F_2(x-t)\mathrm{d}F_1(t).$$

称之为两个相互独立随机变量的和的分布函数等于这两个分布函数的**卷积**（Convolution），记为 $F_1 * F_2(x)$，即

$$F_1 * F_2(x) = \int_{-\infty}^{+\infty} F_2(x-t)\mathrm{d}F_1(t). \tag{1.17}$$

由定义可看出，卷积具有对称性，即 $F_1 * F_2(x) = F_2 * F_1(x)$. 卷积还有下列性质：

（1）$F_1 * F_2(x) + F_1 * F_3(x) = F_1 * (F_2 + F_3)(x)$；

（2）$F_1 * (F_2 * F_3)(x) = (F_1 * F_2) * F_3(x)$.

如果知道随机变量 X_1 与 X_2 的特征函数 $\varphi_1(t)$ 和 $\varphi_2(t)$，由独立性可知 $X_1 + X_2$ 的特征函数是

$$\varphi(t) = E[\mathrm{e}^{\mathrm{i}t(X_1 + X_2)}] = E(\mathrm{e}^{\mathrm{i}tX_1}) \cdot E(\mathrm{e}^{\mathrm{i}tX_2}) = \varphi_1(t) \cdot \varphi_2(t).$$

即两个相互独立随机变量的和的特征函数等于这两个随机变量特征函数的**乘积**.

同样，n 个相互独立随机变量 $X_1, X_2, \cdots, X_n$ 的和 $X_1 + X_2 + \cdots + X_n$ 的分布函数等于这 n 个分布函数的 n 重卷积，记为

$$F_1 * F_2 * \cdots * F_n(x).$$

n 个相互独立随机变量的和的特征函数等于这 n 个特征函数的乘积. 即随机变量 $X_1, X_2, \cdots, X_n$ 相互独立，它们的特征函数分别是 $\varphi_1(t), \varphi_2(t), \cdots, \varphi_n(t)$，则 $X_1 + X_2 + \cdots + X_n$ 的特征函数是

$$\varphi(t) = \varphi_1(t) \cdot \varphi_2(t) \cdots \varphi_n(t). \tag{1.18}$$

矩母函数也有类似的结果.

【例 1.6】 设 n 个相互独立随机变量 $X_1, X_2, \cdots, X_n$ 服从均值为 $\dfrac{1}{\lambda}$ 指数分布，求其矩母函数及 $X_1 + X_2 + \cdots + X_n$ 的矩母函数.

解：X_i 的密度为 $p(x) = \begin{cases} \lambda \mathrm{e}^{-\lambda x}, & x > 0 \\ 0, & x \leqslant 0 \end{cases}$，则矩母函数为

$$G(t) = E(\mathrm{e}^{tX_i}) = \int_0^{+\infty} \lambda \mathrm{e}^{(t-\lambda)x}\mathrm{d}x = \frac{\lambda}{t-\lambda}\mathrm{e}^{(t-\lambda)x}\Big|_0^{+\infty} = \frac{\lambda}{t-\lambda}\mathrm{e}^{(t-\lambda)x}\Big|_0^{+\infty} = \frac{\lambda}{\lambda-t}, \quad |t| < \lambda,$$

或写成 $G(t) = \left(1 - \dfrac{t}{\lambda}\right)^{-1}$.

由于 $X_1 + X_2 + \cdots + X_n$ 的矩母函数 $G_n(t) = E(\mathrm{e}^{t\sum\limits_{i=1}^{n} X_i}) = E(\prod\limits_{i=1}^{n} \mathrm{e}^{tX_i}) = [G(t)]^n$，故有

$$G_n(t) = \left(1 - \frac{t}{\lambda}\right)^{-n}.$$

$G_n(t)$ 是伽马分布 $\Gamma(n, \lambda)$ 的矩母函数.

1.5 条 件 期 望

如果 X、Y 是离散型随机变量，则若 $P\{Y = y\} > 0$，定义在 $Y = y$ 时，X 的条件概率为

$$P\{X = x \mid Y = y\} = \frac{P\{X = x, Y = y\}}{P\{Y = y\}},$$

给定 $Y = y$ 时，X 的条件分布函数为

$$F(x \mid y) = P\{X \leqslant x \mid Y = y\} = \sum_{x_i \leqslant x} \frac{P\{X = x_i, Y = y\}}{P\{Y = y\}},$$

而给定 $Y = y$ 时，X 的**条件期望**（Conditional expectation）定义为

$$E[X \mid Y = y] = \int x \mathrm{d}F(x \mid y) = \sum_{x_i} x_i P\{X = x_i \mid Y = y\}. \tag{1.19}$$

如果 X、Y 是连续型随机变量，其联合密度函数为 $p(x, y)$，若在 $Y = y$ 时 Y 的边缘密度函数 $p_Y(y) > 0$，则在 $Y = y$ 时，X 的条件密度函数（Conditional probability density function）为

$$p(x \mid y) = \frac{p(x, y)}{p_Y(y)},$$

给定 $Y = y$ 时，X 的条件分布函数（Conditional distribution function）为

$$F(x \mid y) = P\{X \leqslant x \mid Y = y\} = \int_{-\infty}^{x} p(x \mid y) \mathrm{d}x,$$

而给定 $Y = y$ 时，X 的**条件期望**定义为

$$E[X \mid Y = y] = \int x \mathrm{d}F(x \mid y) = \int x p(x \mid y) \mathrm{d}x. \tag{1.20}$$

所以除了概率都是关于 $Y = y$ 时的条件概率外，其定义与无条件的情形完全一样.

$E[X \mid Y = y]$ 是 y 的函数，从而 $E[X \mid Y]$ 是随机变量 Y 的函数，也是随机变量.

下面给出条件期望的一个极其有用的性质.

定理 1.3 当随机变量 X 与 Y 的期望存在时，有

$$E(X) = E[E(X \mid Y)] = \int E(X \mid Y = y) \mathrm{d}F_Y(y). \tag{1.21}$$

如果 Y 是离散型，则定理 1.3 中的公式变为

$$E(X) = \sum_y E(X|Y=y)P\{Y=y\}.$$

如果 Y 是连续型，且有密度 $p_Y(y)$，则定理 1.3 中的公式为

$$E(X) = \int E(X|Y=y)\,p_Y(y)\mathrm{d}y.$$

对随机变量 X 与 Y 同时是离散型或连续型的情形，读者可以根据定义自行证明.

设 A 为任意事件，定义示性函数

$$I_A(\omega) = \begin{cases} 1, & \omega \in A \\ 0, & \omega \notin A \end{cases}, \tag{1.22}$$

是一个二值随机变量，显然

$$E(I_A) = P(A),$$

$$E(I_A|Y=y) = P(A|Y=y),$$

由定理 1.3 可知，对任意的随机变量，有

$$P(A) = \int P(A|Y=y)\mathrm{d}F_Y(y). \tag{1.23}$$

当 Y 是离散型随机变量时，有

$$P(A) = \sum_y P(A|Y=y)P\{Y=y\} \tag{1.24}$$

这正是全概率公式.

推论 1.1 （条件方差公式）

$$\mathrm{Var}(X) = E[\mathrm{Var}(X|Y)] + \mathrm{Var}[E(X|Y)].$$

证明：

$$E[\mathrm{Var}(X|Y)] = E[E(X^2|Y) - (E(X|Y))^2]$$

$$= E[E(X^2|Y)] - E[(E(X|Y))^2]$$

$$= E(X^2) - E[(E(X|Y))^2],$$

$$\mathrm{Var}[E(X|Y)] = E[(E(X|Y))^2] - [E[E(X|Y)]]^2$$

$$= E[(E(X|Y))^2] - [E(X)]^2,$$

故

$$E[\mathrm{Var}(X|Y)] + \mathrm{Var}[E(X|Y)] = E(X^2) - [E(X)]^2 = \mathrm{Var}(X).$$

【例 1.7】 （复合随机变量的期望和方差）设 $X_1, X_2, \cdots$ 是独立同分布的随机变量，均值为 μ，方差为 σ^2. N 为取非负整数值的随机变量，方差存在，并与 $X_1, X_2, \cdots$ 相互独立. 记 $S = \sum\limits_{i=1}^{N} X_i$，称 S 为复合随机变量. 求 S 的期望和方差.

解： $E(S) = E[E(S|N)] = \sum\limits_{n=0}^{\infty} E(\sum\limits_{i=1}^{N} X_i | N=n)P\{N=n\}$，

其中

$$E(\sum_{i=1}^{N} X_i \mid N = n) = E(\sum_{i=1}^{n} X_i \mid N = n) = E(\sum_{i=1}^{n} X_i) = nE(X_1) = n\mu,$$

因此

$$E(S) = \mu \sum_{n=0}^{\infty} nP\{N = n\} = \mu E(N).$$

由于 $\mathrm{Var}(S) = E[\mathrm{Var}(S \mid N)] + \mathrm{Var}[E(S \mid N)]$，而

$$\mathrm{Var}(S \mid N = n) = \mathrm{Var}(\sum_{i=1}^{N} X_i \mid N = n) = \mathrm{Var}(\sum_{i=1}^{n} X_i \mid N = n) = \mathrm{Var}(\sum_{i=1}^{n} X_i) = n\sigma^2,$$

$$E(S \mid N = n) = n\mu,$$

所以

$$\mathrm{Var}(S) = E(N\sigma^2) + \mathrm{Var}(N\mu) = \sigma^2 E(N) + \mu^2 \mathrm{Var}(N).$$

1.6 n 维高斯分布

高斯分布在概率论中扮演着极为重要的角色. 在概率论中曾经讨论过一维和二维正态随机变量, 其概率密度函数分别为

$$p(x) = \frac{1}{\sqrt{2\pi}\sigma} \exp\left\{-\frac{(x-\mu)^2}{2\sigma^2}\right\},$$

$$p(x_1, x_2) = \frac{1}{2\pi\sigma_1\sigma_2\sqrt{1-\rho^2}} \exp\left\{-\frac{1}{2(1-\rho^2)}\left[\frac{(x_1-\mu_1)^2}{\sigma_1^2} - 2\rho\frac{(x_1-\mu_1)(x_2-\mu_2)}{\sigma_1\sigma_2} + \frac{(x_2-\mu_2)^2}{\sigma_2^2}\right]\right\}.$$

如果记 $\boldsymbol{\mu} = (\mu_1, \mu_2)^{\mathrm{T}}$，$\boldsymbol{\Sigma} = \begin{pmatrix} \sigma_1^2 & \rho\sigma_1\sigma_2 \\ \rho\sigma_1\sigma_2 & \sigma_2^2 \end{pmatrix}$，$\boldsymbol{x} = (x_1, x_2)^{\mathrm{T}}$，则二维正态随机变量的概率密度函数写成矩阵形式

$$p(\boldsymbol{x}) = p(x_1, x_2) = \frac{1}{2\pi|\boldsymbol{\Sigma}|^{1/2}} \exp\left\{-\frac{1}{2}(\boldsymbol{x}-\boldsymbol{\mu})^{\mathrm{T}} \boldsymbol{\Sigma}^{-1}(\boldsymbol{x}-\boldsymbol{\mu})\right\}.$$

这里 $|\boldsymbol{\Sigma}|$ 表示矩阵 $\boldsymbol{\Sigma}$ 的行列式, $\boldsymbol{\Sigma}^{-1}$ 表示矩阵 $\boldsymbol{\Sigma}$ 的逆矩阵.

下面定义 n 维情形.

定义 1.12 若 n 维随机变量 $\boldsymbol{X} = (X_1, X_2\cdots, X_n)^{\mathrm{T}}$ 的联合概率密度为

$$p(\boldsymbol{x}) = p(x_1, x_2, \cdots, x_n) = \frac{1}{(2\pi)^{n/2}|\boldsymbol{\Sigma}|^{1/2}} \exp\left\{-\frac{1}{2}(\boldsymbol{x}-\boldsymbol{\mu})^{\mathrm{T}} \boldsymbol{\Sigma}^{-1}(\boldsymbol{x}-\boldsymbol{\mu})\right\}, \tag{1.25}$$

式中, $\boldsymbol{\mu} = (\mu_1, \mu_2\cdots, \mu_n)^{\mathrm{T}}$ 是 $\boldsymbol{X}$ 的均值向量, $\boldsymbol{\Sigma} = (\sigma_{ij})_{n\times n}$ 是 $\boldsymbol{X}$ 的协方差矩阵, 则称 $\boldsymbol{X}$ 为 **n 维正态随机变量**（Normal random variable）或 $\boldsymbol{X}$ 服从 **n 维高斯分布**, 记为 $\boldsymbol{X} \sim N(\boldsymbol{\mu}, \boldsymbol{\Sigma})$.

可以证明, 若 $\boldsymbol{X} \sim N(\boldsymbol{\mu}, \boldsymbol{\Sigma})$, 则 $\boldsymbol{X}$ 的特征函数为

$$\varphi(t) = \varphi(t_1, t_2, \cdots, t_n) = \exp\left\{ i\boldsymbol{\mu}^{\mathrm{T}} t - \frac{1}{2} t^{\mathrm{T}} \boldsymbol{\Sigma} t \right\},$$ (1.26)

这里 $t = (t_1, t_2 \cdots, t_n)^{\mathrm{T}} \in \mathbf{R}^n$ 为 n 维向量.

下面的高斯分布的性质可由特征函数方便地证明出.

定理 1.4 若 $X \sim N(\boldsymbol{\mu}, \boldsymbol{\Sigma})$，则 $Y = AX + b \sim N(A\boldsymbol{\mu} + b, A\boldsymbol{\Sigma}A^{\mathrm{T}})$.

证明过程作为习题，请读者作答.

1.7 收 敛 性

本节给出几种不同的收敛性. 先给出几个概率不等式.

引理 1.1 （Markov 不等式）

若 X 是非负值的随机变量，则对于任意 $a > 0$，均有

$$P\{X \geqslant a\} \leqslant \frac{EX}{a}.$$

定理 1.5 （Chernoff 界）

令 X 的矩母函数为 $G(t)$，则对于任意 $a > 0$，均有

$$P\{X \geqslant a\} \leqslant \mathrm{e}^{-ta} G(t), \ t > 0,$$

$$P\{X \leqslant a\} \leqslant \mathrm{e}^{-ta} G(t), \ t < 0.$$

定理 1.6 （Jensen 不等式）

若 $f(x)$ 是凸函数，如果期望存在，则有

$$E[f(X)] \geqslant f(EX).$$

注意，这里 $f(x)$ 是凸函数是指对于任意 $x_1 < x_2$，有

$$\frac{f(x_1) + f(x_2)}{2} \geqslant f\left(\frac{x_1 + x_2}{2}\right).$$

如果二阶导数存在，则 $f''(x) > 0$. 如 $f(x) = x^2$ 是凸函数，典型的凸函数还有 $f(x) = \mathrm{e}^x$、$f(x) = -\ln x$ 等.

1.7.1 依概率收敛

定义 1.13 设随机变量序列 $X_1, X_2, X_3, \cdots$，若存在某随机变量 X，使得 $\forall \varepsilon > 0$，均有

$$\lim_{n \to \infty} P\{|X_n - X| \geqslant \varepsilon\} = 0,$$

则称随机变量序列 $\{X_n\}$ **依概率收敛**（Convergence in probability）于 X，记为 $X_n \xrightarrow{P} X$，或 $\lim_{n \to \infty} X_n = X, (P)$.

定义 1.14 设 $\{X_n\}$ 为一随机变量序列，$E(X_n)$ 存在，令 $\bar{X}_n = \frac{1}{n} \sum_{i=1}^{n} X_i$，若

$$\overline{X}_n - E(\overline{X}_n) \xrightarrow{P} 0 \,,$$

则称随机变量序列 $\{X_n\}$ 服从（弱）大数定律.

1.7.2　概率 1 收敛

定义 1.15　设随机变量序列 $X_1, X_2, X_3, \cdots$，若存在某随机变量 X，使得

$$P\{\lim_{n \to \infty} X_n = X\} = 1 \,,$$

则称随机变量序列 $\{X_n\}$ **概率 1 收敛**（Convergence with probability 1）于 X 或**几乎处处收敛**或**几乎必然收敛**（Convergence almost surely）于 X，记为 $X_n \xrightarrow{a.s.} X$ 或 $\lim_{n \to \infty} X_n = X, (a.s.)$.

定义 1.16　设 $\{X_n\}$ 为一随机变量序列，$E(X_n)$ 存在，令 $\overline{X}_n = \dfrac{1}{n} \sum_{i=1}^{n} X_i$，若

$$\overline{X}_n - E(\overline{X}_n) \xrightarrow{a.s.} 0 \,,$$

则称随机变量序列 $\{X_n\}$ 服从**强大数定律**（Strong law of large number）.

定理 1.7　（**Kolmogorov 强大数定律**）

设 $X_1, X_2, X_3, \cdots$ 是相互独立的随机变量序列，且 $\sum_{k=1}^{\infty} \dfrac{\mathrm{Var}(X_k)}{k^2} < \infty$，则 $\{X_n\}$ 服从强大数定律. 即

$$P\left\{\lim_{n \to \infty} \frac{1}{n} \sum_{k=1}^{n} (X_k - E(X_k)) = 0\right\} = 1 \,.$$

定理 1.7 中，如果 $X_1, X_2, X_3, \cdots$ 是同分布的，且期望 $E(X_n) = \mu$，令 $\overline{X}_n = \dfrac{1}{n} \sum_{i=1}^{n} X_i$，则

$$P\left\{\lim_{n \to \infty} \overline{X}_n = \mu\right\} = 1 \,.$$

1.7.3　均方收敛

定义 1.17　设随机变量序列 $X_1, X_2, X_3, \cdots$ 的 r 阶矩存在，若存在某一具有 r 阶矩的随机变量 X，使得

$$\lim_{n \to \infty} E|X_n - X|^r = 0 \,,$$

则称随机变量序列 $\{X_n\}$ **r 次平均收敛**于 X 或 **r 阶矩收敛**于 X. 若 $r = 2$，称随机变量序列 $\{X_n\}$ **均方收敛**（Convergence in mean square）于 X，记为 $X_n \xrightarrow{m.s.} X$ 或 $\lim_{n \to \infty} X_n = X, (m.s.)$.

1.7.4　依分布收敛

定义 1.18　设随机变量序列 $X_1, X_2, X_3, \cdots$，$F_1(x), F_2(x), F_3(x), \cdots$ 是对应的分布函数列，若存在某随机变量 X，分布函数为 $F(x)$，使得在 $F(x)$ 的所有连续点 x 上有

$$\lim_{n \to \infty} F_n(x) = F(x) \, ,$$

则称随机变量序列 $\{X_n\}$ **依分布收敛**（Convergence with distribution）于 X，记为 $X_n \overset{d}{\to} X$．这时称分布函数列 $\{F_n(x)\}$ **弱收敛**于分布函数 $F(x)$．

4 种收敛的关系如图 1.1 所示．

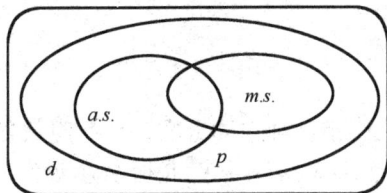

图 1.1　4 种收敛的关系

习 题 一

1.1　证明概率的下连续性：若 $A_1 \subset A_2 \subset \cdots$，且 $\bigcup_{n=1}^{\infty} A_n = A$，则有

$$\lim_{n \to \infty} P(A_n) = P(A) \, .$$

1.2　设 $P(A) = 0.8$，$P(B) = 0.9$，证明 $P(AB) \geqslant 0.7$．更一般地，有

$$P(AB) \geqslant P(A) + P(B) - 1 \, .$$

1.3　设随机变量 X 的概率密度为

$$p(x) = \begin{cases} c(1 - x^2), & |x| < 1 \\ 0, & \text{其他} \end{cases}$$

求 c 的值，并求出 X 的分布函数．

1.4　设非负随机变量 X 的分布函数为 $F(x)$，证明

$$E(X) = \int_0^{+\infty} [1 - F(x)] \mathrm{d}x = \int_0^{+\infty} P\{X > x\} \mathrm{d}x \, .$$

特别是当 X 取值为非负整数的离散型随机变量时，有

$$E(X) = \sum_{n=0}^{\infty} P\{X > n\} \, .$$

1.5　设随机变量 X 服从几何分布，即 $P(X = k) = pq^{k-1}$，$k = 1, 2, \cdots$，求随机变量 X 的期望、方差和特征函数．

1.6　设随机变量 X 服从参数为 α、λ 的 Γ 分布，即密度函数为

$$p(x) = \frac{\lambda^{\alpha}}{\Gamma(\alpha)} x^{\alpha-1} \exp(-\lambda x), \quad x > 0 \, ,$$

求随机变量 X 的期望、方差和矩母函数．

1.7 设 X、Y 的联合密度函数为

$$p(x,y) = \begin{cases} \dfrac{1}{y}\mathrm{e}^{-\left(y+\frac{x}{y}\right)}, & x>0, y>0, \\ 0, & \text{其他} \end{cases}$$

（1）求 Y 的边缘密度；

（2）求 X 与 Y 的期望和方差；

（3）求 X 与 Y 的协方差.

1.8 设随机变量 $X_1, X_2, \cdots, X_n$ 相互独立同分布，且都服从参数为 λ 的指数分布，即密度函数为 $p(x) = \lambda\mathrm{e}^{-\lambda x}$，$x>0$，证明 $X_1 + X_2 + \cdots + X_n$ 是服从参数为 n、λ 的 Γ 分布（提示：用特征函数的性质证）.

1.9 用特征函数证明定理 1.4.

1.10 设 X 为某动物生蛋的个数，服从参数为 λ 的泊松分布，即 $X \sim P(\lambda)$，其中 $\lambda > 0$，如果每个蛋发育成小动物的概率是 p，Y 为此动物的后代的个数，证明 $Y \sim P(\lambda p)$.

1.11 设 X 和 Y 相互独立，分别服从参数 λ_1 和 λ_2 的泊松分布，求给定 $X+Y=n$ 的条件下 X 的条件期望.

1.12 一矿工被困在矿井中，要达到安全地带，有三个通道可选择. 他从第一个通道出去要走 3 小时可到达安全地带，从第二个通道出去要走 5 小时又返回原处，从第三个通道出去要走 7 小时又返回原处. 这名矿工任何时候做选择都等可能地选中三个通道中的一个，求他能到达安全地带的平均时间.

1.13 证明：$X_n \xrightarrow{P} \mu \Leftrightarrow X_n \xrightarrow{L} \mu$，其中 μ 为常数.

第 2 章　随机过程的基本概念

初等概率论主要研究一个或有限个随机变量，在极限定理中，虽然也讨论随机变量列，但往往假定序列之间是相互独立的．随着科学技术的发展，我们必须对一些随机现象的变化过程进行研究，这就必须考虑无穷多个随机变量，即随机变量族．这一族随机变量称为随机过程．在本章中将介绍随机过程及相应的有限维分布函数族的定义，随机过程的数字特征——均值函数、方差函数、协方差函数和相关函数等，以及复随机过程的定义，最后介绍几种常用的随机过程．

2.1　随机过程的定义

定义 2.1　设 T 是给定的集合，若对每个 $t \in T$，有一个随机变量 $X(t)$ 与之对应，则称随机变量族 $\{X(t), t \in T\}$ 为一个**随机过程**（Stochastic processes），也可记为 $\{X_t, t \in T\}$．T 称为指标集（Index set）．

指标集 T 通常指的是**时间**，也可以是别的，如位置的坐标．为简单起见，我们假设 $T \in \mathbf{R}$．

事实上 $X(t)$ 是定义在 $T \times \Omega$ 上的二元函数．对于固定时刻 $t \in T$，$X(t)$ 是一个随机变量．对于固定样本点 ω，$X(t)$ 是定义在 T 上的普通函数，称为随机过程 $\{X(t), t \in T\}$ 的一个**样本函数**（Sample function）或**轨道**．样本函数的全体称为样本函数空间．

通常将随机过程 $\{X(t), t \in T\}$ 解释为一个物理、自然或社会的系统，$X(t)$ 表示系统在时刻 t 所处的**状态**，$X(t)$ 的所有可能状态所构成的集合称为**状态空间**（State space），记为 I．根据状态空间的不同，随机过程可分为连续状态和离散状态．

下面举随机过程的几个例子．

【例 2.1】 某电话交换台在时间 $[0, t]$ 内接到的电话次数是与时间 t 有关的随机变量 $X(t)$，故 $\{X(t), t \in [0, +\infty)\}$ 是一个随机过程．

【例 2.2】 在天气预报中，某地区第 n 次统计所得到的该天最高气温是 X_n，则 $\{X_n, n=1,2,\cdots\}$ 是一个随机过程．

【例 2.3】 英国植物学家布朗注意到漂浮在液体表面的花粉微粒不断进行无规则运动，后来称为布朗运动．它是花粉微粒随机碰撞的结果．用 $\{X(t), Y(t)\}$ 表示 t 时刻花粉微粒的位置，则 $\{X(t), Y(t), t \in (0, +\infty)\}$ 是一个随机过程．

【例 2.4】 顾客来到服务站要求服务．当服务站中的服务员都忙碌，即服务员都在为别的顾客服务时，来到的顾客就要排队等候．顾客的到来、每个顾客所需服务时间都是随机的．用 $X(t)$ 表示 t 时刻的队长，$Y(t)$ 表示 t 时刻到来的顾客所需等待的时间，则 $\{X(t), t \in T\}$ 和 $\{Y(t), t \in T\}$ 都是随机过程．

我们知道，有限个随机变量的统计规律性完全可以由它们的联合分布函数来刻画．类似地，对于随机过程 $\{X(t), t \in T\}$，为了描述它的统计规律性，我们采用有限维分布函数族来刻画．

定义 2.2　设 $\{X(t), t \in T\}$ 是随机过程，对任意的 $n \geq 1$ 和 $t_1, t_2, \cdots, t_n \in T$，随机向量 $(X(t_1), X(t_2), \cdots, X(t_n))$ 的联合分布函数为

$$F_{t_1,t_2,\cdots,t_n}(x_1,x_2,\cdots,x_n) = P\{X(t_1) \leq x_1, X(t_2) \leq x_2, \cdots, X(t_n) \leq x_n\}. \qquad (2.1)$$

这些分布函数的全体

$$\mathcal{F} = \{F_{t_1,t_2,\cdots,t_n}(x_1,x_2,\cdots,x_n):\ t_1,t_2,\cdots,t_n \in T, n \geq 1\}$$

称为随机过程 $\{X(t), t \in T\}$ 的**有限维分布函数族**.

根据定义，对于固定的 $t \in T$，$X(t)$ 是一个随机变量，其分布函数

$$F_t(x) = P\{X(t) \leq x\}, \quad t \in T$$

称为随机过程 $X(t)$ 的一维分布函数族.

对于固定的 $t_1, t_2 \in T$，二维随机向量（$X(t_1), X(t_2)$）的联合分布函数

$$F_{t_1,t_2}(x_1,x_2) = P\{X(t_1) \leq x_1, X(t_2) \leq x_2\}, \quad t_1,t_2 \in T$$

称为随机过程 $X(t)$ 的二维联合分布函数族.

随机过程 $\{X(t), t \in T\}$ 的有限维分布函数族 $\mathcal{F}$ 包括所有一维分布函数，二维分布函数，$\cdots$，n 维分布函数等.

【例 2.5】 袋中放有一个白球和两个红球，每隔单位时间 t 从袋中任取一球，取后放回，对每一个确定的 t，对应随机变量

$$X(t) = \begin{cases} \dfrac{t}{3}, & \text{如果 } t \text{ 时取得红球,} \\ \mathrm{e}^t, & \text{如果 } t \text{ 时取得白球.} \end{cases}$$

试求这个随机过程的一维分布函数族.

解：固定 t 时，$X(t)$ 的概率分布为

$X(t)$	$\dfrac{t}{3}$	e^t
p_k	$\dfrac{2}{3}$	$\dfrac{1}{3}$

所以，其一维分布函数

$$F_t(x) = P\{X(t) \leq x\} = \begin{cases} 0, & x < \dfrac{t}{3}, \\ \dfrac{2}{3}, & \dfrac{t}{3} \leq x < \mathrm{e}^t, \\ 1, & x \geq \mathrm{e}^t. \end{cases}$$

【例 2.6】 设 $X(t) = A + Bt,\ t > 0$，其中 A 和 B 是相互独立的随机变量，均服从 $N(0,1)$ 分布，求 $\{X(t), t > 0\}$ 的一维和二维分布函数族.

解：由于 A 和 B 相互独立，且都服从 $N(0,1)$ 分布，其联合分布是正态的.

由第 1 章的定理 1.4 可知，固定 $t > 0$ 时，$X(t)$ 也服从正态分布. 而

$$E[X(t)] = E(A) + tE(B) = 0,$$

$$\mathrm{Var}[X(t)] = \mathrm{Var}(A) + t^2\mathrm{Var}(B) = 1 + t^2,$$

因此固定 t 时，$X(t) \sim N(0, 1+t^2)$.

固定 $t_1, t_2 > 0$ 时，$X(t_1) = A + Bt_1$ 和 $X(t_2) = A + Bt_2$ 组成的二维随机变量服从二维联合正态分布. 而

$$E[X(t_i)] = E(A) + t_i E(B) = 0, \qquad i = 1, 2,$$

$$\text{Var}[X(t_i)] = \text{Var}(A) + t_i^2 \text{Var}(B) = 1 + t_i^2, \quad i = 1, 2,$$

$$\text{Cov}(X(t_1), X(t_2)) = \text{Cov}(A + t_1 B, A + t_2 B) = \text{Var}(A) + t_1 t_2 \text{Var}(B) = 1 + t_1 t_2,$$

因此固定 $t_1, t_2 > 0$ 时，$\left(X(t_1), X(t_2)\right)^{\text{T}} \sim N\left((0,0)^{\text{T}}, \begin{pmatrix} 1 + t_1^2 & 1 + t_1 t_2 \\ 1 + t_1 t_2 & 1 + t_2^2 \end{pmatrix}\right).$

随机过程 $\{X(t), t \in T\}$ 的有限维分布函数族满足下列性质：

（1）对称性：对于 $\{t_1, t_2, \cdots, t_n\}$ 的任意排列 $\{t_{i_1}, t_{i_2}, \cdots, t_{i_n}\}$，有

$$F_{t_1, t_2, \cdots, t_n}(x_1, x_2, \cdots, x_n) = F_{t_{i_1}, t_{i_2}, \cdots, t_{i_n}}(x_{i_1}, x_{i_2}, \cdots, x_{i_n});$$

（2）相容性：当 $m < n$ 时，有

$$F_{t_1, t_2, \cdots, t_m}(x_1, x_2, \cdots, x_m) = F_{t_1, t_2, \cdots, t_n}(x_1, x_2, \cdots, x_m, \infty, \cdots, \infty).$$

此处不加证明地给出下面的定理，它是研究随机过程的基本定理.

定理 2.1 （**Kolmogorov 存在定理**）

设已给指标集 T 及满足对称性和相容性条件的分布函数族

$$\mathcal{F} = \{F_{t_1, t_2, \cdots, t_n}(x_1, x_2, \cdots, x_n) \colon t_1, t_2, \cdots, t_n \in T, n \geq 1\},$$

则必存在一随机过程 $\{X(t), t \in T\}$，它的有限维分布函数族是 $\mathcal{F}$.

定理 2.1 说明，随机过程的有限维分布函数族是随机过程概率特征的完整描述，它是证明随机过程存在性的有力工具. 但在实际问题中，有时并不需要知道随机过程的全部概率特征，只需要了解其某些统计特征. 下一节将给出随机过程的数字特征的定义.

2.2 随机过程的数字特征

定义 2.3 设 $\{X(t), t \in T\}$ 是随机过程.

（1）如果对任意的 $t \in T$，$E[X(t)]$ 存在，则称

$$\mu_X(t) = E[X(t)]$$

为随机过程 $\{X(t), t \in T\}$ 的**均值函数**；

（2）如果对任意的 $t \in T$，$E[X^2(t)]$ 存在，则称随机过程 $\{X(t), t \in T\}$ 为二阶矩过程. 随机过程在 $t \in T$ 的状态下 $X(t)$ 的方差

$$D_X(t) = \text{Var}[X(t)] = E[(X(t) - \mu_X(t))^2]$$

称为随机过程 $\{X(t), t \in T\}$ 的**方差函数**；随机过程在 $t_1, t_2 \in T$ 的状态下 $X(t_1)$ 和 $X(t_2)$ 的协方差

$$C_X(t_1, t_2) = \text{Cov}(X(t_1), X(t_2)) = E[(X(t_1) - \mu_X(t_1))(X(t_2) - \mu_X(t_2))]$$

称为随机过程 $X(t)$ 的（自）**协方差函数**；称

$$R_X(t_1, t_2) = E[X(t_1) X(t_2)]$$

为随机过程 $X(t)$ 的（自）**相关函数**.

均值函数 $\mu_X(t)$ 是 $X(t)$ 的所有样本函数在时刻 t 的函数值的平均. 它表示随机过程 $X(t)$ 在时刻 t 的摆动中心. 方差函数 $D_X(t)$ 是随机过程在时刻 t 对均值 $\mu_X(t)$ 的偏离程度. 协方差函数 $C_X(t_1,t_2)$ 和相关函数 $R_X(t_1,t_2)$ 则反映了随机过程 $\{X(t), t \in T\}$ 在两个时刻 t_1 和 t_2 时的线性相关程度.

显然有

$$C_X(t_1,t_2) = R_X(t_1,t_2) - \mu_X(t_1)\mu_X(t_2) , \tag{2.2}$$

$$D_X(t) = C_X(t,t) . \tag{2.3}$$

【例 2.7】 设随机过程 $X(t) = U\cos 2t$, $t > 0$, 其中 U 是随机变量, 且 $E(U) = 5$, $\text{Var}(U) = 6$, 求 $\{X(t), t > 0\}$ 的均值函数、相关函数和方差函数.

解： 均值函数 $\mu_X(t) = E[X(t)] = E(U)\cos 2t = 5\cos 2t$;

由于 $E(U^2) = \text{Var}(U) + [E(U)]^2 = 6 + 25 = 31$, 故相关函数

$$R_X(t_1,t_2) = E[X(t_1)X(t_2)] = E(U^2)\cos 2t_1 \cos 2t_2 = 31\cos 2t_1 \cos 2t_2 ;$$

由于 $E[X^2(t)] = R_X(t,t) = 31(\cos 2t)^2$, 故方差函数

$$D_X(t) = E[X^2(t)] - [\mu_X(t)]^2 = 31(\cos 2t)^2 - 25(\cos 2t)^2 = 6\cos^2 2t .$$

【例 2.8】 已知随机相位过程 $X(t) = a\cos(\omega t + \theta)$, 其中 $a > 0$, ω 为常数, θ 为在 $(0, 2\pi)$ 内均匀分布的随机变量. 求随机过程 $\{X(t), t \in (0, \infty)\}$ 的均值函数 $\mu_X(t)$ 和相关函数 $R_X(s, t)$.

解： θ 的概率密度函数为

$$p(\theta) = \begin{cases} \dfrac{1}{2\pi}, & 0 < \theta < 2\pi \\ 0, & \text{其他} \end{cases} .$$

故均值函数

$$\mu_X(t) = \int_0^{2\pi} a\cos(\omega t + \theta)\frac{1}{2\pi}\mathrm{d}\theta = \frac{a}{2\pi}\sin(\omega t + \theta)\Big|_0^{2\pi} = 0 ;$$

相关函数

$$\begin{aligned} R_X(s,t) &= E[X(s)X(t)] = a^2 E[\cos(\omega s + \theta)\cos(\omega t + \theta)] \\ &= \frac{a^2}{2} E[\cos(\omega(s+t) + 2\theta) + \cos(\omega(s-t))] \\ &= \frac{a^2}{2}\int_0^{2\pi}\cos(\omega(s+t) + 2\theta)\frac{1}{2\pi}\mathrm{d}\theta + \frac{a^2}{2}\cos(\omega(s-t)) \\ &= \frac{a^2}{2}\cos(\omega(s-t)) . \end{aligned}$$

在实际问题中, 有时需要考虑两个随机过程之间的关系. 用下面两个概念来描述两个随机过程之间的某种线性关系.

定义 2.4 设 $\{X(t), t \in T\}$, $\{Y(t), t \in T\}$ 是两个二阶矩过程. 称

$$C_{XY}(t_1,t_2) = \text{Cov}(X(t_1), Y(t_2)) = E[(X(t_1) - \mu_X(t_1))(Y(t_2) - \mu_Y(t_2))]$$

为随机过程 $\{X(t),\, t\in T\}$ 与 $\{Y(t),\, t\in T\}$ 的**互协方差函数**；称

$$R_{XY}(t_1,t_2)=E[X(t_1)Y(t_2)]$$

为随机过程 $\{X(t),\, t\in T\}$ 与 $\{Y(t),\, t\in T\}$ 的**互相关函数**.

显然有

$$C_{XY}(t_1,t_2)=R_{XY}(t_1,t_2)-\mu_X(t_1)\mu_Y(t_2).\qquad(2.4)$$

若对任意的 $t_1,t_2\in T$ ，有 $C_{XY}(t_1,t_2)=0$ ，则称随机过程 $\{X(t),\, t\in T\}$ 与 $\{Y(t),\, t\in T\}$**不相关**；若 $R_{XY}(t_1,t_2)=0$ ，则称随机过程 $\{X(t),\, t\in T\}$ 与 $\{Y(t),\, t\in T\}$**正交**.

注意区分不相关和正交这两个概念.

【例 2.9】 设随机过程 $X(t)=A\sin(\omega t+\theta)$ ， $t>0$ ，其中 A、ω 为常数，θ 是在（$-\pi,\pi$）上均匀分布的随机变量. 令 $Y(t)=X^2(t)$ ，求随机过程 $\{Y(t),\, t>0\}$ 的均值函数 $\mu_Y(t)$、相关函数 $R_Y(t,t-\tau)$ 和互相关函数 $R_{XY}(t,t-\tau)$.

解： θ 的概率密度函数为

$$p(\theta)=\begin{cases}\dfrac{1}{2\pi}, & -\pi<\theta<\pi,\\[2mm] 0, & \text{其他}.\end{cases}$$

随机过程 $\{Y(t),\, t>0\}$ 的均值函数为

$$\mu_Y(t)=E[X^2(t)]=A^2E[\sin^2(\omega t+\theta)]=\frac{A^2}{2}E[1-\cos(2\omega t+2\theta)]$$

$$=\frac{A^2}{2}\left[1-\int_{-\pi}^{\pi}\cos(2\omega t+2\theta)\frac{1}{2\pi}\mathrm{d}\theta\right]=\frac{A^2}{2};$$

相关函数为

$$R_Y(t,t-\tau)=E[Y(t)Y(t-\tau)]=A^4E[\sin^2(\omega t+\theta)\sin^2(\omega(t-\tau)+\theta)]$$

$$=\frac{A^4}{4}E\{[1-\cos(2\omega t+2\theta)][1-\cos(2\omega t-2\omega\tau+2\theta)]\}$$

$$=\frac{A^4}{4}E[1-\cos(2\omega t+2\theta)-\cos(2\omega t-2\omega\tau+2\theta)+$$

$$\cos(2\omega t+2\theta)\cos(2\omega t-2\omega\tau+2\theta)]$$

$$=\frac{A^4}{4}\{1-E[\cos(2\omega t+2\theta)]-E[\cos(2\omega t-2\omega\tau+2\theta)]+$$

$$\frac{1}{2}E[\cos(4\omega t-2\omega\tau+4\theta)+\cos(2\omega\tau)]\}$$

$$=\frac{A^2}{4}+\frac{A^2}{8}\cos(2\omega\tau).$$

其中倒数第二个等式中第二项

$$E[\cos(2\omega t+2\theta)]=\int_{-\pi}^{\pi}\cos(2\omega t+2\theta)\frac{1}{2\pi}\mathrm{d}\theta=\frac{1}{4\pi}\sin(2\omega t+2\theta)\Big|_{-\pi}^{\pi}=0,$$

同理，

$$E[\cos(2\omega t - 2\omega\tau + 2\theta)] = 0 ,$$

$$E[\cos(4\omega t - 2\omega\tau + 4\theta)] = 0 .$$

随机过程 $\{X(t), t > 0\}$ 和随机过程 $\{Y(t), t > 0\}$ 的互相关函数为

$$R_{XY}(t, t - \tau) = E[X(t)Y(t-\tau)] = A^3 E[\sin(\omega t + \theta)\sin^2(\omega(t-\tau) + \theta)]$$

$$= \frac{A^3}{2} E\{\sin(\omega t + \theta)[1 - \cos(2\omega t - 2\omega\tau + 2\theta)]\}$$

$$= \frac{A^3}{2} E[\sin(\omega t + \theta) - \sin(\omega t + \theta)\cos(2\omega t - 2\omega\tau + 2\theta)]$$

$$= \frac{A^3}{2} \{E[\sin(\omega t + \theta)] - \frac{1}{2}E[\sin(3\omega t - 2\omega\tau + 3\theta) - \sin(\omega t - 2\omega\tau + \theta)]\}$$

$$= 0.$$

注意到例 2.9 中随机过程 $\{Y(t), t > 0\}$ 的均值函数 $\mu_Y(t)$ 和相关函数 $R_Y(t, t-\tau)$ 都与时间 t 无关，相关函数 $R_Y(t, t-\tau)$ 只与时间间隔 τ 相关.

2.3 复随机过程

在工程上，有时把随机过程表示成复数形式会更加方便. 下面给出复随机过程的定义和相应的数字特征.

定义 2.5 设 $\{X(t), t \in T\}$、$\{Y(t), t \in T\}$ 是两个取实数值的随机过程. 如果对任意的 $t \in T$，有

$$Z(t) = X(t) + iY(t),$$

其中 $i = \sqrt{-1}$，则称 $\{Z(t), t \in T\}$ 为复（值）随机过程.

复随机过程 $\{Z(t), t \in T\}$ 的**均值函数**定义为

$$\mu_Z(t) = \mu_X(t) + i\mu_Y(t),$$

这里 $\mu_X(t)$ 和 $\mu_Y(t)$ 为实值随机过程 $\{X(t), t \in T\}$ 和 $\{Y(t), t \in T\}$ 的均值函数.

复随机过程 $\{Z(t), t \in T\}$ 的**方差函数**定义为

$$D_Z(t) = E|Z(t) - \mu_Z(t)|^2 = E[(Z(t) - \mu_Z(t))\overline{(Z(t) - \mu_Z(t))}] ,$$

$a(t) = Z(t) - \mu_Z(t)$ 时，这里 $|a|$ 表示复数 a 的模，$\overline{a}$ 表示复数 a 的共轭.

复随机过程 $\{Z(t), t \in T\}$ 的**协方差函数**定义为

$$C_Z(t_1, t_2) = E[(Z(t_1) - \mu_Z(t_1))\overline{(Z(t_2) - \mu_Z(t_2))}] .$$

复随机过程 $\{Z(t), t \in T\}$ 的**相关函数**定义为

$$R_Z(t_1, t_2) = E[Z(t_1)\overline{Z(t_2)}] .$$

显然有

$$C_Z(t_1, t_2) = R_Z(t_1, t_2) - \mu_Z(t_1)\overline{\mu_Z(t_2)} , \tag{2.5}$$

$$D_Z(t) = C_Z(t,t) .$$ (2.6)

同样可以定义两个复值随机过程 $\{Z_1(t), t \in T\}$ 和 $\{Z_2(t), t \in T\}$ 的互协方差函数 $C_{Z_1 Z_2}(t_1,t_2)$ 和互相关函数 $R_{Z_1 Z_2}(t_1,t_2)$：

$$C_{Z_1 Z_2}(t_1,t_2) = E[(Z_1(t_1) - \mu_{Z_1}(t_1))\overline{(Z_2(t_2) - \mu_{Z_2}(t_2))}] ,$$
$$R_{Z_1 Z_2}(t_1,t_2) = E[Z_1(t_1)\overline{Z_2(t_2)}] .$$

【例 2.10】　设复随机过程 $Z(t) = \sum_{k=1}^{N} A_k \mathrm{e}^{\mathrm{i}\theta_k t}$，$t \in T = [0,1]$．其中 $\theta_k (k = 1,2,\cdots,N)$ 为常数，$A_1, A_2, \cdots, A_N$ 相互独立，且 $A_k \sim N(0, \sigma_k^{\,2})$，$k = 1, 2, \cdots, N$．求 $\{Z(t), t \in T\}$ 的均值函数 $\mu_Z(t)$ 和协方差函数 $C_Z(s,t)$．

解： 复随机过程 $Z(t)$ 的实部和虚部分别是

$$X(t) = \sum_{k=1}^{N} A_k \cos(\theta_k t) , \quad Y(t) = \sum_{k=1}^{N} A_k \sin(\theta_k t) ,$$

它们都是独立正态随机变量的线性组合，因此都是正态的．且 $\mu_X(t) = 0$，$\mu_Y(t) = 0$，故 $\{Z(t), t \in T\}$ 的均值函数

$$\mu_Z(t) = \mu_X(t) + \mathrm{i}\mu_Y(t) = 0 .$$

$\{Z(t), t \in T\}$ 的协方差函数

$$C_Z(s,t) = E[Z(s)\overline{Z(t)}] = E\left[\left(\sum_{k=1}^{N} A_k \mathrm{e}^{\mathrm{i}\theta_k s}\right)\overline{\left(\sum_{k=1}^{N} A_k \mathrm{e}^{\mathrm{i}\theta_k t}\right)}\right]$$

$$= \sum_{k=1}^{N}\sum_{l=1}^{N} E(A_k A_l) \mathrm{e}^{\mathrm{i}\theta_k s}\mathrm{e}^{-\mathrm{i}\theta_k t} = \sum_{k=1}^{N} E(A_k^{\,2}) \mathrm{e}^{\mathrm{i}\theta_k(s-t)}$$

$$= \sum_{k=1}^{N} \sigma_k^{\,2} \mathrm{e}^{\mathrm{i}\theta_k(s-t)} .$$

复随机过程的协方差函数具有如下性质．

定理 2.2　复随机过程 $\{Z(t), t \in T\}$ 的协方差函数 $C_Z(t_1,t_2)$ 满足：

（1）对称性：$C_Z(t_1,t_2) = \overline{C_Z(t_2,t_1)}$；

（2）非负定性：对任意正整数 n，$t_1, t_2, \cdots, t_n \in T$，及复数 $\lambda_1, \lambda_2, \cdots, \lambda_n$，有

$$\sum_{k=1}^{n}\sum_{j=1}^{n} C_Z(t_j,t_k)\lambda_j\overline{\lambda}_k \geqslant 0 .$$

证明：（1）$C_Z(t_1,t_2) = E[(Z(t_1) - \mu_Z(t_1))\overline{(Z(t_2) - \mu_Z(t_2))}]$

$$= \overline{E[\overline{(Z(t_1) - \mu_Z(t_1))}(Z(t_2) - \mu_Z(t_2))]} = \overline{C_Z(t_2,t_1)} ;$$

（2）对任意正整数 n，$t_1, t_2, \cdots, t_n \in T$，及复数 $\lambda_1, \lambda_2, \cdots, \lambda_n$，

$$\sum_{k=1}^{n}\sum_{j=1}^{n} C_Z(t_j,t_k)\lambda_j\overline{\lambda}_k = \sum_{k=1}^{n}\sum_{j=1}^{n} E[(Z(t_j) - \mu_Z(t_j))\overline{(Z(t_k) - \mu_Z(t_k))}]\lambda_j\overline{\lambda}_k$$

$$= E\left\{\sum_{j=1}^{n}[(Z(t_j)-\mu_Z(t_j))\lambda_j]\overline{\sum_{k=1}^{n}[(Z(t_k)-\mu_Z(t_k))\lambda_k]}\right\}$$

$$= E\left|\sum_{k=1}^{n}(Z(t_k)-\mu_Z(t_k))\lambda_k\right|^2 \geqslant 0.$$

如果没有特殊说明，本章后面所提到的随机过程都是实随机过程.

2.4　几种常用的随机过程

2.4.1　平稳过程

定义 2.6　设 $\{X(t),t\in T\}$ 是一个随机过程，对任意正整数 n、常数 h 和任意 $t_1,t_2,\cdots,t_n\in T$，如果 $t_1+h, t_2+h,\cdots, t_n+h \in T$，都有

$$F_{t_1+h,t_2+h,\cdots,t_n+h}(x_1,x_2,\cdots,x_n) = F_{t_1,t_2,\cdots,t_n}(x_1,x_2,\cdots,x_n),$$

则称随机过程 $\{X(t),t\in T\}$ 为**平稳过程**（Stationary processes）或**严平稳过程**.

通俗地说，随机过程 $\{X(t),t\in T\}$ 是严平稳的，是指它的一切有限维分布函数 $F_{t_1,t_2,\cdots,t_n}(x_1,x_2,\cdots,x_n)$ 当点 $t_1,t_2,\cdots,t_n$ 沿时间轴做任意平移时都是不变的.

按照定义，严平稳过程的二阶矩不一定存在.

定义 2.7　设 $\{X(t),t\in T\}$ 是一个二阶矩过程，满足

（1）均值函数 $\mu_X(t)$ 是常数. 即对任意 $t\in T$，$\mu_X(t)=E[X(t)]=\mu$；

（2）相关函数 $R_X(s,t)$ 只与时间间隔 $s-t$ 有关，与 s、t 无关. 即对任意 $s, t \in T$，$R_X(s,t)=R_X(s-t,0)$.

则称 $\{X(t),t\in T\}$ 为**弱平稳过程**（Weakly stationary processes）.

对于弱平稳过程 $\{X(t),t\in T\}$，由于 $R_X(s,t)=R_X(s-t,0)$，所以可以记 $R_X(s,t)=R_X(s-t)$.

显然弱平稳过程不一定是严平稳过程，它的条件要比严平稳过程宽松. 反之，严平稳过程也不一定是弱平稳的，只有严平稳过程的二阶矩存在时才为弱平稳过程. 严平稳过程和弱平稳过程统称为平稳过程.

当平稳过程的指标 t 只取整数值 $0,\pm1,\pm2,\cdots$ 或 $0,1,2,\cdots$ 时，称平稳过程为平稳序列.

【例 2.11】（白噪声序列）设 $\{X_n,n=0,1,2,\cdots\}$ 为一随机序列，满足 $EX_n=0$，$n=0,1,2,\cdots$，且

$$R_X(n,m)=E(X_nX_m)=\begin{cases}\sigma^2, & m=n \\ 0, & m\neq n\end{cases},$$

则 $\{X_n,n=0,1,2,\cdots\}$ 为弱平稳序列，如果 $\{X_n,n=0,1,2,\cdots\}$ 为正态白噪声序列，则是严平稳的.

【例 2.12】（滑动平均序列）设 $\{Z_n,n=0,\pm1,\pm2,\cdots\}$ 为白噪声序列，均值为 0，方差为 σ^2，$a_1,a_2,\cdots,a_k$ 为任意 k 个实数，定义

$$X_n=a_1Z_n+a_2Z_{n-1}+\cdots+a_kZ_{n-k+1}, \quad n=0,\pm1,\pm2,\cdots$$

则时间序列 $\{X_n,n=0,\pm1,\pm2,\cdots\}$ 为弱平稳序列.

证明：依题意，$EZ_n = 0$，$n = 0, \pm1, \pm2, \cdots$，$E(Z_n Z_m) = \begin{cases} \sigma^2, & m = n \\ 0, & m \neq n \end{cases}$. 因此，均值函数

$$E(X_n) = a_1 E(Z_n) + a_2 E(Z_{n-1}) + \cdots + a_k E(Z_{n-k+1}) = 0,$$

相关函数

$$
\begin{aligned}
R_X(n, n-\tau) &= E(X_n X_{n-\tau}) \\
&= E[(a_1 Z_n + a_2 Z_{n-1} + \cdots + a_k Z_{n-k+1})(a_1 Z_{n-\tau} + a_2 Z_{n-\tau-1} + \cdots + a_k Z_{n-\tau-k+1})] \\
&= \begin{cases} \sigma^2 (a_{\tau+1} a_1 + a_{\tau+2} a_2 + \cdots + a_k a_{k-\tau}), & 0 \leqslant \tau \leqslant k-1, \\ 0, & \tau \geqslant k \end{cases}
\end{aligned}
$$

只与时间间隔 τ 有关，故 $\{X_n, n = 0, \pm1, \pm2, \cdots\}$ 为弱平稳序列.

2.4.2 独立增量过程

定义 2.8 设 $\{X(t), t \in T\}$ 是复值二阶矩过程，对任意 $t_1, t_2, t_3, t_4 \in T$ 且 $t_1 < t_2 \leqslant t_3 < t_4$，

$$E[X(t_2) - X(t_1)]\overline{[X(t_4) - X(t_3)]} = 0,$$

则称 $\{X(t), t \in T\}$ 是**正交增量过程**.

如果正交增量过程 $\{X(t), t \in T\}$ 的均值为零，记 $\mathrm{Var}[X(t)] = E|X(t)|^2 = \sigma^2(t)$ 为方差函数，则可以推出，当 $s < t \in T$ 时，协方差函数 $C_X(s, t) = \sigma^2(s)$.

定义 2.9 设 $\{X(t), t \in T\}$ 是随机过程，对任意正整数 n，任意 $t_1, t_2, \cdots, t_n \in T$，且 $t_1 < t_2 < \cdots < t_n$，随机变量 $X(t_2) - X(t_1)$，$X(t_3) - X(t_2)$，$\cdots$，$X(t_n) - X(t_{n-1})$ 是相互独立的，则称 $\{X(t), t \in T\}$ 是**独立增量过程**.

注意：正交增量过程和独立增量过程都是考虑不重叠的时间间隔上的增量的统计特性的.

【例 2.13】 设 $\{X_n, n = 0, 1, 2, \cdots\}$ 是相互独立的随机变量序列，令

$$Y_n = \sum_{k=0}^{n} X_k,$$

则显然 $\{Y_n, n = 0, 1, 2, \cdots\}$ 是一个独立增量过程.

定义 2.10 如果独立增量过程 $\{X(t), t \in T\}$ 中，对任意 $s, t \in T$，$s < t$，$X(t) - X(s)$ 的分布仅依赖于 $t - s$，则称 $\{X(t), t \in T\}$ 是**平稳独立增量过程**（Stationary independent increment processes）.

平稳独立增量过程是一类重要的随机过程，后面将要介绍的泊松过程和布朗运动都是平稳独立增量过程.

2.4.3 马尔可夫过程

定义 2.11 设 $\{X(t), t \in T\}$ 是随机过程，对任意正整数 n，任意 $t_1, t_2, \cdots, t_n \in T$，且 $t_1 < t_2 < \cdots < t_n$，如果条件分布函数满足

$$P\{X(t_n) \leqslant x_n | X(t_1) = x_1, \cdots, X(t_{n-1}) = x_{n-1}\} = P\{X(t_n) \leqslant x_n | X(t_{n-1}) = x_{n-1}\}, \tag{2.7}$$

则称 $\{X(t), t \in T\}$ 是**马尔可夫过程**（Markov Processes）.

称式（2.7）为过程的**马尔可夫性**，或**无后效性**. 马尔可夫过程的特点是：当随机过程在时刻 t_{n-1} 的状态已知的条件下，它在时刻 t_n（$t_n > t_{n-1}$）所处的状态仅与时刻 t_{n-1} 的状态有关，而与过程在时刻 t_{n-1} 以前的状态无关.

马尔可夫过程 $\{X(t), t \in T\}$ 的状态空间 I 和指标集 T 可以是连续的，也可以是离散的. 将在第 4 章讨论离散状态的马尔可夫链，其又分为离散时间和连续时间两种类型.

2.4.4　高斯过程

定义 2.12　设 $\{X(t),\ t \in T\}$ 是随机过程，若对任意正整数 n 和任意 $t_1, t_2, \cdots, t_n \in T$，$(X(t_1)$, $X(t_2)$, $\cdots$, $X(t_n))$ 是 n 维正态随机变量，则称 $\{X(t), t \in T\}$ 为**高斯过程**（Gaussian Processes）或**正态过程**.

由于高斯过程的一阶矩和二阶矩都存在，因此高斯过程属于二阶矩过程.

如果高斯过程 $\{X(t),\ t \in T\}$ 中，对任意 $t_1, t_2, \cdots, t_n \in T$，$X(t_1), X(t_2), \cdots, X(t_n)$ 的协方差阵 $C = (C_X(t_i, t_j))_{n \times n}$ 是正定的，则存在 n 维联合密度函数. 记均值向量为 $\boldsymbol{\mu} = (\mu_X(t_1), \mu_X(t_2), \cdots, \mu_X(t_n))^{\mathrm{T}}$，并记 $\boldsymbol{x} = (x_1, x_2, \cdots, x_n)^{\mathrm{T}}$，则其 n 维联合密度函数为

$$p_{t_1, t_2, \cdots, t_n}(x_1,\ x_2,\ \cdots,\ x_n) = \frac{1}{(2\pi)^{n/2} |C|^{1/2}} \exp\left\{ -\frac{1}{2}(\boldsymbol{x} - \boldsymbol{\mu})^{\mathrm{T}} C^{-1}(\boldsymbol{x} - \boldsymbol{\mu}) \right\}.$$

如果协方差阵 C 是非负定的，其特征函数一定存在，为

$$\varphi_{t_1, t_2, \cdots, t_n}(\omega_1, \omega_2, \cdots, \omega_n) = \exp\left\{ \mathrm{i} \boldsymbol{\mu}^{\mathrm{T}} \boldsymbol{\omega} - \frac{1}{2} \boldsymbol{\omega}^{\mathrm{T}} C \boldsymbol{\omega} \right\},$$

这里 $\boldsymbol{\omega} = (\omega_1, \omega_2, \cdots, \omega_n)^{\mathrm{T}} \in \mathbf{R}^n$.

显然，高斯过程只要知道其均值函数 $\mu_X(t)$ 和协方差函数 $C_X(s, t)$，即可确定其有限维分布.

【例 2.14】　设 $X(t) = A + Bt$，$a \le t \le b$，其中 A 与 B 是相互独立且服从 $N(0,1)$ 的随机变量. 证明 $\{X(t), a \le t \le b\}$ 是高斯过程.

证明： 对任意正整数 n 和任意 $t_1, t_2, \cdots, t_n \in [a,b]$，$X(t_i) = A + Bt_i$，$i = 1, 2, \cdots, n$. 令

$$\boldsymbol{X} = (X(t_1), X(t_2), \cdots, X(t_n))^{\mathrm{T}} = (A + Bt_1, A + Bt_2, \cdots, A + Bt_n)^{\mathrm{T}},$$

$$\boldsymbol{Y} = (A, B)^{\mathrm{T}},\quad \boldsymbol{M} = \begin{pmatrix} 1 & 1 & \cdots & 1 \\ t_1 & t_2 & \cdots & t_n \end{pmatrix}^{\mathrm{T}},$$

则 $\boldsymbol{X} = \boldsymbol{M} \boldsymbol{Y}$.

由于 A 与 B 是相互独立的且服从 $N(0,1)$，所以 $\boldsymbol{Y}$ 是联合正态的，由定理 1.4 可知，$\boldsymbol{X} = (X(t_1)$, $X(t_2)$, $\cdots$, $X(t_n))$ 是 n 维正态随机变量. 由 n 和 $t_1, t_2, \cdots, t_n$ 的任意性知 $\{X(t), a \le t \le b\}$ 是高斯过程.

定义 2.13　随机过程 $\{X(t), t \ge 0\}$ 如果满足

（1）$X(0) = 0$；

（2）$\{X(t), t \ge 0\}$ 有平稳独立增量；

（3）对每个 $s, t > 0$，增量 $X(t + s) - X(s)$ 服从正态分布 $N(0, \sigma^2 t)$.

则称 $\{X(t), t \geq 0\}$ 为 **布朗运动**（Brownian motion）或布朗运动过程，也称 **维纳过程**（Weiner Processes）．常记为 $\{B(t), t \geq 0\}$ 或 $\{W(t), t \geq 0\}$．

布朗运动是一类特殊的高斯过程．

高斯过程在随机过程中有着非常重要的地位，它是时间连续、状态也连续的马尔可夫过程．

注意：这里关于随机过程的分类不是绝对的，一个具体的随机过程可以同时属于上述多种类型．比如，下一章介绍的泊松过程既是平稳独立增量过程，又是连续时间的马尔可夫链，还是一类特殊的更新过程．

习　题　二

2.1　随机过程 $X(t) = A\cos t,\ t \geq 0$，其中 A 是相互随机变量，具有概率分布

A	1	2	3
p_A	$\dfrac{1}{3}$	$\dfrac{1}{3}$	$\dfrac{1}{3}$

求：（1）一维分布函数 $F_{\frac{\pi}{4}}(x)$ 和 $F_{\frac{\pi}{2}}(x)$；（2）二维联合分布函数 $F_{0,\frac{\pi}{2}}(x_1, x_2)$．

2.2　设随机变量 Y 具有概率密度 $p(y)$，令

$$X(t) = \mathrm{e}^{-Yt}, (t > 0),$$

求随机过程 $\{X(t), t > 0\}$ 的一维概率密度 $p_X(x)$、$EX(t)$、$R_X(t_1, t_2)$．

2.3　给定一个随机过程 $\{X(t), t \in T\}$ 和任意实数 x，定义

$$Y(t) = \begin{cases} 1, & X(t) \leq x, \\ 0, & X(t) > x. \end{cases}$$

试证随机过程 $\{Y(t),\ t \in T\}$ 的均值函数和自相关函数分别为随机过程 $\{X(t),\ t \in T\}$ 的一维和二维分布函数．

2.4　设随机过程 $X(t) = A\cos(\omega t) + B\sin(\omega t)$，其中 ω 为常数，A、B 是相互独立且服从正态分布 $N(0, \sigma^2)$ 的随机变量，求随机过程 $\{X(t), t \in T\}$ 的均值函数 $\mu_X(t)$ 和相关函数 $R_X(t, t + \tau)$．

2.5　设有随机过程 $X(t) = X + Yt + Zt^2$，其中 X、Y、Z 是相互独立的随机变量，且均值为 0，方差为 1，求随机过程 $X(t)$ 的相关函数．

2.6　设随机过程 $Y_n = \sum\limits_{j=1}^{n} X_j$，其中 $X_j(j = 1, 2, \cdots, n)$ 是相互独立的随机变量，且 $P(X_j = 1) = p$，$P(X_j = 0) = 1 - p = q$，求 $\{Y_n, n = 1, 2, \cdots\}$ 的均值函数和协方差函数．

2.7　设 $\{X(t),\ t \geq 0\}$ 是均值为 0 的实正交增量过程，且 $X(0) = 0$．ε 是服从标准正态分布的随机变量，若对任意的 $t \geq 0$，$X(t)$ 与 ε 相互独立，$Y(t) = X(t) + \varepsilon$，求 $Y(t)$ 的协方差函数．

2.8　设随机过程 $X(t) = A\sin(\omega t + \theta)$，其中 A、ω 为常数，θ 是在 $(-\pi, \pi)$ 上均匀分布的随机变量，令 $Y(t) = X^2(t)$，问随机过程 $\{X(t), t \in T\}$ 和 $\{Y(t), t \in T\}$ 是否是弱平稳的？

2.9   设 Y、Z 是独立同分布随机变量，$P(Y=1)=P(Y=-1)=\dfrac{1}{2}$，

$$X(t)=Y\cos(\theta t)+Z\sin(\theta t), -\infty < t < +\infty,$$

其中 θ 为常数. 证明随机过程 $\{X(t), -\infty < t < +\infty\}$ 是弱平稳过程，但不是严平稳过程.

2.10   设 $\{X_n\}$ 是二阶矩弱平稳序列，$\{\varepsilon_n\}$ 是白噪声序列，它们相互独立，证明 $Y_n = X_n + \varepsilon_n$ 仍是弱平稳序列.

第 3 章 泊 松 过 程

3.1 泊松过程的定义

泊松过程是一类重要的计数过程. 下面先给出计数过程的定义.

定义 3.1 如果用 $N(t)$ 表示到 t 时刻为止某一特定事件发生的次数, 随机过程 $\{N(t)$, $t \geq 0\}$ 称为一个**计数过程**（Counting processes）.

计数过程满足:

（1）$N(t) \geq 0$；

（2）$N(t)$ 是整数值;

（3）对任意两个时刻 $t_1 < t_2$, 有 $N(t_1) \leq N(t_2)$；

（4）对任意两个时刻 $t_1 < t_2$, $N(t_2) - N(t_1)$ 等于在区间 $(t_1, t_2]$ 中发生的事件的个数.

如果在不交的时间区间中事件发生的次数是独立的, 称计数过程有独立增量. 这意味着到 t 时刻为止, 事件发生的次数 $N(t)$ 独立于时刻 t 与 $t+s$ 之间所发生的事件数 $N(t+s) - N(t)$.

如果在任一时间区间中发生的事件数的分布只依赖于时间区间的长度, 则称计数过程有平稳增量.

泊松过程是具有独立增量和平稳增量的计数过程, 其定义如下.

定义 3.2 设随机过程 $\{N(t)$, $t \geq 0\}$ 是一个计数过程, 满足:

（1）$N(0) = 0$；

（2）$N(t)$ 是独立增量过程;

（3）任一长度为 t 的区间中发生的事件的个数服从均值为 λt（$\lambda > 0$）的泊松分布, 即对一切 $s, t \geq 0$, 有

$$P\{N(t+s) - N(s) = k\} = \frac{(\lambda t)^k}{k!} e^{-\lambda t}, \quad k = 0, 1, 2, \cdots \tag{3.1}$$

则称 $N(t)$ 为具有参数 λ 的**泊松过程**（Poisson processes）.

注意从条件（3）可知泊松过程具有平稳增量, 且

$$P\{N(t+s) - N(s) = k\} = P\{N(t) - N(0) = k\} = P\{N(t) = k\}.$$

由泊松分布知 $E[N(t)] = \lambda t$, 参数 λ 为此过程的**速率**（Rate）或**强度**（单位时间内发生的事件的平均个数）.

为了确定计数过程是泊松过程, 必须证明它满足定义中的三个条件, 条件（1）只是说明事件的计数是从时刻 $t = 0$ 开始的, 条件（2）通常可从对过程的了解的情况去直接验证, 然而全然不清楚如何去确定条件（3）是否满足. 为此下面给出一个与泊松过程等价的定义.

定义 3.2′ 设随机过程 $\{N(t)$, $t \geq 0\}$ 是一个计数过程, 满足:

（1）$N(0) = 0$；

（2）$N(t)$ 是平稳独立增量过程;

（3）$P\{N(h)=1\}=\lambda h+o(h)$；   （3.2）

（4）$P\{N(h)\geqslant 2\}=o(h)$．   （3.3）

其中 $o(h)$ 表示当 $h\to 0$ 时 h 的高阶无穷小，则称 $N(t)$ 为具有参数 λ 的**泊松过程**．

下面来证明这两个定义是等价的．

证明定义 3.2′ 蕴含定义 3.2，只需证明式（3.1）成立即可．设

$$P_n(t)=P\{N(t)=n\}．$$

按下列方法先导出一个关于 $P_0(t)$ 的微分方程：

$$\begin{aligned}
P_0(t+h) &= P\{N(t+h)=0\} \\
&= P\{N(t+h)-N(t)=0, N(t)=0\} \\
&= P\{N(t+h)-N(t)=0\}P\{N(t)=0\} \qquad \text{（独立增量）}\\
&= P\{N(h)-N(0)=0\}P\{N(t)=0\} \qquad \text{（平稳增量）}\\
&= [1-\lambda h+o(h)]P_0(t)．
\end{aligned}$$

其中最后一个等式是由

$$P\{N(h)=0\}=1-P\{N(h)=1\}-P\{N(h)\geqslant 2\}=1-\lambda h+o(h)$$

得到的，因此有

$$\frac{P_0(t+h)-P_0(t)}{h}=-\lambda P_0(t)+\frac{o(h)}{h}．$$

令 $h\to 0$，得微分方程

$$P_0'(t)=-\lambda P_0(t) \quad \text{或} \quad \frac{P_0'(t)}{P_0(t)}=-\lambda．$$

积分得

$$\ln P_0(t)=-\lambda t+C．$$

由 $P_0(0)=P\{N(0)=0\}=1$，可知 $C=0$，故

$$P_0(t)=\mathrm{e}^{-\lambda t}．$$

类似地，当 $n\geqslant 1$ 时，

$$\begin{aligned}
P_n(t+h) &= P\{N(t+h)=n\} = P\{N(t+h)-N(t)+N(t)=n\} \\
&= P\{N(t+h)-N(t)=0, N(t)=n\}+ \\
&\quad P\{N(t+h)-N(t)=1, N(t)=n-1\}+ \\
&\quad \sum_{k=2}^{n}P\{N(t+h)-N(t)=k, N(t)=n-k\}．
\end{aligned}$$

上式最后一项是 $o(h)$，因为

$$\sum_{k=2}^{n}P\{N(t+h)-N(t)=k, N(t)=n-k\}\leqslant$$

$$\sum_{k=2}^{n} P\{N(t+h) - N(t) = k\} \leqslant P\{N(t+h) - N(t) \geqslant 2\} .$$

由平稳独立增量过程可知

$$P_n(t+h) = [1 - \lambda h + o(h)]P_n(t) + [\lambda h + o(h)]P_{n-1}(t) + o(h)$$

$$= (1 - \lambda h)P_n(t) + \lambda h P_{n-1}(t) + o(h) .$$

于是

$$\frac{P_n(t+h) - P_n(t)}{h} = -\lambda P_n(t) + \lambda P_{n-1}(t) + \frac{o(h)}{h} .$$

令 $h \to 0$，得微分方程

$$P_n'(t) = -\lambda P_n(t) + \lambda P_{n-1}(t) ,$$

或等价的

$$e^{\lambda t}[P_n'(t) + \lambda P_n(t)] = \lambda e^{\lambda t} P_{n-1}(t) ,$$

因此，

$$\frac{\mathrm{d}}{\mathrm{d}t}(e^{\lambda t} P_n(t)) = \lambda e^{\lambda t} P_{n-1}(t) . \tag{3.4}$$

当 $n=1$ 时，有

$$\frac{\mathrm{d}}{\mathrm{d}t}(e^{\lambda t} P_1(t)) = \lambda e^{\lambda t} P_0(t) = \lambda ,$$

积分得

$$P_1(t) = (\lambda t + C)e^{-\lambda t} .$$

由 $P_1(0) = P\{N(0) = 1\} = 0$ 知 $C=0$，故

$$P_1(t) = \lambda t e^{-\lambda t} .$$

为了证明 $P_n(t) = \dfrac{(\lambda t)^n}{n!} e^{-\lambda t}$，用数学归纳法．假定 $n-1$ 时成立，即 $P_{n-1}(t) = \dfrac{(\lambda t)^{n-1}}{(n-1)!} e^{-\lambda t}$，则由式（3.4），可得

$$\frac{\mathrm{d}}{\mathrm{d}t}(e^{\lambda t} P_n(t)) = \lambda \frac{(\lambda t)^{n-1}}{(n-1)!} ,$$

积分，得

$$e^{\lambda t} P_n(t) = \frac{(\lambda t)^n}{n!} + C ,$$

由 $P_n(0) = P\{N(0) = n\} = 0$ 可知 $C=0$，故

$$P_n(t) = \frac{(\lambda t)^n}{n!} e^{-\lambda t} .$$

这就证明了式（3.1）成立.

定义 3.2 蕴含定义 3.2′,请读者自行证明.

泊松过程是最常用的计数过程. 例如, 某电话交换台在某段时间[0, t]内接到的电话的次数; 某段时间内某商店购物的顾客数; 某信号灯下一段时间内通过的车辆数等都可以用泊松过程来考虑.

【例 3.1】 顾客到达某商店的人数服从参数 $\lambda = 4$ 人/小时的泊松过程, 已知商店上午 9:00 开门, 试求到 9:30 时仅到一位顾客, 而到 11:30 时总计已达 5 位及以上顾客的概率.

解: $N(t)$ 表示 t 时刻到达的顾客数, 记 9:00 时刻 $t=0$, 9:30 时刻 $t=0.5$, 11:30 时刻 $t=2.5$, 则 9:30 时仅到一位顾客, 而到 11:30 时总计已达 5 位顾客的概率为

$$P\{N(0.5)=1, N(2.5) \geqslant 5\}$$
$$= P\{N(0.5)=1, N(2.5) - N(0.5) \geqslant 4\}$$
$$= P\{N(0.5)=1\}P\{N(2.5) - N(0.5) \geqslant 4\}$$
$$= \frac{(4 \times 0.5)^1}{1!}e^{-4 \times 0.5}\left[1 - (1 + 4 \times 2 + \frac{(4 \times 2)^2}{2!} + \frac{(4 \times 2)^3}{3!})e^{-4 \times 2}\right]$$
$$= 2e^{-2}\left(1 - \frac{379}{3}e^{-8}\right) \approx 0.2592 .$$

根据泊松过程的定义, 可以推出常用的几个数字特征.

(1) 均值函数和方差函数:

$$E[N(t)] = \text{Var}[N(t)] = \lambda t .$$

(2) 相关函数: 当 $s < t$ 时,

$$R_N(s,t) = E[N(s)N(t)]$$
$$= E\{N(s)[N(t) - N(s) + N(s)]\}$$
$$= E[N(s)(N(t) - N(s))] + E[N^2(s)]$$
$$= E[N(s)]E[N(t) - N(s)] + \lambda s + (\lambda s)^2$$
$$= \lambda s \cdot \lambda(t-s) + \lambda s + (\lambda s)^2 = \lambda s(\lambda t + 1) .$$

而泊松过程 $\{N(t), t \geqslant 0\}$ 的特征函数为

$$\varphi_t(\omega) = E[e^{i\omega N(t)}] = e^{\lambda t(e^{i\omega} - 1)} .$$

3.2 到达间隔时间与等待时间的分布

3.2.1 到达间隔时间序列与等待时间序列

定义 3.3 设 $\{N(t), t \geqslant 0\}$ 为泊松过程, $N(t)$ 表示到时刻 t 为止已发生的事件总数, T_n ($n = 1,2,\cdots$)表示事件第 n 次发生的时间, 则称 $\{T_n, n \geqslant 1\}$ 为到达时间序列或等待时间序列. 以 X_n ($n \geqslant 1$)表示事件从第 $n-1$ 次发生到第 n 次发生之间的时间间隔, 则称 $\{X_n, n \geqslant 1\}$ 为到达间隔时间序列（Sequence of interarrival times）.

图 3.1 所示为等待时间和到达间隔时间序列的直观描述.

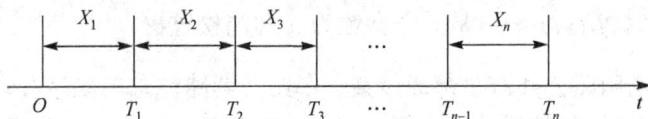

图 3.1 等待时间 T_n 和到达间隔时间 X_n 序列

下面来确定 X_n 和 T_n 的分布.

注意到事件 $\{X_1 > t\}$ 发生当且仅当泊松过程 $\{N(t), t \geq 0\}$ 在区间 $[0,t]$ 内没有事件发生，即 $\{X_1 > t\} \Leftrightarrow \{N(t) < 1\}$，因此有

$$P\{X_1 > t\} = P\{N(t) = 0\} = e^{-\lambda t}.$$

X_1 是具有参数为 λ 的指数分布. 下面求已知 $X_1 = s$ 的条件下，X_2 的条件分布：

$$P\{X_2 > t \mid X_1 = s\} = P\{在 (s, s+t] \text{内没有事件发生} \mid X_1 = s\}$$

$$= P\{N(s+t) - N(s) = 0\} \qquad （独立增量）$$

$$= e^{-\lambda t}, \qquad （平稳增量）$$

因此 X_2 也是具有参数为 λ 的指数分布，且 X_2 与 X_1 独立. 重复同样的推导可得下面的定理.

定理 3.1 到达间隔时间序列 $\{X_n, n \geq 1\}$ 是独立同分布的具有参数为 λ 的指数分布.

定理的结果与直观是完全相符的，泊松过程的平稳独立增量性说明过程在任何时刻都"重新开始"，是"无记忆"的，与指数分布的无记忆性相对应.

等待时间序列 T_n 与到达间隔时间序列 X_n 的关系是

$$T_n = \sum_{i=1}^{n} X_i \quad (n \geq 1),$$

即 T_n 是 n 个相互独立同分布的指数分布随机变量的和，故由特征函数的方法可以得到下面的定理.

定理 3.2 等待时间序列 $\{T_n, n \geq 1\}$ 是具有参数为 n、λ 的 Γ 分布，其概率密度函数为

$$p_{T_n}(t) = \frac{\lambda^n}{\Gamma(n)} t^{n-1} e^{-\lambda t} = \lambda e^{-\lambda t} \frac{(\lambda t)^{n-1}}{(n-1)!}, \quad t \geq 0.$$

注意到第 n 个事件在 t 时刻之后发生当且仅当到 t 时刻为止发生的事件小于 n 个，即

$$N(t) < n \Leftrightarrow T_n > t, \tag{3.5}$$

因此定理 3.2 还可以通过式（3.5）导出：

$$P\{T_n \leq t\} = P\{N(t) \geq n\} = \sum_{k=n}^{\infty} \frac{(\lambda t)^k}{k!} e^{-\lambda t}. \tag{3.6}$$

两边对 t 求导，得到 T_n 的概率密度函数为

$$p_{T_n}(t) = \sum_{k=n}^{\infty} k\lambda \frac{(\lambda t)^{k-1}}{k!} e^{-\lambda t} - \sum_{k=n}^{\infty} \lambda \frac{(\lambda t)^k}{k!} e^{-\lambda t} = \lambda \frac{(\lambda t)^{n-1}}{(n-1)!} e^{-\lambda t}, \quad t \geq 0.$$

定理 3.1 给出了泊松过程的另一种定义方法：

对计数过程 $\{N(t), t \geq 0\}$，如果每次事件发生的间隔时间序列是独立同分布的具有均值为 $\frac{1}{\lambda}$ 的指数分布，则 $\{N(t), t \geq 0\}$ 是一个参数为 λ 的**泊松过程**.

【例 3.2】 甲、乙两路公共汽车都通过某一车站，两路汽车的到达分别服从 10 分钟 1 辆（甲）、15 分钟 1 辆（乙）的泊松分布. 假定车总不会满员，试求可乘坐甲或乙两路公共汽车的乘客在此车站所需等待时间的概率分布及其期望.

解：设 $N_1(t)$ 和 $N_2(t)$ 为甲、乙两路公共汽车的到达次数，等待时间分别为 10 分钟和 15 分钟，即 $N_1(t)$ 的参数 $\lambda_1 = \frac{1}{10}$，$N_2(t)$ 的参数 $\lambda_2 = \frac{1}{15}$，记

$$N(t) = N_1(t) + N_2(t),$$

则 $N(t)$ 服从泊松分布，且参数 $\lambda = \lambda_1 + \lambda_2 = \frac{1}{10} + \frac{1}{15} = \frac{1}{6}$.

可乘坐甲或乙两路公共汽车的乘客的等待时间 X 服从均值为 6 分钟的指数分布，故 X 的概率密度函数

$$p_X(t) = \frac{1}{6} \mathrm{e}^{-\frac{t}{6}}, t \geq 0,$$

期望 $E(X) = 6$ 分钟.

【例 3.3】 设某服务系统从早上 8:00 开始就有无穷多人排队等候服务，只有一名服务员，且每个人接受服务的时间是独立的并服从均值为 20 分钟的指数分布. 问到中午 12:00 为止，平均有多少人已经离去？已至少有 9 个人接受服务的概率是多少？

解：设 X_n 是第 n 个人接受服务的时间，则 $\{X_n, n \geq 1\}$ 是独立同分布的具有均值为 $\frac{1}{3}$ 小时的指数分布. 记 $N(t)$ 表示到 t 时刻为止离去的人数，则 $\{N(t), t \geq 0\}$ 为参数为 $\lambda = 3$ 的泊松过程. 记 8:00 为 0 时刻，则 12:00 时 $t = 4$，故均值 $\lambda t = 12$，即到中午 12:00 为止平均有 12 人已经离去.

已至少有 9 个人接受服务的概率是

$$P\{N(4) \geq 9\} = 1 - \sum_{k=0}^{8} \frac{12^k}{k!} \mathrm{e}^{-12} \approx 0.8450.$$

3.2.2　到达时刻的条件分布

如果到时刻 t 事件已经发生了 1 次，则这一事件到达时间 T_1 的分布可以由下面的式子求出. 对 $s < t$ 有

$$P\{T_1 \leq s \mid N(t) = 1\} = \frac{P\{T_1 \leq s, N(t) = 1\}}{P\{N(t) = 1\}} = \frac{P\{N(s) = 1, N(t) - N(s) = 0\}}{P\{N(t) = 1\}}$$

$$= \frac{P\{N(s) = 1\} P\{N(t) - N(s) = 0\}}{P\{N(t) = 1\}} = \frac{\lambda s \mathrm{e}^{-\lambda s} \mathrm{e}^{-\lambda(t-s)}}{\lambda t \mathrm{e}^{-\lambda t}}$$

$$= \frac{s}{t},$$

分布密度为

$$p_{T_1}(s \mid N(t)=1) = \begin{cases} \dfrac{1}{t}, & 0 \leqslant s \leqslant t, \\ 0, & \text{其他.} \end{cases}$$

这是 $[0,t]$ 上的均匀分布.

假设到时刻 t 事件已经发生了 n 次, 下面来考虑这 n 次事件发生时刻 $T_1, T_2, \cdots, T_n$ 的联合分布.

先引进顺序统计量的概念.

定义 3.4　$X_1, X_2, \cdots, X_n$ 是 n 个随机变量, 如果 $X_{(k)}$ 是 $X_1, X_2, \cdots, X_n$ 中的第 k 个最小值, $k=1, 2, \cdots, n$, 则称 $X_{(1)}, X_{(2)}, \cdots, X_{(n)}$ 是对应于 $X_1, X_2, \cdots, X_n$ 的顺序统计量 (Order statistics).

可以证明, 如果 $X_1, X_2, \cdots, X_n$ 是独立同分布连续随机变量, 概率密度函数是 $p(x)$, 则顺序统计量 $X_{(1)}, X_{(2)}, \cdots, X_{(n)}$ 的联合密度为

$$p(x_1, x_2, \cdots, x_n) = n! \prod_{i=1}^{n} p(x_i), \quad x_1 < x_2 < \cdots < x_n.$$

下面的定理给出了 $T_1, T_2, \cdots, T_n$ 的条件联合分布密度, 正好和 $[0, t]$ 区间上 n 个相互独立的均匀分布的顺序统计量有相同的分布.

定理 3.3　设 $\{N(t), t \geqslant 0\}$ 是泊松过程, 已知在 $[0, t]$ 内事件发生 n 次, 则这 n 次到达时间 $T_1, T_2, \cdots, T_n$ 的联合分布密度为

$$p(t_1, \cdots, t_n \mid N(t)=n) = \begin{cases} \dfrac{n!}{t^n}, & 0 < t_1 < t_2 < \cdots < t_n < t, \\ 0, & \text{其他.} \end{cases} \tag{3.7}$$

证明: 设 $0 < t_1 < t_2 < \cdots < t_n < t_{n+1} = t$. 取 h_i 充分小, 使得 $t_i + h_i < t_{i+1}$, $i = 1, 2, \cdots, n$, 则有

$$P\{t_i < T_i \leqslant t_i + h_i, i = 1, 2, \cdots, n \mid N(t) = n\}$$

$$= \frac{P\{t_i < T_i \leqslant t_i + h_i, i = 1, 2, \cdots, n, N(t) = n\}}{P\{N(t) = n\}}$$

$$= \frac{P\{(t_i, t_i + h_i] \text{中恰好有一事件}, i = 1, 2, \cdots, n, [0, t] \text{别处无任何事件}\}}{P\{N(t) = n\}}$$

$$= \frac{P\{N(t_i + h_i) - N(t_i) = 1, N(t_{i+1}) - N(t_i + h_i) = 0, i = 1, 2, \cdots, n, N(t_1) = 0\}}{P\{N(t) = n\}}$$

$$= \frac{\lambda h_1 \mathrm{e}^{-\lambda h_1} \cdots \lambda h_n \mathrm{e}^{-\lambda h_n} \cdot \mathrm{e}^{-\lambda t_1} \mathrm{e}^{-\lambda(t_2 - t_1 - h_1)} \cdots \mathrm{e}^{-\lambda(t_{n+1} - t_n - h_n)}}{\mathrm{e}^{-\lambda t}(\lambda t)^n / n!}$$

$$= \frac{n!}{t^n} h_1 h_2 \cdots h_n.$$

由概率密度的定义 (概率的变化率, 即概率的改变量和自变量改变量的比值的极限), 给定 $N(t) = n$ 时, $T_1, T_2, \cdots, T_n$ 的条件分布密度为

$$p(t_1, t_2, \cdots, t_n \mid N(t) = n) = \lim_{\substack{h_i \to 0 \\ 1 \leqslant i \leqslant n}} \frac{P\{t_i < T_i \leqslant t_i + h_i, i = 1, 2, \cdots, n \mid N(t) = n\}}{h_1 h_2 \cdots h_n}$$

$$= \frac{n!}{t^n}, \quad 0 < t_1 < t_2 < \cdots < t_n < t.$$

注意到定理 3.3 中，当 $n=1$ 时，有

$$p(t_1 | N(t) = 1) = \begin{cases} \dfrac{1}{t}, & 0 < t_1 < t, \\ 0, & \text{其他.} \end{cases}$$

它表示已知在[0, t]内事件只发生 1 次的前提下，事件发生的时刻在[0, t]上是均匀分布的. 因为泊松过程有平稳独立增量，事件在[0, t]的任何相同长度的子区间内发生的概率都是相等的.

下面的例子给出了定理 3.3 的一个应用.

【例 3.4】 假设乘客按照参数 λ 的泊松过程来到一个火车站，如果火车在 t 时刻启程，求在 $(0,t)$ 内到达乘客的等待时间的总和的期望.

解：设 $N(t)$ 是火车站到达的乘客数，T_i 是第 i 个乘客到达的时间，则他的等待时间是 $t-T_i$，在 $(0,t)$ 内到达乘客的等待时间的总和的期望是 $E\left[\sum\limits_{i=1}^{N(t)}(t - T_i)\right]$.

由于到达的乘客数是随机的，由条件期望公式，有

$$E\left[\sum_{i=1}^{N(t)}(t - T_i)\right] = E\left[E\left[\sum_{i=1}^{N(t)}(t - T_i)\,\Big|\, N(t)\right]\right],$$

其中，当 $N(t)=n$ 时

$$E\left[\sum_{i=1}^{N(t)}(t - T_i)\,\Big|\, N(t) = n\right] = E\left[\sum_{i=1}^{n}(t - T_i)\,\Big|\, N(t) = n\right]$$

$$= nt - E\left[\sum_{i=1}^{n} T_i\,\Big|\, N(t) = n\right].$$

由定理 3.3，给定 $N(t) = n$ 时，$T_1, T_2, \cdots, T_n$ 的条件分布和[0, t]区间上 n 个相互独立的均匀分布的顺序统计量有相同的分布，记 $U_1, U_2, \cdots, U_n$ 为[0, t]区间上 n 个独立同分布的均匀分布，$U_{(1)}, U_{(2)}, \cdots, U_{(n)}$ 为顺序统计量，则有

$$E\left[\sum_{i=1}^{n} T_i\,\Big|\, N(t) = n\right] = E\left[\sum_{i=1}^{n} U_{(i)}\right] = E\left[\sum_{i=1}^{n} U_i\right] = \sum_{i=1}^{n} E(U_i) = \frac{nt}{2},$$

因此

$$E\left[\sum_{i=1}^{N(t)}(t - T_i)\right] = E\left[\frac{t}{2} N(t)\right] = \frac{t}{2} E[N(t)] = \frac{\lambda t^2}{2}.$$

【例 3.5】 设 $\{N(t), t \geq 0\}$ 是参数为 λ 的泊松过程，已知事件在[0, t]内已经发生 n 次，$s < t$，求在[0, s]内发生 k 次的概率，$k = 0, 1, \cdots, n$.

解：所求条件概率为

$$P\{N(s) = k \mid N(t) = n\} = \frac{P\{N(s) = k, N(t) = n\}}{P\{N(t) = n\}}$$

$$= \frac{P\{N(s) = k, N(t) - N(s) = n - k\}}{P\{N(t) = n\}}$$

$$= \frac{\dfrac{(\lambda s)^k}{k!} e^{-\lambda s} \dfrac{[\lambda(t-s)]^{n-k}}{(n-k)!} e^{-\lambda(t-s)}}{\dfrac{(\lambda t)^n}{n!} e^{-\lambda t}}$$

$$= \frac{n!}{k!(n-k)!} \cdot \frac{s^k(t-s)^{n-k}}{t^n} = C_n^k \left(\frac{s}{t}\right)^k \left(1 - \frac{s}{t}\right)^{n-k}.$$

注意：例 3.5 中的结果是一个二项分布.

【例 3.6】 已知仪器在 $[0, t]$ 内发生振动的次数 $N(t)$ 是具有参数 λ 的泊松过程. 若仪器振动 k （$k \geqslant 1$）次就会出现故障，求仪器在时刻 t_0 正常工作的概率.

解： 仪器发生第 k 次振动的时刻 T_k 就是故障时刻，则 T_k 的概率分布为 Γ 分布，概率密度函数为

$$p_{T_k}(t) = \begin{cases} \lambda e^{-\lambda t} \dfrac{(\lambda t)^{k-1}}{(k-1)!}, & t \geqslant 0, \\ 0, & t < 0. \end{cases}$$

故仪器在时刻 t_0 正常工作的概率为

$$P(T_k > t_0) = \int_{t_0}^{\infty} \lambda e^{-\lambda t} \frac{(\lambda t)^{k-1}}{(k-1)!} \mathrm{d}t$$

$$= P[N(t_0) < k] = \sum_{n=0}^{k-1} e^{-\lambda t_0} \frac{(\lambda t_0)^n}{n!}.$$

注意：这里最后一个等式也可通过第一个等式右边 $k-1$ 次分部积分得到.

3.3　非齐次泊松过程

当泊松过程 $\{N(t), t \geqslant 0\}$ 的强度 λ 不再是常数，而与时间 t 有关时，泊松过程推广为非齐次泊松过程. 在实际问题中，非齐次泊松过程也是比较常用的. 如在考虑设备故障时，设备的出故障率会和设备使用年限有关；放射性物质的衰变速度与衰变时间有关. 在这种情况下，用齐次泊松过程来描述就不合适了，于是改用非齐次泊松过程.

定义 3.5　计数过程 $\{N(t), t \geqslant 0\}$ 称为具有强度函数 $\lambda(t)$（$\lambda(t) > 0$）的非齐次泊松过程（Nonhomogeneous Poisson Processes），如果它满足下列条件：

（1）$N(0) = 0$；

（2）$N(t)$ 是独立增量过程；

（3）$P\{N(t+h) - N(t) = 1\} = \lambda(t)h + o(h)$；

（4）$P\{N(t+h) - N(t) \geqslant 2\} = o(h)$.

如果令

$$m(t) = \int_0^t \lambda(s) \mathrm{d}s,$$

类似于齐次泊松过程，非齐次泊松过程有如下等价定义.

定义 3.5′ 计数过程 $\{N(t), t \geqslant 0\}$ 称为具有**强度函数**（Intensity function）$\lambda(t)$（$\lambda(t) > 0$）的**非齐次泊松过程**，如果它满足下列条件：

（1）$N(0) = 0$；

（2）$N(t)$ 是独立增量过程；

（3）对任意实数 $t \geqslant 0$，$s > 0$，$N(t+s) - N(t)$ 是均值为

$$m(t+s) - m(t) = \int_t^{t+s} \lambda(u) \mathrm{d}u \quad (\lambda(u) > 0)$$

的泊松分布，即

$$P\{N(t+s) - N(t) = k\} = \frac{\left[\int_t^{t+s} \lambda(u) \mathrm{d}u\right]^k}{k!} \exp\left\{-\int_t^{t+s} \lambda(u) \mathrm{d}u\right\}, \quad k = 0,1,2,\cdots. \tag{3.8}$$

定义 3.5 和定义 3.5′的等价性的证明和前面定义 3.2 和定义 3.2′的等价性的证明类似，有兴趣的读者可以自行证明.

由式（3.8）可知

$$P\{N(t) = n\} = \frac{\left[\int_0^t \lambda(s) \mathrm{d}s\right]^n}{n!} \exp\{-\int_0^t \lambda(s) \mathrm{d}s\}, \quad n = 0,1,2,\cdots. \tag{3.9}$$

且 $E[N(t)] = \mathrm{Var}[N(t)] = \int_0^t \lambda(s) \mathrm{d}s$.

【例 3.7】 设 $\{N(t), t \geqslant 0\}$ 是具有跳跃强度 $\lambda(t) = 0.5(1 + \cos \omega t)$ 的非齐次泊松过程. 求 $E[N(t)]$ 和 $\mathrm{Var}[N(t)]$.

解： $m(t) = \int_0^t \lambda(s) \mathrm{d}s = \int_0^t 0.5(1 + \cos \omega s) \mathrm{d}s = \begin{cases} t, & \omega = 0, \\ 0.5\left(t + \dfrac{1}{\omega}\sin(\omega t)\right), & \omega \neq 0. \end{cases}$

故有

$$E[N(t)] = \mathrm{Var}[N(t)] = \begin{cases} t, & \omega = 0, \\ 0.5\left(t + \dfrac{1}{\omega}\sin(\omega t)\right), & \omega \neq 0. \end{cases}$$

【例 3.8】 设某路公共汽车从早上 5 时到晚上 9 时有车发出. 乘客流量如下：5 时平均乘客为 200 人/小时；5 时至 8 时乘客线性增加，8 时达到 1400 人/小时；8 时至 18 时保持平均到达率不变；18 时至 21 时到达率线性下降，到 21 时为 200 人/小时. 假定乘客数在不相重叠的时间间隔内是相互独立的. 求 12 时至 14 时有 2000 人来站乘车的概率，并求出这两小时内乘客人数的数学期望.

解： 乘客数是参数为 $\lambda(t)$ 的泊松过程 $\{N(t), t \geqslant 0\}$. 设早上 5 时 $t = 0$，则 8 时 $t = 3$，晚上 9 时 $t = 16$. 有

$$\lambda(t) = \begin{cases} 200 + 400t, & 0 \leqslant t \leqslant 3, \\ 1400, & 3 < t < 13, \\ 1400 - 400(t-13), & 13 \leqslant t \leqslant 16. \end{cases}$$

12 时至 14 时这两小时内乘客人数的数学期望为

$$m(9) - m(7) = \int_7^9 \lambda(s)\mathrm{d}s = \int_7^9 1400\mathrm{d}s = 2800 ,$$

这两个小时有 2000 人来站乘车的概率为

$$P\{N(9) - N(7) = 2000\} = \frac{2800^{2000}}{2000!}\mathrm{e}^{-2800} \approx 5.9 \times 10^{-58} .$$

3.4　复合泊松过程

定义 3.6　设 $\{N(t), t \geq 0\}$ 是强度为 λ 的泊松过程，$\{Y_k, k = 1, 2, \cdots\}$ 是一列独立同分布随机变量，且与 $\{N(t), t \geq 0\}$ 独立，令

$$X(t) = \sum_{k=1}^{N(t)} Y_k , \quad t \geq 0 , \tag{3.10}$$

则称 $\{X(t), t \geq 0\}$ 为**复合泊松过程**（Compound Poission processes）.

复合泊松过程不一定是计数过程. 但是如果 $Y_k = C$ 是常数，则 $\{X(t), t \geq 0\}$ 可化为泊松过程.

【例 3.9】　保险公司接到的索赔次数服从强度为 λ 的泊松过程 $\{N(t), t \geq 0\}$，每次要求赔付的金额为 Y_k，假设 $Y_1, Y_2, \cdots$ 是相互独立同分布的随机变量，且每次索赔额与索赔次数无关，则在 $[0, t]$ 时间内保险公司要赔付的总金额 $\{X(t), t \geq 0\}$ 是一个复合泊松过程.

【例 3.10】　考虑在随机时刻 T_i 出现的具有随机振幅 A_i 的电脉冲. 通过一个检测器后，对每一次脉冲，在时刻 t 的输出为

$$A_i \exp[-\alpha(t - T_i)]_+ = \begin{cases} A_i \exp\{-\alpha(t - T_i)\}, & t \geq T_i \\ 0, & t < T_i \end{cases} ,$$

即脉冲经过检测器时其振幅开始是 A_i，以后依指数衰减. 设检测器是线性的（可加的）. 脉冲到达是强度为 λ 的泊松过程 $\{N(t), t \geq 0\}$，则在时刻 t 的输出为

$$X(t) = \sum_{i=1}^{N(t)} A_i \exp[-\alpha(t - T_i)]_+ ,$$

这是一个复合泊松过程.

复合泊松过程有如下性质.

定理 3.4　设 $\{X(t), t \geq 0\}$ 是复合泊松过程，则

（1）$\{X(t), t \geq 0\}$ 是独立增量过程；

（2）$X(t)$ 的特征函数

$$\varphi_{X(t)}(\omega) = \exp\{\lambda t[\varphi_Y(\omega) - 1]\} , \tag{3.11}$$

其中 $\varphi_Y(\omega)$ 是 Y_1 的特征函数，λ 是事件的到达率；

（3）若 $E(Y_1^2) < \infty$，则

$$E[X(t)] = \lambda t E(Y_1), \quad \mathrm{Var}[X(t)] = \lambda t E(Y_1^2) . \tag{3.12}$$

证明：（1）令 $0 \leqslant t_0 < t_1 < \cdots < t_n$，则

$$X(t_k) - X(t_{k-1}) = \sum_{i=N(t_{k-1})+1}^{N(t_k)} Y_i, \quad k = 1, 2, \cdots, n.$$

由泊松过程的独立增量性及 Y_i（$i=1, 2, \cdots, n$）之间的独立性不难得出 $\{X(t), t \geqslant 0\}$ 是独立增量过程.

（2）$X(t)$ 的特征函数

$$\varphi_{X(t)}(\omega) = E[\mathrm{e}^{\mathrm{i}\omega X(t)}] = E\left[E[\mathrm{e}^{\mathrm{i}\omega X(t)} \mid N(t)]\right] \qquad \text{（条件期望的性质）}$$

$$= \sum_{n=0}^{\infty} E\left[\mathrm{e}^{\mathrm{i}\omega \sum_{k=1}^{N(t)} Y_k} \mid N(t) = n\right] P\{N(t) = n\}$$

$$= \sum_{n=0}^{\infty} E\left[\mathrm{e}^{\mathrm{i}\omega \sum_{k=1}^{n} Y_k} \mid N(t) = n\right] P\{N(t) = n\}$$

$$= \sum_{n=0}^{\infty} E[\mathrm{e}^{\mathrm{i}\omega \sum_{k=1}^{n} Y_k}] P\{N(t) = n\} \qquad \text{（$\{Y_k\}$ 与 $\{N(t)\}$ 独立）}$$

$$= \sum_{n=0}^{\infty} [\varphi_Y(\omega)]^n \mathrm{e}^{-\lambda t} \frac{(\lambda t)^n}{n!} \qquad \text{（Y_k, $k = 1, 2, \cdots, n$ 相互独立）}$$

$$= \mathrm{e}^{-\lambda t} \sum_{n=0}^{\infty} \frac{(\lambda t \varphi_Y(\omega))^n}{n!} = \exp\{\lambda t [\varphi_Y(\omega) - 1]\}.$$

（3）$E[X(t)] = E\left[E[X(t) \mid N(t)]\right] = \sum_{n=0}^{\infty} E[X(t) \mid N(t) = n] P\{N(t) = n\}$,

而

$$E[X(t) \mid N(t) = n] = E\left[\sum_{k=1}^{n} Y_k \mid N(t) = n\right] = E\left[\sum_{k=1}^{n} Y_k\right] = nE(Y_1),$$

所以有

$$E[X(t)] = E(Y_1) \sum_{n=0}^{\infty} nP\{N(t) = n\} = \lambda t E(Y_1).$$

由条件方差公式知

$$\mathrm{Var}(X(t)) = E[\mathrm{Var}(X(t) \mid N(t))] + \mathrm{Var}[E(X(t) \mid N(t))],$$

而

$$\mathrm{Var}(X(t) \mid N(t) = n) = \mathrm{Var}\left[\sum_{k=1}^{n} Y_k \mid N(t) = n\right] = \mathrm{Var}\left[\sum_{k=1}^{n} Y_k\right] = n\mathrm{Var}(Y_1),$$

因此

$$\mathrm{Var}(X(t)) = E[N(t)]\mathrm{Var}(Y_1) + E^2(Y_1)\mathrm{Var}[N(t)] = \lambda t E(Y_1^2).$$

注意：定理 3.4 中式（3.12）用特征函数证明更加方便.

$X(t)$ 的特征函数 $\varphi_{X(t)}(\omega) = \exp\{\lambda t[\varphi_Y(\omega) - 1]\}$，故

$$E[X(t)] = \frac{\varphi'_{X(t)}(0)}{i}, \quad E[X^2(t)] = \frac{\varphi''_{X(t)}(0)}{i^2}.$$

将 $X(t)$ 的特征函数 $\varphi_{X(t)}(\omega)$ 两次对 ω 求导，有

$$\varphi'_{X(t)}(\omega) = \lambda t \varphi'_Y(\omega) \exp\{\lambda t[\varphi_Y(\omega) - 1]\},$$

$$\varphi''_{X(t)}(\omega) = [\lambda^2 t^2 \varphi'^2_Y(\omega) + \lambda t \varphi''_Y(\omega)] \exp\{\lambda t[\varphi_Y(\omega) - 1]\}.$$

令 $\omega = 0$，有 $\varphi'_{X(t)}(0) = \lambda t \varphi'_Y(0)$，$\varphi''_{X(t)}(0) = \lambda^2 t^2 \varphi'^2_Y(0) + \lambda t \varphi''_{X(t)}\varphi''_Y(0)$. 而 $E(Y_1) = \dfrac{\varphi'_Y(0)}{i}$，

$E(Y_1^2) = \dfrac{\varphi''_Y(0)}{i^2}$，因此有

$$E[X(t)] = \frac{\varphi'_{X(t)}(0)}{i} = \lambda t \frac{\varphi'_Y(0)}{i} = \lambda t E(Y_1).$$

而

$$E[X^2(t)] = \frac{\varphi''_{X(t)}(0)}{i^2} = \lambda^2 t^2 \left(\frac{\varphi'_Y(0)}{i}\right)^2 + \lambda t \frac{\varphi''_Y(0)}{i^2} = \lambda^2 t^2 E^2(Y_1) + \lambda t E(Y_1^2),$$

故有

$$\mathrm{Var}[X(t)] = E[X^2(t)] - E^2[X(t)] = \lambda t E(Y_1^2).$$

由于 $E[N(t)] = \mathrm{Var}[N(t)] = \lambda t$，则式（3.12）可以写成如下形式：

$$E[X(t)] = E[N(t)]E(Y_1), \quad \mathrm{Var}[X(t)] = E[N(t)]E(Y_1^2). \tag{3.13}$$

【例 3.11】　在保险的索赔模型中，设索赔要求以平均每月 2 次的速率的泊松过程到达保险公司. 若每次赔付金额服从均值为 10000 元的正态分布，则一年中保险公司平均赔付额是多少？

解：这是一个复合泊松过程. 速率 $\lambda = 2$，$t = 12$，$E(Y_1) = 10000$. 由定理 3.4 知，一年中保险公司平均赔付额为

$$E[X(12)] = 2 \times 12 \times 10000 = 240000 \text{ 元}.$$

【例 3.12】　考虑电子管中的电子发射问题. 设 t 时间内到达阳极的电子数目 $N(t)$ 服从速率为 λ 的泊松分布，$P\{N(t) = k\} = \dfrac{(\lambda t)^k}{k!} e^{-\lambda t}$，$k = 0, 1, 2, \cdots$. 每个电子携带的能量构成一个随机变量序列 $X_1, X_2, \cdots, X_k, \cdots$. 已知 $\{X_k\}$ 与 $N(t)$ 相互独立，$\{X_k\}$ 之间互不相关且具有相同的均值和方差：$E[X_k] = \eta$，$\mathrm{Var}[X_k] = \sigma^2$，则 t 时间内阳极接收到的能量为 $S(t) = \displaystyle\sum_{k=1}^{N(t)} X_k$. 求 $S(t)$ 的均值和方差.

解：$\{S(t), t \geqslant 0\}$ 是复合泊松过程，$\{X_k\}$ 之间互不相关时，定理 3.4 中的（2）和（3）仍然成立. 因此有

$$E[S(t)] = \lambda t E[X_1] = \eta \lambda t ,$$

$$\text{Var}[S(t)] = \lambda t E[X_1^2] = \lambda t (\eta^2 + \sigma^2) .$$

【例 3.13】 （例 3.9 续）如果保险公司第 i 次赔付的金额 Y_i 的均值为 μ，T_i 为第 i 次赔付的时间，到 t 时刻为止，保险公司的所有理赔折扣金额为

$$D(t) = \sum_{i=1}^{N(t)} Y_i \mathrm{e}^{-\alpha T_i} ,$$

其中，α 为折扣率，求在 $[0, t]$ 时间内保险公司要赔付的总金额的平均折扣金额 $E[D(t)]$。

解：保险公司赔付的平均折扣金额

$$E[D(t)] = \sum_{n=0}^{\infty} E[D(t) \mid N(t) = n] P\{N(t) = n\} ,$$

其中

$$E[D(t) \mid N(t) = n] = \sum_{i=1}^{n} E(Y_i) E(\mathrm{e}^{-\alpha T_i} \mid N(t) = n) = \mu E[\sum_{i=1}^{n} \mathrm{e}^{-\alpha T_i} \mid N(t) = n] ,$$

由于给定 $N(t) = n$ 时，$T_1, T_2, \cdots, T_n$ 的条件分布和 $[0, t]$ 区间上 n 个相互独立的均匀分布的顺序统计量有相同的分布，记 $U_1, U_2, \cdots, U_n$ 和 $U_{(1)}, U_{(2)}, \cdots, U_{(n)}$ 分别为 $[0, t]$ 区间上 n 个独立同分布的均匀分布及它的顺序统计量，则有

$$E[D(t) \mid N(t) = n] = \mu E[\sum_{i=1}^{n} \mathrm{e}^{-\alpha U_{(i)}}] = \mu E[\sum_{i=1}^{n} \mathrm{e}^{-\alpha U_i}] = n\mu E(\mathrm{e}^{-\alpha U_i})$$

$$= \frac{n\mu}{t} \int_0^t \mathrm{e}^{-\alpha u} \mathrm{d}u = \frac{n\mu}{\alpha t} (1 - \mathrm{e}^{-\alpha t}) ,$$

因此有

$$E[D(t)] = \frac{\mu}{\alpha t} (1 - \mathrm{e}^{-\alpha t}) \sum_{n=0}^{\infty} n P\{N(t) = n\} = \frac{\mu \lambda}{\alpha} (1 - \mathrm{e}^{-\alpha t}) .$$

习 题 三

3.1　通过某十字路口的车流是一泊松过程，设 1 分钟内没有车辆通过的概率为 0.2，求 2 分钟内有超过一辆车通过的概率。

3.2　设 $\{N(t), t \geq 0\}$ 是一个参数为 $\lambda = 3$ 的泊松过程，试求：

（1）$P\{N(1) \leq 3\}$；

（2）$P\{N(1) = 1, N(3) = 2\}$；

（3）$P\{N(1) \geq 2 \mid N(1) \geq 1\}$。

3.3　设 $\{N(t), t \geq 0\}$ 是一个参数为 λ 的泊松过程，求 $E[N(t)N(t+s)]$。

3.4　设时间区间 $[0, t]$ 内到某商店的顾客数 $N(t)$ 是强度为 λ 的泊松过程，每个顾客购买货物的概率为 p，不购买货物的概率为 $1-p$，且他们是否购买货物是相互独立的。令 $Y(t)$ 为 $[0, t]$ 内购买货物的顾客数。证明 $\{Y(t), t \geq 0\}$ 是强度为 λp 的泊松过程。

3.5 设 $\{N(t), t \geq 0\}$ 是具有参数为 λ 的泊松过程，假定 S 是相邻事件的时间间隔，证明

$$P\{S > s_1 + s_2 \mid S > s_1\} = P\{S > s_2\},$$

即假定预先知道最近一次到达发生在 s_1 秒，下一次到达至少发生在将来 s_2 秒的概率等于在将来 s_2 秒出现下一次事件的无条件概率（这一性质称为"泊松过程无记忆"性）。

3.6 设 $\{N(t), t \geq 0\}$ 是具有参数为 λ 的泊松过程，T_n 表示泊松过程第 n 次到达的时间，证明：

（1） $E(T_n) = \dfrac{n}{\lambda}$，即泊松过程第 n 次到达时间的数学期望恰好是到达率倒数的 n 倍；

（2） $\mathrm{Var}(T_n) = \dfrac{n}{\lambda^2}$，即泊松过程第 n 次到达时间的方差恰好是到达率平方的倒数的 n 倍。

3.7 设某设备的使用期限为 10 年，在前 5 年内它平均 2.5 年需要维修一次，后 5 年平均 2 年需要维修一次，求它在使用期限内只维修过一次和不超过两次的概率。

3.8 设 $\{N(t), t \geq 0\}$ 为具有强度函数 $\lambda(t)$ 的非齐次泊松过程，$m(t) = E[N(t)]$，令 $N^*(t) = N[m^{-1}(t)]$，则 $\{N^*(t), t \geq 0\}$ 是一个强度为 1 的泊松过程。

3.9 设 $X(t) = \sum_{k=1}^{N(t)} Y_k, t \geq 0$ 是复合泊松过程，已知 $\{N(t), t \geq 0\}$ 的参数 $\lambda = 5$，当 Y_k 服从下列分布时，求 $X(t)$ 的期望、方差和特征函数。

（1） $Y_k \sim U[1000, 2000]$；

（2） Y_k 服从均值为 $\dfrac{1}{\mu}$ 的指数分布。

3.10 在 $[0, t]$ 时间内某系统受到的冲击次数 $N(t)$ 是参数为 λ 的泊松过程。假设每次冲击造成的损害 $Y_k (k=1, 2, \cdots)$ 相互独立同分布，并服从均值为 μ 的指数分布。设损害会积累，当损害超过一定极限 A 时，系统将终止运行。以 T 记系统运行的时间，求系统的平均运行时间。

3.11 假设一个设备在承受强度为 λ 的泊松过程 $\{N(t), t \geq 0\}$ 的冲击，第 i 次冲击造成的损失为 D_i，D_i 相互独立同分布，且与 $\{N(t), t \geq 0\}$ 独立，其中 $N(t)$ 表示 $[0, t]$ 中冲击的次数，假定一次冲击引起的损失随时间呈指数地衰减，即如果一次冲击的初始损失为 D，则 t 时刻之后它的损失是 De^{-at}。求到 t 时刻设备的平均损失。

3.12 （条件泊松过程）设 Λ 是一个随机变量，$\{N(t), t \geq 0\}$ 是一个计数过程，当 $\Lambda = \lambda$ 时，$\{N(t), t \geq 0\}$ 是一个强度为 λ 的泊松过程，称之为条件泊松过程。假设某地区地震发生的原因尚不清楚，已知在给定季节地震的平均发生率分别是 λ_1 和 λ_2。假设 Λ 分别以概率 p 和 $1-p$ 地等于 λ_1 和 λ_2，$\{N(t), t \geq 0\}$ 是到 t 时刻为止该地区地震发生的次数，已知在给定季节到 t 时刻为止地震发生了 n 次，这时发生率是 λ_1 的概率是多少？

第4章 更新过程

4.1 更新过程的基本概念

泊松过程是事件发生的间隔时间序列为相互独立同分布的服从指数分布的随机变量. 如果事件发生的间隔时间是独立同分布的随机变量, 但其分布是任意分布, 这样得到的计数过程就是更新过程.

4.1.1 更新过程的定义

定义 4.1 设 $\{X_n, n=1,2,\cdots\}$ 是独立同分布的非负随机变量列, 则计数过程 $\{N(t), t\geq 0\}$ 称为**更新过程** (Renewal Processes).

通常称 X_n 为 $N(t)$ 的第 n 个**更新间隔**, 或第 n 个更新的**间隔时间** (Interarrival time). 设 X_n 的分布函数为 $F(x)$. 为避免平凡情形, 假定 $F(0)=P\{X_n=0\}<1$. 令 $T_0=0$, $T_n=\sum_{i=1}^{n}X_i, n\geq 1$, 称 T_n 为第 n 次**更新时刻** (Renewal time), 如图 4.1 所示.

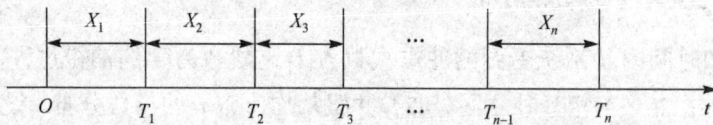

图 4.1 更新间隔序列 X_n 和更新时刻序列 T_n

由于间隔是独立同分布的, 所以在各个更新时刻, 更新过程在概率意义上重新开始. T_n 是第 n 次更新的时刻, 所以到 t 时刻为止, 更新次数 $N(t)$ 为

$$N(t)=\sup\{n:T_n\leq t\}.$$

更新机器零件问题是更新过程的典型例子. 某机器在 0 时刻安装上一个新零件, 持续运行了一段时间 X_1, 该零件损坏, 立即换上新零件 (不考虑更换时间), 这样不断进行下去, 关于这一列 $\{X_n\}$ 的更新过程 $N(t)$ 表示到时刻 t 为止更换的零件数目.

不难看出, 在有限间隔时间内只能发生有限次更新. 事实上, 由强大数律可知

$$\frac{T_n}{n}=\frac{1}{n}\sum_{i=1}^{n}X_i\overset{a.s.}{\to}\mu,$$

这里 $\mu=EX_1$ 是平均更新间隔, 因此 $\mu>0$. 这意味着当 $n\to\infty$ 时, 必有 $T_n\to\infty$, 也就是说无穷多次更新只可能在无限长的时间内发生. 于是有限时间内最多只能发生有限次更新, 即 $P\{N(t)<\infty\}=1$.

因为 T_n 是第 n 次更新的时间, 故更新次数也可以写为

$$N(t) = \max\{n : T_n \le t\} .$$

下面讨论 $N(t)$ 的分布. 注意到这样的关系: 到时刻 t 为止的更新次数小于 n, 当且仅当第 n 次更新发生在 t 时刻之后, 即 $N(t) < n \Leftrightarrow T_n > t$, 等价地有

$$N(t) \ge n \Leftrightarrow T_n \le t . \tag{4.1}$$

因此有

$$\begin{aligned} P\{N(t) = n\} &= P\{N(t) \ge n\} - P\{N(t) \ge n+1\} \\ &= P\{T_n \le t\} - P\{T_{n+1} \le t\} . \end{aligned} \tag{4.2}$$

而这里由于 $T_n = \sum_{i=1}^{n} X_i$, $X_1, X_2, \cdots, X_n$ 相互独立同分布, 分布函数为 $F(t)$, T_n 的分布是 $F(t)$ 的 n 重卷积 $F_n(t) = F * F * \cdots * F(t)$, 因此有

$$P\{N(t) = n\} = F_n(t) - F_{n+1}(t) . \tag{4.3}$$

4.1.2 更新函数

记 $m(t) = E[N(t)]$, 称 $m(t)$ 为**更新函数**（Renewal function）. 易知

$$m(t) = \sum_{n=1}^{\infty} F_n(t) . \tag{4.4}$$

事实上,

$$m(t) = \sum_{n=0}^{\infty} n P\{N(t) = n\} = \sum_{n=1}^{\infty} \sum_{k=1}^{n} P\{N(t) = n\} = \sum_{k=1}^{\infty} \sum_{n=k}^{\infty} P\{N(t) = n\}$$

$$= \sum_{k=1}^{\infty} P\{N(t) \ge k\} = \sum_{k=1}^{\infty} P\{T_k \le t\} = \sum_{k=1}^{\infty} F_k(t) .$$

【例 4.1】 设 $X_1, X_2, \cdots$ 是一列独立同分布的随机变量, 且服从几何分布 $P\{X_n = j\} = pq^{j-1}$, $j = 1, 2, \cdots$, $p + q = 1$（这里 p 为试验成功的概率, 因此成功为一次更新）. 关于这一列 $\{X_n, n = 1, 2, \cdots\}$ 的更新过程是 $\{N(t), t = 0, 1, 2 \cdots\}$, 求 $P\{N(t) = n\}$ 和更新函数 $m(t)$.

解: $T_n = \sum_{i=1}^{n} X_i$ 服从负二项分布:

$$P(T_n = k) = C_{k-1}^{n-1} p^n q^{k-n} , \quad k = n, n+1, \cdots .$$

所以当 t 为非负整数时

$$\begin{aligned} P\{N(t) = n\} &= P\{T_n \le t\} - P\{T_{n+1} \le t\} \\ &= \sum_{k=n}^{t} C_{k-1}^{n-1} p^n q^{k-n} - \sum_{k=n+1}^{t} C_{k-1}^{n} p^{n+1} q^{k-n-1} , \end{aligned}$$

更新函数为

$$m(t) = \sum_{n=0}^{\infty} n P\{N(t) = n\} = \sum_{n=0}^{t} n P\{N(t) = n\} .$$

注意到如果更新间隔 X_1, X_2, $\cdots$ 是一列独立同分布的随机变量，且服从 0–1 分布：$P\{X_1 = 1\} = p$，$P\{X_1 = 0\} = q$，则关于这一列 $\{X_n, n=1,2,\cdots\}$ 的更新过程 $\{N(t), t \geq 0\}$ 只可能在整数点上更新，且更新的次数是独立的几何随机变量.

【**例 4.2**】 设一更新过程 $\{N(t), t \geq 0\}$ 的更新间隔序列 X_n（$n = 1, 2, \cdots$）服从指数分布，分布函数为

$$F(t) = 1 - \mathrm{e}^{-\lambda t}, \quad t > 0,$$

证明 $\{N(t), t \geq 0\}$ 为泊松过程，并求其更新函数.

证明：只要证明 $P\{N(t) = n\} = \dfrac{(\lambda t)^n}{n!} \mathrm{e}^{-\lambda t}$，$n = 0, 1, 2, \cdots$.

设 $T_n = \sum\limits_{i=1}^{n} X_i$，则由定理 3.2 知，更新时刻 T_n 是具有参数 n、λ 的 Γ 分布，其概率密度函数为

$$p_{T_n}(t) = \lambda \mathrm{e}^{-\lambda t} \frac{(\lambda t)^{n-1}}{(n-1)!}, \quad t > 0.$$

故 T_n 的分布函数为

$$P\{T_n \leq t\} = \int_0^t \lambda \mathrm{e}^{-\lambda s} \frac{(\lambda s)^{n-1}}{(n-1)!} \mathrm{d}s = 1 - \sum_{k=0}^{n-1} \frac{(\lambda t)^k}{k!} \mathrm{e}^{-\lambda t}, \quad t > 0.$$

由式（4.2）知

$$P\{N(t) = n\} = P\{T_n \leq t\} - P\{T_{n+1} \leq t\} = \frac{(\lambda t)^n}{n!} \mathrm{e}^{-\lambda t}, \quad n = 0, 1, 2, \cdots.$$

显然更新函数 $m(t) = \lambda t$.

由例 4.2 可知，对泊松过程，$\dfrac{m(t)}{t} = \lambda = \dfrac{1}{EX_1}$.

更新理论的大部分内容涉及 $m(t)$ 的性质.

定理 4.1 对任意 $t \geq 0$，$m(t) < \infty$.

证明：因为 $P\{X_n = 0\} < 1$，由概率的连续性可知，存在一个 $\alpha > 0$，使得 $P\{X_n \geq \alpha\} > 0$. 构造

$$\bar{X}_n = \begin{cases} 0, & X_n < \alpha, \\ \alpha, & X_n \geq \alpha, \end{cases}$$

则 $\bar{X}_1, \bar{X}_2, \cdots$ 是一列独立同分布的随机变量，记 $\bar{T}_n = \sum\limits_{i=1}^{n} \bar{X}_i$，定义相应的更新过程

$$\bar{N}(t) = \sup\{n : \bar{T}_n \leq t\},$$

则在这个更新过程中，更新只能发生在时刻 $t = n\alpha$，$n = 0, 1, 2, \cdots$，在这些时刻更新的次数为独立的几何随机变量，且具有均值 $\dfrac{1}{E(\bar{X}_n)} = \dfrac{1}{P\{X_n \geq \alpha\}}$，于是

$$E[\bar{N}(t)] \leqslant \frac{t/\alpha + 1}{P\{X_n\} \geqslant \alpha} < \infty .$$

又由 $\bar{X}_n \leqslant X_n$ 知 $\bar{N}(t) \geqslant N(t)$，定理得证.

注意到 $m(t)$ 的有限性并不是由 $P\{N(t) < \infty\} = 1$ 直接得到的，如离散型随机变量 Y 满足

$$P\{Y = 2^n\} = \frac{1}{2^n}, n = 1, 2, \cdots ,$$

则 $P\{Y < \infty\} = \sum_{n=1}^{\infty} P\{Y = 2^n\} = \sum_{n=1}^{\infty} \frac{1}{2^n} = 1$，但

$$E(Y) = \sum_{n=1}^{\infty} 2^n P\{Y = 2^n\} = \sum_{n=1}^{\infty} 2^n \cdot \frac{1}{2^n} = \infty ,$$

这说明随机变量有限，但期望仍然可能不存在.

如果更新间隔序列 X_n（$n = 1, 2, \cdots$）的分布函数 $F(t)$ 是连续的，有密度 $p(t)$，则有

$$m(t) = E[N(t)] = E\big[E[N(t)|X_1]\big] = \int_0^{\infty} E[N(t)|X_1 = x]p(x)\mathrm{d}x .$$

由于更新过程在一次更新发生后重新开始，即在 t 时刻之前更新的次数与 1 加上前 $t{-}x$ 间隔时间内更新的次数有相同的分布，因此有

$$E[N(t)|X_1 = x] = 1 + E\big[N(t-x)\big]，当 x < t ;$$

显然，

$$E[N(t)|X_1 = x] = 0，当 x > t ,$$

所以有

$$m(t) = \int_0^t [1 + m(t-x)]p(x)\mathrm{d}x = F(t) + \int_0^t m(t-x)p(x)\mathrm{d}x . \tag{4.5}$$

称式（4.5）为**更新方程**（Renewal equation）. 注意到等式右边第二项是个卷积形式. 写成分布函数的形式，则有

$$m(t) = F(t) + \int_0^t m(t-x)\mathrm{d}F(x) ,$$

即 $m(t) = F(t) + m * F(t)$.

【例 4.3】 更新间隔 X_n（$n = 1, 2, \cdots$）是（0,1）区间上的均匀分布，求更新函数.

解： 当 $t \leqslant 1$ 时，更新函数

$$m(t) = F(t) + \int_0^t m(t-x)p(x)\mathrm{d}x = t + \int_0^t m(t-x)\,\mathrm{d}x = t + \int_0^t m(y)\,\mathrm{d}y ,$$

对 t 求导，得

$$m'(t) = 1 + m(t) ,$$

即 $m'(t) - m(t) = 1$，两边乘以 e^{-t}，有 $\mathrm{e}^{-t}m'(t) - \mathrm{e}^{-t}m(t) = \mathrm{e}^{-t}$，即

$$\frac{\mathrm{d}}{\mathrm{d}t}\big(\mathrm{e}^{-t}m(t)\big) = \mathrm{e}^{-t} ,$$

积分得

$$e^{-t}m(t) = -e^{-t} + C,$$

将 $m(0) = 0$ 代入得 $C = 1$，所以 $m(t) = e^t - 1$.

【例 4.4】 设更新间隔 X_n（$n = 1, 2, \cdots$）的分布函数为 $F(t)$，更新函数为 $m(t)$，$H(t)$ 是可积函数，验证 $K(t) = H(t) + \int_0^t H(t - x)\mathrm{d}m(x)$ 是更新方程

$$K(t) = H(t) + \int_0^t K(t - x)\mathrm{d}F(x)$$

的解.

证明： 只需验证 $K(t) = H(t) + m * H(t)$ 满足更新方程即可. 事实上，

$$K(t) = H(t) + m * H(t) = H(t) + \sum_{n=1}^{\infty} F_n * H(t)$$

$$= H(t) + F * H(t) + \sum_{n=2}^{\infty} F_n * H(t)$$

$$= H(t) + F * H(t) + \sum_{n=2}^{\infty} (F * F_{n-1}) * H(t)$$

$$= H(t) + F * [H(t) + \sum_{n=1}^{\infty} F_n * H(t)]$$

$$= H(t) + F * [H(t) + m * H(t)] = H(t) + F * K(t).$$

定理 4.2 设更新间隔序列 $\{X_n\}$ 有均值 μ，则有

$$\frac{N(t)}{t} \xrightarrow{a.s.} \frac{1}{\mu}. \tag{4.6}$$

定理 4.2 说明长时间后更新发生的速率依概率 1 地等于 $\frac{1}{\mu}$，称 $\frac{1}{\mu}$ 为更新过程的 **速率**.

【例 4.5】 某控制器用一节电池供电，电池失效时立即更换同一型号的新电池. 设电池的寿命服从（30, 60）（单位：小时）内的均匀分布，求长时间工作时，控制器更换电池的速率.

解： 记 $N(t)$ 为在时间 t 内更换的电池数，更新间隔序列 $\{X_n\}$ 的均值 $\mu = \frac{30 + 60}{2} = 45$ 小时，则在长时间工作时，电池更换的速率是 $\frac{1}{\mu} = \frac{1}{45}$.

如果 $N(t)$ 是参数为 λ 的泊松过程，则更新函数 $m(t) = \lambda t$，于是有

$$\frac{m(t)}{t} = \lambda = \frac{1}{E(X_1)}.$$

对于一般的更新过程，也有这样类似的性质，将在下一节给出.

4.2　更 新 定 理

在本节中将不加证明地给出三个重要的更新定理：Feller 初等更新定理、Blackwell 更新定理和关键更新定理，它们是更新理论的基本结论，有着广泛的应用．

定理 4.3　（Feller 初等更新定理）

更新间隔序列 $\{X_n\}$ 有均值 μ，则有

$$\frac{m(t)}{t} \to \frac{1}{\mu}，\ t \to \infty． \tag{4.7}$$

若 $\mu = \infty$，则 $\dfrac{1}{\mu} = 0$．

注意：定理 4.2 与定理 4.3 看似相同，其实是有区别的．定理 4.3 的结论并不能由定理 4.2 推出．

【例 4.6】　设 U 是（0,1）区间上的均匀分布，定义

$$Y_n = \begin{cases} 0, & U > 1/n \\ n, & U \leqslant 1/n \end{cases}，$$

由于 $P\{U > 0\} = 1$，故对充分大的 n，Y_n 将等于 0，即 $P\{\lim\limits_{n \to \infty} Y_n = 0\} = 1$，但是

$$EY_n = nP\{U \leqslant \frac{1}{n}\} = n \cdot \frac{1}{n} = 1，$$

因此，随机变量序列 $\{Y_n, n = 1, 2, \cdots\}$ 以概率 1 收敛于 0，但是期望 $EY_n = 1$．

定义 4.2　若存在 $d \geqslant 0$，使得 $\displaystyle\sum_{n=0}^{\infty} P\{X = nd\} = 1$，则称随机变量 X 服从**格点分布**．满足上述条件的最大的 d 称为 X 的**周期**．

如果 X 是格点的，$F(x)$ 是 X 的分布函数，则称 F 是格点的．

定理 4.4　（Blackwell 更新定理）

记 $\mu = E(X_n)$，

（1）若 F 不是格点的，则对一切 $a \geqslant 0$，当 $t \to \infty$ 时

$$m(t + a) - m(t) \to \frac{a}{\mu}； \tag{4.8}$$

（2）若 F 是格点的，周期为 d，则当 $n \to \infty$ 时

$$P\{\text{在 } nd \text{ 处发生更新}\} \to \frac{d}{\mu}． \tag{4.9}$$

定理指出，在远离原点的某长度为 a 的区间内，更新次数的期望近似于 a/μ，直观上这是容易理解的，因为 $1/\mu$ 可以视为长时间后更新发生的速率．但当 F 是格点的时，由于更新只能发生在 d 的整数倍处，定理 4.4 中的（1）就不能成立了，因为更新次数的多少依赖于区间上形如 nd 的点的数目，而相同长度区间内含有这类点的数目可以是不同的．

注意 Feller 初等更新定理是 Blackwell 更新定理的特殊情形．

下面的关键更新定理与定理 4.4 是等价的.

定理 4.5 （关键更新定理）

记 $\mu = E(X_n)$，设函数 $h(t), t \in [0, \infty)$，满足

（1） $h(t)$ 非负不增；

（2） $\int_0^\infty h(t)\mathrm{d}t < \infty$.

$H(t)$ 是更新方程

$$H(t) = h(t) + \int_0^t H(t-x)\mathrm{d}F(x) \tag{4.10}$$

的解，那么

（1）若 F 不是格点的

$$\lim_{t \to \infty} H(t) = \begin{cases} \dfrac{1}{\mu}\int_0^\infty h(x)\mathrm{d}x, & \mu < \infty \\ 0, & \mu = \infty \end{cases}.$$

（2）若 F 是格点的，对于 $0 \le c < d$

$$\lim_{n \to \infty} H(c+nd) = \begin{cases} \dfrac{d}{\mu}\sum_{n=0}^\infty h(c+nd), & \mu < \infty \\ 0, & \mu = \infty \end{cases}.$$

关键更新定理是一个很重要且有用的结果. 当要计算在时刻 t 的某些概率或期望 $g(t)$ 的极限时，就会用到这个定理.

4.3　更新过程的推广

更新过程要求间隔时间是独立同分布的序列，如果放宽第一个间隔时间 X_1，允许其分布不同，则由 $X_1, X_2, \cdots$ 确定的计数过程为**延迟更新过程**（Delayed renewal processes）.

例如 4.1.1 节中提到的零件更换的例子，假设开始观察时第一个零件已经运行了一段时间，则到它损坏的使用时间是 X_1，认为它与新零件的使用时间 $X_2, X_3, \cdots$ 不同分布，这样 $X_1, X_2, \cdots$ 就确定是一个延迟更新过程.

设 $R(t) = \sum_{i=1}^{N(t)} R_i$，其中 $\{N(t), t \ge 0\}$ 是一个更新过程，R_n，（ $n = 1, 2, \cdots$ ）独立同分布且与 $\{N(t), t \ge 0\}$ 独立，则称 $R(t)$ 是一个**更新回报过程**（Renewal reward processes）.

这里 R_n 视为第 n 次更新发生时带来的回报，$R(t)$ 则是到 t 时刻为止的总的回报.

【例 4.7】 （**Wald** 等式）设 $X_1, X_2, \cdots$ 是相互独立同分布的随机变量，满足 $EX_1 < \infty$，$\{N(t), t \ge 0\}$ 是更新过程，$T_n = \sum_{k=1}^n X_k$，则

$$E[T_{N(t)+1}] = E(X_1) \cdot [EN(t)+1].$$

证明： $E[T_{N(t)+1}] = E[E[T_{N(t)+1} \mid X_1]]$，而

$$E[T_{N(t)+1} \mid X_1 = x] = \begin{cases} x, & x > t \\ x + E[T_{N(t-x)+1}], & x \leqslant t \end{cases},$$

这里指当第一次更新时刻 $x > t$ 时，$N(t) = 0$，$T_{N(t)+1} = T_1$，故

$$E[T_{N(t)+1} \mid X_1 = x] = x ;$$

而当第一次更新时刻 $x \leqslant t$ 时，$N(t) \geqslant 1$，从 x 时刻开始重新计数，有 $T_{N(t)+1} = x + T_{N(t-x)+1}$，故

$$E[T_{N(t)+1} \mid X_1 = x] = x + E[T_{N(t-x)+1}] .$$

记 $K(t) = E[T_{N(t)+1}]$，并记 X_1 的分布函数为 $F(x)$，则

$$K(t) = E[E[T_{N(t)+1} \mid X_1]] = \int_0^\infty E[T_{N(t)+1} \mid X_1 = x] \mathrm{d}F(x)$$

$$= \int_0^t [x + E[T_{N(t-x)+1}]] \mathrm{d}F(x) + \int_t^\infty x \mathrm{d}F(x)$$

$$= E(X_1) + \int_0^t K(t-x) \mathrm{d}F(x)$$

这是更新方程，记 $m(t) = E[N(t)]$，则

$$K(t) = E(X_1) + \int_0^t E(X_1) \mathrm{d}m(x) = E(X_1)[1 + m(t)] = E(X_1)[EN(t) + 1] .$$

即 $E[T_{N(t)+1}] = E(X_1) \cdot [EN(t) + 1]$.

Wald 等式还可以用其他方法来证，留作习题，请读者求证.

定理 4.6　（更新回报定理）

若更新间隔序列 $X_1, X_2, \cdots$ 满足 $EX_1 < \infty$，每次得到的回报 $\{R_n\}$ 满足 $ER_1 < \infty$，则

（1）$\lim\limits_{t \to \infty} \dfrac{1}{t} R(t) = \dfrac{ER_1}{EX_1}$ 以概率 1 成立；

（2）$\lim\limits_{t \to \infty} \dfrac{1}{t} E[R(t)] = \dfrac{ER_1}{EX_1}$.

更新过程中，如果考虑更换时间，即考虑机器"开"与"关"两种状态的更新过程，称为**交替更新过程**（Alternating renewal Processes）. 设系统最初是开的，持续时间是 Z_1，而后关闭，持续时间为 Y_1，之后再打开，时间为 Z_2，又关闭，时间为 Y_2……交替进行. 假设 (Z_n, Y_n)，$n \geqslant 1$ 是独立同分布的.

定理 4.7　设交替更新过程中 H 是 Z_n 的分布，G 是 Y_n 的分布，F 是 $Z_n + Y_n$ 的分布，并记

$$P(t) = P\{t \text{ 时刻系统是开的}\},$$

设 $E[Z_n + Y_n] < \infty$，且 F 不是格点的，则

$$\lim_{t \to \infty} P(t) = \frac{EZ_n}{EZ_n + EY_n} .$$

【**例 4.8**】　（例 4.5 续）如果没有备用电池，电池失效时需要去仓库领取. 设领取电池的时间服从 $(0,1)$（单位：小时）内的均匀分布，求长时间工作时，控制器更换电池的速率.

解：记 Y_n 为第 n 次领取时间，则 $E(Y_n) = \dfrac{1}{2} = 0.5$. 则控制器两次相邻更换平均时间 $\mu = E(X_n) + E(Y_n) = 45 + 0.5 = 45.5$ 小时，则在长时间工作时，电池更换的速率是 $\dfrac{1}{\mu} = \dfrac{2}{91}$.

【例 4.9】 某保险公司每个周期的保费为 C_1 元，如果连续 s 个周期没有理赔，那么保费降至 C_0 元，直到做了一次理赔，保费回到 C_1 元．假定某投保人一直参保，按速率 λ 的泊松过程要求理赔，求：

（1）参保人保费为 C_i 元的时间比例 P_i（$i=1,2$）；

（2）单个周期内长期的平均保费．

解：（1）当参保人按保费 C_1 付费时，认为系统为"开"，按保费 C_0 付费时，认为系统为"关"，这是一个交替更新过程．以一次理赔开始一个新的循环，记 X 为两次相继理赔的时间间隔，则 X 服从参数为 λ 的指数分布，且 $E(X) = \dfrac{1}{\lambda}$. 记 s 为一个循环中系统处于"开"的时间，则

$$E(C_1) = E[\text{一个循环中"开"的时间}] = E[\min(X,s)]$$

$$= \int_0^x x\lambda e^{-\lambda x}\,\mathrm{d}x + s e^{-\lambda s} = \frac{1}{\lambda}(1 - e^{-\lambda s}),$$

故

$$P_1 = \frac{E(C_1)}{E(X)} = 1 - e^{-\lambda s}.$$

（2）周期内长期的平均保费为

$$C_0 P_0 + C_1 P_1 = C_1 - (C_1 - C_0)e^{-\lambda s}.$$

习 题 四

4.1　判断下列命题是否正确：

（1）$N(t) < n \Leftrightarrow T_n > t$ ；

（2）$N(t) \leqslant n \Leftrightarrow T_n \geqslant t$ ；

（3）$N(t) > n \Leftrightarrow T_n < t$.

4.2　设 $\{N(t), t \geqslant 0\}$ 为一个更新过程，X_n 为第 n 个更新间隔，且 $P\{X_n = 0\} = q$ ，$P\{X_n = 1\} = p$ ，$p + q = 1$ ，计算 $P\{N(t) = 1\}$ 和 $P\{N(1) = k\}$.

4.3　设 $\{N(t), t \geqslant 0\}$ 为一个更新过程，X_n 为第 n 个更新间隔，且 $P\{X_n = 1\} = \dfrac{1}{3}$ ，$P\{X_n = 2\} = \dfrac{2}{3}$ ，计算 $N(1)$、$N(2)$ 和 $N(3)$ 的分布．

4.4　更新过程 $\{N(t), t \geqslant 0\}$ 中的更新间隔 X_n 服从参数为 n、λ 的 Γ 分布．

（1）求 $N(t)$ 的分布；

（2）证明当 $t \to \infty$ 时，有 $\dfrac{N(t)}{t} \xrightarrow{a.s.} \dfrac{\lambda}{n}$.

4.5 设 $X_1, X_2, \cdots$ 是相互独立同分布的随机变量列，满足 $E(X_1) < \infty$，N 是整数随机变量，且对一切 $n=1,2,\cdots$，$\{N = n\}$ 都与 $X_{n+1}, X_{n+2}, \cdots$ 独立，则称 N 为随机序列 $X_1, X_2, \cdots$ 的停时．证明 $E\left[\sum_{n=1}^{N} X_n\right] = E(N) \cdot E(X_1)$．

4.6 假定乘客按平均到达间隔时间为 μ 的更新过程到达某车站，只要有 N 个乘客在站内等车，就开走一辆车，若每当有 n 个乘客等车时，车站以单位时间 nc 元的比率支付费用，且加上每次开走一班车的附加费用 K，问此车站单位时间支付的平均费用是多少？

4.7 证明更新过程 $\{N(t), t \geq 0\}$ 满足

$$P\{T_{N(t)} \leq s\} = \overline{F}(t) + \int_0^s \overline{F}(t - x) \mathrm{d}m(x),$$

其中 $0 \leq s \leq t$，$\overline{F}(t) = 1 - F(t)$．

第5章 马尔可夫链

有一类随机过程,具有"无后效性"(马尔可夫性),即要确定过程未来的状态,知道它当前(现在)的状态就够了,并不需要知道它以往(过去)的状态.马尔可夫链是状态离散的马尔可夫过程,在自然科学和工程技术中都有广泛的应用.它是由俄罗斯数学家马尔可夫(A.A.Markov)于1907年提出的,因此而得名.本章将介绍马尔可夫过程中最简单的类型:时间离散、状态也离散的马尔可夫链.

5.1 马尔可夫链的基本概念

5.1.1 马尔可夫链的定义

定义 5.1 设随机过程 $\{X(t), t \in T\}$,其中时间 $T=\{0,1,2,\cdots\}$,状态空间 $I=\{0,1,2,\cdots\}$,若对任一时刻 n,以及任意状态 $i_0, i_1, \cdots, i_n, i_{n+1} \in I$,有

$$P\{X(n+1)=i_{n+1} \mid X(n)=i_n, X(n-1)=i_{n-1}, \cdots, X(1)=i_1, X(0)=i_0\}$$

$$= P\{X(n+1)=i_{n+1} \mid X(n)=i_n\}, \tag{5.1}$$

则称 $\{X(t), n \in T\}$ 是一个马尔可夫链(Markov chains).简记为 $\{X_n, n \geq 0\}$.

注意 $X(t)$ 在时刻 $n+1$ 的状态 $X(n+1)=i_{n+1}$ 的概率分布只与时刻 n 的状态 $X(n)=i_n$ 有关,而与以前的状态 $X(n-1)=i_{n-1}, \cdots, X(0)=i_0$ 无关.这条性质称为马尔可夫链的无后效性或马尔可夫性.它的直观解释是:在确切知道系统现在的状态的条件下,系统将来的状态与过去的状态无关,或者说为了测试系统将来的状态,只需知道现在系统的状态,更多地了解系统过去的状态并没有任何帮助.这就是无后效的含义.在自然界和社会现象中有许多随机现象都满足或近似满足这一要求,因此就可以用马尔可夫过程来描述这些现象,马尔可夫过程也就成为研究这些现象的有力工具.这也是马尔可夫过程具有广泛应用的原因.

定义 5.2 马尔可夫链 $\{X_n, n \geq 0\}$ 中的条件概率 $P\{X_{n+1}=j \mid X_n=i\}$ 称为马尔可夫链在时刻 n 的**一步转移概率**,简称**转移概率**(Transition probability),记为 $p_{ij}(n)$,即

$$p_{ij}(n) = P\{X_{n+1}=j \mid X_n=i\},$$

其中 $i, j \in I$.

$p_{ij}(n)$ 不仅与状态 i、j 有关,而且与时刻 n 有关.当 $p_{ij}(n)$ 与时刻 n 无关时,表示马尔可夫链具有**平稳转移概率**.

定义 5.3 若对任意的 i、$j \in I$,马尔可夫链 $\{X_n, n \geq 0\}$ 的转移概率 $p_{ij}(n)$ 与时刻 n 无关,则称马尔可夫链是**齐次的**,并记 $p_{ij}(n)$ 为 p_{ij}.

在本章中,只考虑齐次的马尔可夫链,并简称为马尔可夫链.

马尔可夫链的状态空间可以是有限的,也可以是无限的.如果状态空间是有限集,如 $I=\{0,1,2,\cdots,n\}$,马尔可夫链就称为**有限状态的**.无论状态空间是有限的还是无限的,我们都

可以将 p_{ij}（$i, j \in I$）排成矩阵的形式，令

$$\boldsymbol{P} = (p_{ij}) = \begin{pmatrix} p_{11} & p_{12} & \cdots & p_{1j} & \cdots \\ p_{21} & p_{22} & \cdots & p_{2j} & \cdots \\ \cdots & \cdots & \cdots & \cdots & \cdots \\ p_{i1} & p_{i2} & \cdots & p_{ij} & \\ \cdots & \cdots & \cdots & \cdots & \cdots \end{pmatrix},$$

称 $\boldsymbol{P}$ 为**转移概率矩阵**，简称**转移矩阵**. 容易看出，p_{ij}（$i, j \in I$）有如下性质：

（1）$p_{ij} \geqslant 0$，$i, j \in I$；

（2）$\sum_{j \in I} p_{ij} = 1$，$\forall i \in I$.

【例 5.1】 （直线上的随机游动 Random walk on line）一个质点在直线上移动，状态为 $I = \{0, \pm 1, \pm 2, \cdots\}$，假设每隔单位时间质点向左或向右移动一个单位，向右的概率为 p，向左的概率为 q，其中 $q = 1 - p$. 设 X_n 表示时刻 n 质点所处的位置，则 $\{X_n, n = 0, \pm 1, 2, \cdots\}$ 是一个齐次马尔可夫链. 转移概率矩阵为

$$\boldsymbol{P} = \begin{pmatrix} \cdots & \cdots & \cdots & \cdots & \cdots & \cdots & \cdots \\ \cdots & q & 0 & p & 0 & 0 & \cdots \\ \cdots & 0 & q & 0 & p & 0 & \cdots \\ \cdots & 0 & 0 & q & 0 & p & \cdots \\ \cdots & \cdots & \cdots & \cdots & \cdots & \cdots & \cdots \end{pmatrix}.$$

【例 5.2】 （带反射壁和吸收壁的随机游动）例 5.1 中，如果状态空间为 $I = \{0, 1, 2, \cdots, n\}$，质点到达状态 0 后概率 1 地返回 1，到达状态 n 后便永远停留在 n，称状态 0 为**反射壁**（Reflecting），称状态 n 为**吸收壁**（Absorbing）. 转移概率矩阵为

$$\boldsymbol{P} = \begin{pmatrix} 0 & 1 & 0 & 0 & \cdots & 0 & 0 & 0 \\ q & 0 & p & 0 & \cdots & 0 & 0 & 0 \\ 0 & q & 0 & p & \cdots & 0 & 0 & 0 \\ \cdots & \cdots & \cdots & \cdots & \cdots & \cdots & \cdots & \cdots \\ 0 & 0 & 0 & 0 & \cdots & q & 0 & p \\ 0 & 0 & 0 & 0 & \cdots & 0 & 0 & 1 \end{pmatrix}_{(n+1) \times (n+1)}.$$

【例 5.3】 （二进制对称信道模型）这是常用于表征通信系统的错误产生机制的离散无记忆信道模型. 假设某级信道输入 0、1 数字信号后，其输出正确的概率为 p，输出错误的概率为 q（$p + q = 1$），则该级信道输入状态和输出状态构成一个两状态的齐次马尔可夫链. 转移概率矩阵为

$$\boldsymbol{P} = \begin{pmatrix} p & q \\ q & p \end{pmatrix}.$$

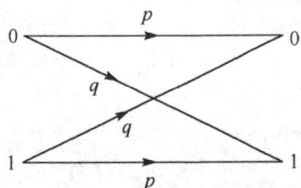

状态转移图如图 5.1 所示.

图 5.1　二进制对称信道模型的状态转移图

【例 5.4】 （生灭链 Birth and death chain）观察某种生物群体，以 X_n 表示时刻 n 群体的数目，记为 i 个数量单位，在时刻 $n+1$ 增加到 $i+1$ 个数量

单位的概率为 λ_i，减少到 $i-1$ 个数量单位的概率为 μ_i，保持不变的概率为 $r_i = 1 - \lambda_i - \mu_i$，则 $\{X_n, n \geq 0\}$ 为一个马尔可夫链，转移概率为

$$p_{ij} = \begin{cases} \mu_i, & j = i-1, \\ r_i, & j = i, \\ \lambda_i, & j = i+1. \end{cases}$$

【例 5.5】 设 $\{X_n, n \geq 1\}$ 是一个马尔可夫链，状态空间为 $I = \{a, b, c\}$，转移概率为

$$\boldsymbol{P} = \begin{pmatrix} 1/2 & 1/4 & 1/4 \\ 2/3 & 0 & 1/3 \\ 3/5 & 2/5 & 0 \end{pmatrix},$$

求 $P\{X_1 = b, X_2 = c, X_3 = a, X_4 = c, X_5 = a \mid X_0 = c\}$.

解： 由马尔可夫性，知

$$P\{X_1 = b, X_2 = c, X_3 = a, X_4 = c, X_5 = a \mid X_0 = c\}$$

$$= P\{X_1 = b \mid X_0 = c\} \cdot P\{X_2 = c \mid X_1 = b\} \cdot P\{X_3 = a \mid X_2 = c\} \cdot$$

$$P\{X_4 = c \mid X_3 = a\} \cdot P\{X_5 = a \mid X_4 = c\}$$

$$= \frac{2}{5} \cdot \frac{1}{3} \cdot \frac{3}{5} \cdot \frac{1}{4} \cdot \frac{3}{5} = \frac{3}{250}.$$

【例 5.6】（**M/G/1 排队系统 queue**）假设顾客依照参数为 λ 的泊松过程来到一服务中心，只有一个服务员. 服务员闲着则立刻为顾客服务，否则顾客需排队等待. 每名顾客接受服务的时间是相互独立的随机变量，有共同的分布 G，且与来到过程独立. 字母 M 表示顾客到来间隔是指数分布，1 代表只有一名服务员. 记 X_n 表示第 n 个顾客走后剩下的顾客数，则 $\{X_n, n \geq 1\}$ 是一个马尔可夫链，求其转移概率.

解： 记 Y_n 表示第 $n+1$ 个顾客接受服务期间来到的顾客数，则

$$X_{n+1} = \begin{cases} X_n - 1 + Y_n, & X_n > 0 \\ Y_n, & X_n = 0 \end{cases}.$$

记 T 为第 $n+1$ 个顾客接受服务的时间，由于 Y_n（$n \geq 1$）表示在不重叠的服务时间内顾客来到的人数，来到过程又是泊松过程，所以它们是相互独立的. 并且

$$P\{Y_n = j\} = \int_0^\infty P\{Y_n = j \mid T = t\} \mathrm{d}G(t) = \int_0^\infty \frac{(\lambda t)^j}{j!} \mathrm{e}^{-\lambda t} \mathrm{d}G(t),$$

X_n 的转移概率为

$$p_{0j} = P\{Y_n = j\} = \int_0^\infty \frac{(\lambda t)^j}{j!} \mathrm{e}^{-\lambda t} \mathrm{d}G(t), \quad j \geq 0,$$

$$p_{ij} = P\{Y_n = j - i + 1\} = \int_0^\infty \frac{(\lambda t)^{j-i+1}}{(j-i+1)!} \mathrm{e}^{-\lambda t} \mathrm{d}G(t), \quad j \geq i-1, i \geq 1,$$

$p_{ij} = 0$，其他.

注意，如果 X_t 表示 t 时刻系统中的顾客数，则 $\{X_t, t \geq 1\}$ 不具备马尔可夫性. 已知系统在 t 时刻的人数，要预测未来，跟已经接受服务的顾客数及其服务时间都有关，G 不是指数分布，故不具有无记忆性.

5.1.2 n 步转移概率和 C-K 方程

定义 5.4 马尔可夫链 $\{X_n, n \geq 0\}$ 中的条件概率

$$p_{ij}^{(n)} = P\{X_{m+n} = j | X_m = i\}, \quad (i, j \in I, \ m \geq 0, \ n \geq 1) \tag{5.2}$$

称为马尔可夫链 **n 步转移概率**（n-step transition probability）. 并称 $\boldsymbol{P}^{(n)} = (p_{ij}^{(n)})$ 为马尔可夫链的 **n 步转移概率矩阵**.

当 $n=1$ 时，$p_{ij}^{(n)} = p_{ij}$，$\boldsymbol{P}^{(1)} = \boldsymbol{P}$，此外规定

$$p_{ij}^{(0)} = \begin{cases} 1, & i = j \\ 0, & i \neq j \end{cases}. \tag{5.3}$$

显然，n 步转移概率 $p_{ij}^{(n)}$ 指的是系统从状态 i 经过 n 步后转移到 j 的概率，它对中间的 $n-1$ 步转移经过的状态无要求.

下面的定理给出了 n 步转移概率 $p_{ij}^{(n)}$ 和 p_{ij} 的关系.

定理 5.1 设 $\{X_n, n \geq 0\}$ 为马尔可夫链，则对于任意整数 $n \geq 0$，$0 \leq l < n$ 和 $i, j \in I$，n 步转移概率 $p_{ij}^{(n)}$ 具有下列性质：

（1）$p_{ij}^{(n)} = \sum_{k \in I} p_{ik}^{(l)} p_{kj}^{(n-l)}$; \tag{5.4}

（2）$p_{ij}^{(n)} = \sum_{k_1 \in I} \cdots \sum_{k_{n-1} \in I} p_{ik_1} p_{k_1 k_2} \cdots p_{k_{n-1} j}$; \tag{5.5}

（3）$\boldsymbol{P}^{(n)} = \boldsymbol{P} \cdot \boldsymbol{P}^{(n-1)} = \boldsymbol{P}^n$. \tag{5.6}

证明：（1）由条件概率的全概率公式，当 $0 \leq l < n$ 时，有

$$p_{ij}^{(n)} = P\{X_{m+n} = j | X_m = i\} = \sum_{k \in I} P\{X_{m+n} = j, X_{m+l} = k | X_m = i\}$$

$$= \sum_{k \in I} P\{X_{m+n} = j | X_{m+l} = k, X_m = i\} P\{X_{m+l} = k | X_m = i\}$$

$$= \sum_{k \in I} P\{X_{m+n} = j | X_{m+l} = k\} P\{X_{m+l} = k | X_m = i\} \qquad \text{（马尔可夫性）}$$

$$= \sum_{k \in I} p_{ik}^{(l)} p_{kj}^{(n-l)}.$$

（2）令 $l=1$，利用（1）中的结果，得

$$p_{ij}^{(n)} = \sum_{k \in I} p_{ik} p_{kj}^{(n-1)},$$

这是一个递推公式，故可递推得到

$$p_{ij}^{(n)} = \sum_{k_1 \in I} \cdots \sum_{k_{n-1} \in I} p_{ik_1} p_{k_1 k_2} \cdots p_{k_{n-1} j} \cdot$$

（3）是（1）和（2）的矩阵形式. 证毕.

式（5.4）称为**切普曼–柯尔莫哥洛夫（Chapman-Kolmogorov）方程**，简称 **C-K 方程**. 它是指"系统从状态 i 出发，经过 n 步转移到状态 j，等价于系统从状态 i 出发，先经过 l 步到达 I 中某一状态 k，再从 k 出发，经过 $n-l$ 步最终到达状态 j". C-K 方程在转移概率的计算中起着重要的作用.

【例 5.7】（例 5.5 续）求 $P\{X_{n+2} = c \mid X_n = b\}$.

解：两步转移概率矩阵为

$$\boldsymbol{P}^2 = \begin{pmatrix} 1/2 & 1/4 & 1/4 \\ 2/3 & 0 & 1/3 \\ 3/5 & 2/5 & 0 \end{pmatrix} \cdot \begin{pmatrix} 1/2 & 1/4 & 1/4 \\ 2/3 & 0 & 1/3 \\ 3/5 & 2/5 & 0 \end{pmatrix} = \begin{pmatrix} 17/30 & 9/40 & 5/24 \\ 8/15 & 3/10 & 1/6 \\ 17/30 & 3/20 & 17/90 \end{pmatrix},$$

故 $P\{X_{n+2} = c \mid X_n = b\} = p_{bc}^{(2)} = \dfrac{1}{6}$.

【例 5.8】甲、乙两人进行比赛，设每局比赛中甲胜的概率是 p，乙胜的概率是 q，和局的概率是 r（$p+q+r=1$）. 设每局比赛后，胜者计"+1"分，负者计"−1"分，和局不计分. 当两人中有一人获得 2 分时结束比赛. 以 X_n 表示比赛至第 n 局时甲获得的分数.

（1）写出状态空间；

（2）求 $\boldsymbol{P}^2$；

（3）问在甲获得 1 分的情况下，不超过两局可以结束比赛的概率是多少？

解：（1）$\{X_n, n=0,1,2,\cdots\}$ 的状态空间 $I = \{-2,-1,0,1,2\}$.

（2）$\{X_n, n=0,1,2,\cdots\}$ 是一个带有两个吸收壁的马尔可夫链，其一步转移概率矩阵为

$$\boldsymbol{P} = \begin{pmatrix} 1 & 0 & 0 & 0 & 0 \\ q & r & p & 0 & 0 \\ 0 & q & r & p & 0 \\ 0 & 0 & q & r & p \\ 0 & 0 & 0 & 0 & 1 \end{pmatrix},$$

两步转移概率矩阵为

$$\boldsymbol{P}^2 = \begin{pmatrix} 1 & 0 & 0 & 0 & 0 \\ q+qr & r^2+pq & 2pr & p^2 & 0 \\ q^2 & 2qr & r^2+2pq & 2pr & p^2 \\ 0 & q^2 & 2qr & r^2+pq & p+pr \\ 0 & 0 & 0 & 0 & 1 \end{pmatrix}.$$

（3）在甲得 1 分的情况下，不超过两局可结束比赛的概率为

$$p_{1,2}^{(2)} + p_{1,-2}^{(2)} = p + pr.$$

5.1.3 初始概率和绝对概率

定义 5.5 设 $\{X_n, n \geqslant 0\}$ 为马尔可夫链，称 $p_j = P\{X_0 = j\}$，（$j \in I$）为初始概率；称 $p_j(n) = P\{X_n = j\}$，（$j \in I$）为绝对概率. 称 $\{p_j, j \in I\}$ 为初始分布；称 $\{p_j(n), j \in I\}$ 为绝对分布. 称 $\boldsymbol{P}^{\mathrm{T}}(0) = (p_1, p_2, \cdots)$ 为初始概率向量；称 $\boldsymbol{P}^{\mathrm{T}}(n) = (p_1(n), p_2(n), \cdots)$，（$n > 0$）为绝对概率向量.

定理 5.2 设 $\{X_n, n \geqslant 0\}$ 为马尔可夫链，则对于任意整数 $n \geqslant 1$ 和 $j \in I$，绝对概率 $p_j(n)$ 具有下列性质：

（1） $p_j(n) = \sum_{i \in I} p_i p_{ij}^{(n)}$; （5.7）

（2） $p_j(n) = \sum_{i \in I} p_i(n-1) p_{ij}$; （5.8）

（3） $\boldsymbol{P}^{\mathrm{T}}(n) = \boldsymbol{P}^{\mathrm{T}}(0) \cdot \boldsymbol{P}^{(n)} = \boldsymbol{P}^{\mathrm{T}}(n-1) \cdot \boldsymbol{P}$. （5.9）

证明：（1） $p_j(n) = P\{X_n = j\} = \sum_{i \in I} P\{X_0 = i, X_n = j\}$

$$= \sum_{i \in I} P\{X_n = j \mid X_0 = i\} P\{X_0 = i\} = \sum_{i \in I} p_i p_{ij}^{(n)} .$$

（2） $p_j(n) = P\{X_n = j\} = \sum_{i \in I} P\{X_{n-1} = i, X_n = j\}$

$$= \sum_{i \in I} P\{X_n = j \mid X_{n-1} = i\} P\{X_{n-1} = i\} = \sum_{i \in I} p_i(n-1) p_{ij} .$$

（3）是（1）和（2）的矩阵形式. 证毕.

定理 5.2 表明绝对概率也有类似于 n 步转移概率的性质.

定理 5.3 设 $\{X_n, n \geqslant 0\}$ 为马尔可夫链，则对于任意 $n \geqslant 1$ 和 $i_1, \cdots, i_n \in I$，有

$$P\{X_1 = i_1, \cdots, X_n = i_n\} = \sum_{i \in I} p_i p_{ii_1} \cdots p_{i_{n-1} i_n} . \tag{5.10}$$

证明： $P\{X_1 = i_1, \cdots, X_n = i_n\} = \sum_{i \in I} P\{X_0 = i, X_1 = i_1, \cdots, X_n = i_n\}$

$$= \sum_{i \in I} P\{X_0 = i\} P\{X_1 = i_1 \mid X_0 = i\} \cdots P\{X_n = i_n \mid X_{n-1} = i_{n-1}, \cdots, X_0 = i\}$$

$$= \sum_{i \in I} P\{X_0 = i\} P\{X_1 = i_1 \mid X_0 = i\} \cdots P\{X_n = i_n \mid X_{n-1} = i_{n-1}\} \quad （马尔可夫性）$$

$$= \sum_{i \in I} p_i p_{ii_1} \cdots p_{i_{n-1} i_n} .$$

定理 5.3 说明马尔可夫链的有限维分布完全由它的初始概率和一步转移概率所决定. 因此，只要知道初始概率和一步转移概率，就可以描述马尔可夫链的统计特性.

【例 5.9】 设 $\{X_n, n \geqslant 0\}$ 为马尔可夫链，状态空间 $I = \{1, 2, 3, 4\}$. 初始分布为离散均匀分布，转移概率矩阵为

$$\boldsymbol{P} = \begin{pmatrix} 1/4 & 1/4 & 1/4 & 1/4 \\ 1/4 & 1/4 & 1/4 & 1/4 \\ 1/4 & 1/8 & 1/4 & 3/8 \\ 1/4 & 1/4 & 1/4 & 1/4 \end{pmatrix},$$

证明 $P\{X_2 = 4 \mid 1 < X_1 < 4, X_0 = 1\} \neq P\{X_2 = 4 \mid 1 < X_1 < 4\}$.

证明： 初始分布为 $\boldsymbol{P}^{\mathrm{T}}(0) = (p_1, p_2, p_3, p_4) = \left(\dfrac{1}{4}, \dfrac{1}{4}, \dfrac{1}{4}, \dfrac{1}{4}\right)$.

$$P\{X_2 = 4 \mid 1 < X_1 < 4, X_0 = 1\} = \frac{P\{X_2 = 4, 1 < X_1 < 4, X_0 = 1\}}{P\{1 < X_1 < 4, X_0 = 1\}}$$

$$= \frac{P\{X_2 = 4, X_1 = 2, X_0 = 1\} + P\{X_2 = 4, X_1 = 3, X_0 = 1\}}{P\{X_1 = 2, X_0 = 1\} + P\{X_1 = 3, X_0 = 1\}}$$

$$= \frac{p_1 p_{12} p_{24} + p_1 p_{13} p_{34}}{p_1 p_{12} + p_1 p_{13}} = \frac{p_{12} p_{24} + p_{13} p_{34}}{p_{12} + p_{13}}$$

$$= \frac{\dfrac{1}{4} \cdot \dfrac{1}{4} + \dfrac{1}{4} \cdot \dfrac{3}{8}}{\dfrac{1}{4} + \dfrac{1}{4}} = \frac{5}{16}.$$

而由定理 5.2 知，X_1 的绝对分布为

$$\boldsymbol{P}^{\mathrm{T}}(1) = \left(\frac{1}{4}, \frac{1}{4}, \frac{1}{4}, \frac{1}{4}\right) \begin{pmatrix} 1/4 & 1/4 & 1/4 & 1/4 \\ 1/4 & 1/4 & 1/4 & 1/4 \\ 1/4 & 1/8 & 1/4 & 3/8 \\ 1/4 & 1/4 & 1/4 & 1/4 \end{pmatrix} = \left(\frac{1}{4}, \frac{7}{32}, \frac{1}{4}, \frac{9}{32}\right),$$

$$P\{X_2 = 4 \mid 1 < X_1 < 4\} = \frac{P\{X_2 = 4, 1 < X_1 < 4\}}{P\{1 < X_1 < 4\}}$$

$$= \frac{P\{X_2 = 4, X_1 = 2\} + P\{X_2 = 4, X_1 = 3\}}{P\{X_1 = 2\} + P\{X_1 = 3\}}$$

$$= \frac{p_2(1) p_{24} + p_3(1) p_{34}}{p_2(1) + p_3(1)} = \frac{\dfrac{7}{32} \cdot \dfrac{1}{4} + \dfrac{1}{4} \cdot \dfrac{3}{8}}{\dfrac{7}{32} + \dfrac{1}{4}} = \frac{19}{60}.$$

故 $P\{X_2 = 4 \mid 1 < X_1 < 4, X_0 = 1\} \neq P\{X_2 = 4 \mid 1 < X_1 < 4\}$.

5.2　马尔可夫链的状态分类

本节先来讨论马尔可夫链各个状态之间的关系，并根据这些关系将状态分类.

5.2.1　可达和互通

定义 5.6 若存在 $n \geq 0$，使得 $p_{ij}^{(n)} > 0$，则称状态 i 可达（Accessible）状态 j，并记为 $i \to j$，

否则称状态 i 不可达状态 j. 若 $i \to j$，且 $j \to i$，则称状态 i 与状态 j 互通（Communicate），并记为 $i \leftrightarrow j$.

两个状态的 1 和 2 的可达关系和互通关系可由下面的状态转移图表示.

$$① \longrightarrow ② \qquad\qquad ① \longleftrightarrow ②$$

图 5.2　两状态 1 和 2 间的可达关系和互通关系

如果自状态 i 不能到达状态 j，则意味着对于一切 $n \geq 0$，有 $p_{ij}^{(n)} = 0$.

定理 5.4　在状态空间 I 中，互通 "$\leftrightarrow$" 是等价关系，即满足

（1）自反性：$i \leftrightarrow i$（$p_{ii}^{(0)} = 1$）；

（2）对称性：若 $i \leftrightarrow j$，则 $j \leftrightarrow i$；

（3）传递性：若 $i \leftrightarrow k$，$k \leftrightarrow j$，则 $i \leftrightarrow j$.

证明：从互通的定义可知，（1）和（2）是显然的. 下面证明（3）.

由互通的定义知，只需证 $i \to j$ 且 $j \to i$. 下面先证 $i \to j$.

由已知可知 $i \to k$，$k \to j$，即存在 $m, n \geq 0$，使得 $p_{ik}^{(m)} > 0$，$p_{kj}^{(n)} > 0$，由 C-K 方程知

$$p_{ij}^{(m+n)} = \sum_{k \in I} p_{ik}^{(m)} p_{kj}^{(n)} \geq p_{ik}^{(m)} p_{kj}^{(n)} > 0.$$

故 $i \to j$.

同理可证 $j \to i$. 即有 $i \leftrightarrow j$.

把任意两个互通状态归为一类. 由定理 5.4 可知，同在一类的状态是互通的，并且任何一个状态不能同时属于两个不同的类.

定义 5.7　若马尔可夫链的状态空间只存在一个类，就称马尔可夫链是**不可约的**（Irreducible）；否则称它是**可约的**（Reducible）.

【例 5.10】　设马尔可夫链 $\{X_n, n \geq 0\}$ 的状态空间 $I = \{1, 2, 3\}$，其转移矩阵为

$$P = \begin{pmatrix} 1/2 & 1/2 & 0 \\ 1/2 & 1/4 & 1/4 \\ 0 & 1/3 & 2/3 \end{pmatrix},$$

试研究各状态间的关系，并画出状态转移图.

解：先画出状态转移图：

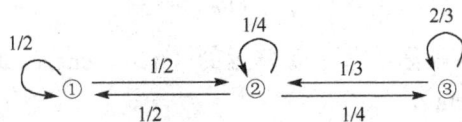

由图可知，状态 1 可达 2，经 2 可达 3. 反之，状态 3 可达 2，经 2 可达 1. 各状态是相通的. 此马尔可夫链是不可约的.

5.2.2　状态的周期性和常返性

下面给出状态的一些性质，然后证明同一类的状态具有相同的性质.

定义 5.8　如集合 $\{n: n \geq 1, p_{ii}^{(n)} > 0\}$ 非空，则称该集合的最大公约数（Greatest common divisor）$d = d(i) = G.C.D\{n : p_{ii}^{(n)} > 0 \}$为状态 i 的周期. 如 $d>1$ 就称 i 为周期的；如 $d = 1$ 就称 i 为非周期的（Aperiodic）.

由定义知，如果状态 i 的周期是 d，则对任意不能整除 d 的 n 都有 $p_{ii}^{(n)} = 0$. 这并非说明对任意的 k，都有 $p_{ii}^{(kd)} > 0$. 下面定理说明，当 k 充分大时，有 $p_{ii}^{(kd)} > 0$.

定理 5.5 如果状态 i 的周期为 d，则存在正整数 M，对一切 $n \geq M$，有 $p_{ii}^{(nd)} > 0$.

定理 5.6 如果状态 i 和状态 j 属于同一类，则 $d(i) = d(j)$.

定理不证.

【例 5.11】 设 $\{X_n , n >0\}$ 是齐次马尔可夫链，其状态空间 $I = \{1, 2, \cdots, 9\}$，转移概率是 $p_{ij}, i, j \in I$，图 5.3 所示马尔可夫链由状态 1 出发回到状态 1 的可能步长为 $D = \{4, 6, 8, 10, \cdots\}$，则 2 是状态 1 的周期. 由于各状态是互通的，故各状态的周期都是 2.

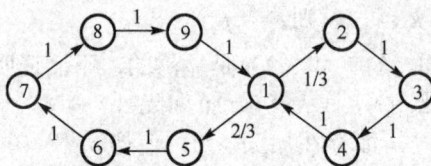

图 5.3 例 5.11

记

$$f_{ij}^{(n)} = P\{X_{m+n} = j, X_{m+v} \neq j, 1 \leq v \leq n-1 | X_m = i\}, \quad n \geq 1, \tag{5.11}$$

$$f_{ij}^{(0)} = \begin{cases} 1, & i = j \\ 0, & i \neq j \end{cases}. \tag{5.12}$$

$f_{ij}^{(n)}$ 是**状态 i 经 n 步首次到达状态 j 的概率**，简称**首达概率**（Hitting probability）. 记

$$f_{ij} = \sum_{n=1}^{\infty} f_{ij}^{(n)}. \tag{5.13}$$

f_{ij} 是系统从**状态 i** 出发，经有限步迟早会（首次）到达**状态 j** 的概率. 显然有

$$0 \leq f_{ij}^{(n)} \leq f_{ij} \leq 1, \tag{5.14}$$

并且

$$0 \leq f_{ij}^{(n)} \leq p_{ij}^{(n)} \leq 1. \tag{5.15}$$

定义 5.9 如果 $f_{ii} = 1$，则称状态 i 是**常返的**（Recurrent）；如果 $f_{ii} < 1$，则称状态 i 是**非常返的**（或**瞬过的** Transient）.

如果状态 i 是常返的，则从状态 i 出发，过程将以概率 1 重新返回；如果状态 i 是非常返的，过程以正概率 $1 - f_{ii}$ 不再返回.

对常返态 i，由定义知，$\{f_{ii}^{(n)}, n >0\}$ 构成一个概率分布. 此分布的期望

$$\mu_i = \sum_{n=1}^{\infty} n f_{ii}^{(n)} \tag{5.16}$$

表示由状态 i 出发再返回到状态 i 的**平均返回时间**.

定义 5.10 如果平均返回时间 $\mu_i < \infty$，则称常返态 i 是**正常返的**（Positive recurrent）. 如果 $\mu_i = \infty$，则称常返态 i 是**零常返的**（Null recurrent）. 非周期、正常返态称为**遍历状态**（Ergodic state）. 如果状态 i 是遍历状态，且 $f_{ii}^{(1)} = 1$，则称状态 i 是**吸收态**（Absorbing state）.

当状态 i 是吸收态时，有 $\mu_i = 1$.

定理 5.7 状态 i 为常返的充要条件为 $\sum_{n=0}^{\infty} p_{ii}^{(n)} = \infty$. 状态 i 为非常返的充要条件为

$$\sum_{n=0}^{\infty} p_{ii}^{(n)} = \frac{1}{1 - f_{ii}} < \infty.$$

为证明定理 5.7，需要证明下面的引理.

引理 5.1 对任意状态 i, j 及 $n \geq 1$，有

$$p_{ij}^{(n)} = \sum_{k=1}^{n} f_{ij}^{(k)} p_{jj}^{(n-k)}. \tag{5.17}$$

证明：$p_{ij}^{(n)} = P\{X_n = j \mid X_0 = i\}$

$$= \sum_{k=1}^{n} P\{X_n = j, X_k = j, X_v \neq j, 1 \leq v \leq k-1 \mid X_0 = i\}$$

$$= \sum_{k=1}^{n} P\{X_n = j \mid X_k = j, X_v \neq j, 1 \leq v \leq k-1, X_0 = i\}$$

$$P\{X_k = j, X_v \neq j, 1 \leq v \leq k-1 \mid X_0 = i\}$$

$$= \sum_{k=1}^{n} p_{jj}^{(n-k)} f_{ij}^{(k)}. \qquad \text{（马尔可夫链）}$$

引理 5.1 的结果也可写成

$$p_{ij}^{(n)} = \sum_{k=0}^{n-1} f_{ij}^{(n-k)} p_{jj}^{(k)}.$$

定理 5.7 的证明：

$$\sum_{n=0}^{\infty} p_{ii}^{(n)} = p_{ii}^{(0)} + \sum_{n=1}^{\infty} \left[\sum_{k=1}^{n} f_{ii}^{(k)} p_{ii}^{(n-k)} \right] = 1 + \sum_{k=1}^{\infty} \sum_{n=k}^{\infty} f_{ii}^{(k)} p_{ii}^{(n-k)} \qquad \text{（求和换序）}$$

$$= 1 + \sum_{k=1}^{\infty} f_{ii}^{(k)} \sum_{n=k}^{\infty} p_{ii}^{(n-k)} = 1 + \sum_{k=1}^{\infty} f_{ii}^{(k)} \sum_{m=0}^{\infty} p_{ii}^{(m)} = 1 + f_{ii} \cdot \sum_{n=0}^{\infty} p_{ii}^{(n)},$$

故状态 i 为常返的充要条件为 $\sum_{n=0}^{\infty} p_{ii}^{(n)} = \infty$. 状态 i 为非常返的充要条件为

$$\sum_{n=0}^{\infty} p_{ii}^{(n)} = \frac{1}{1 - f_{ii}} < \infty$$

由引理 5.1，有 $p_{ii}^{(n)} = f_{ii}^{(n)} + \sum_{k=1}^{n-1} f_{ii}^{(n-k)} p_{ii}^{(k)}$，可以得到周期的等价定义.

定理 5.8 $G.C.D \{n: n \geq 1, p_{ii}^{(n)} > 0\} = G.C.D \{n: n \geq 1, f_{ii}^{(n)} > 0\}$.

定理 5.8 可通过左右两边公约数相等（$d_1 \leqslant d_2$ 和 $d_1 \geqslant d_2$）来证明，请感兴趣的读者自行证明.

对常返态 i，为判别它是正常返的还是零常返的，可不加证明地给出如下基本定理.

定理 5.9 若 i 是周期为 d 的常返态，则

$$\lim_{n \to \infty} p_{ii}^{(nd)} = \frac{d}{\mu_i}. \tag{5.18}$$

当 $\mu_i = \infty$ 时，$\dfrac{d}{\mu_i} = 0$.

由定理 5.9，可直接得如下推论.

推论 5.1 设 i 是常返态，则

（1）i 是零常返 $\Leftrightarrow \lim\limits_{n \to \infty} p_{ii}^{(n)} = 0$；

（2）i 是遍历状态 $\Leftrightarrow \lim\limits_{n \to \infty} p_{ii}^{(n)} = 1/\mu_i > 0$.

下面的定理指出同一类的状态具有相同的性质.

定理 5.10 如果状态 i 与 j 是互通的，则：

（1）i 与 j 同为常返或非常返；如是常返的，则 i 与 j 同为正常返或零常返；

（2）i 与 j 有相同的周期.

证明：（1）由于 $i \leftrightarrow j$，由可达的定义可知，存在 m 和 n，使得

$$p_{ij}^{(m)} \stackrel{\wedge}{=} p > 0, \quad p_{ji}^{(n)} \stackrel{\wedge}{=} q > 0. \tag{5.19}$$

由 C-K 方程，总有

$$p_{ii}^{(m+n+l)} \geqslant p_{ij}^{(m)} p_{jj}^{(l)} p_{ji}^{(n)} = pq p_{jj}^{(l)}, \tag{5.20}$$

$$p_{jj}^{(m+n+l)} \geqslant p_{ji}^{(n)} p_{ii}^{(l)} p_{ij}^{(m)} = pq p_{ii}^{(l)}.$$

两边对 l 求和，得

$$\sum_{l=1}^{\infty} p_{ii}^{(m+n+l)} \geqslant pq \sum_{l=1}^{\infty} p_{jj}^{(l)},$$

$$\sum_{l=1}^{\infty} p_{jj}^{(m+n+l)} \geqslant pq \sum_{l=1}^{\infty} p_{ii}^{(l)}.$$

可见 $\sum\limits_{l=1}^{\infty} p_{ii}^{(l)}$ 与 $\sum\limits_{l=1}^{\infty} p_{jj}^{(l)}$ 相互控制，同时为有限或无限，即 i 与 j 同为常返或非常返.

如果 i 与 j 同是常返的，且 i 是零常返的，由式（5.20）知

$$p_{ii}^{(m+n+l)} \geqslant pq p_{jj}^{(l)} \geqslant 0,$$

两边对 l 取极限得

$$0 \geqslant \lim_{l \to \infty} p_{jj}^{(l)} \geqslant 0,$$

故状态 j 也是零常返的. 同理可证如果 j 是零常返的，则 i 也是零常返的. 这样就证明了 i 与 j 同为正常返或零常返.

（2）设 i 的周期是 d，j 的周期是 s．由式（5.20）知，只要 $p_{jj}^{(l)} > 0$，就有 $p_{ii}^{(m+n+l)} > 0$．故对任意使得 $p_{jj}^{(l)} > 0$ 成立的 l（s 是所有 l 的最大公因数），d 能整除 $m+n+l$．再由

$$p_{ii}^{(m+n)} \geqslant p_{ij}^{(m)} p_{ji}^{(n)} > 0$$

知，d 能整除 $m+n$．从而 d 能整除 l，这说明 $d \leqslant s$．类似可证 $s \leqslant d$．故 i 与 j 有相同的周期.

【例 5.12】　设马尔可夫链的状态空间 $I = \{1, 2, 3, 4\}$，其转移概率矩阵为

$$P = \begin{pmatrix} 1/2 & 1/2 & 0 & 0 \\ 1 & 0 & 0 & 0 \\ 0 & 1/3 & 2/3 & 0 \\ 1/2 & 0 & 1/2 & 0 \end{pmatrix},$$

试分析各状态的类型.

解： 状态转移图是

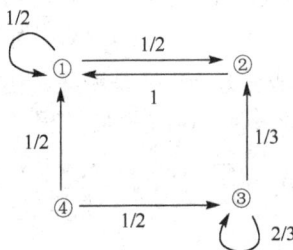

对状态 1：$f_{11}^{(1)} = \dfrac{1}{2}$，$f_{11}^{(2)} = p_{12}p_{21} = 1 \times \dfrac{1}{2} = \dfrac{1}{2}$，故 $f_{11} = \dfrac{1}{2} + \dfrac{1}{2} = 1$，是常返态，且

$$\mu_1 = \sum_{n=1}^{\infty} n f_{11}^{(n)} = 1 \times f_{11}^{(1)} + 2 \times f_{11}^{(2)} = \dfrac{1}{2} + 2 \times \dfrac{1}{2} = \dfrac{3}{2} < \infty,$$

因此状态 1 是正常返态，且是非周期的，是遍历状态.

$2 \leftrightarrow 1$，因此状态 2 也是遍历状态.

对状态 3：$f_{33}^{(1)} = \dfrac{2}{3}$，$f_{33}^{(n)} = 0\,(n \geqslant 2)$，故有 $f_{33} = \dfrac{2}{3} < 1$．是非常返态，非周期.

对状态 4：对任意的 n，$f_{44}^{(n)} = 0$，故有 $f_{44} = 0$．是非常返态.

【例 5.13】　设马尔可夫链的状态空间 $I = \{0, 1, 2, \cdots\}$，转移概率为

$$p_{00} = \dfrac{1}{2},\ p_{i,i+1} = \dfrac{1}{2},\ p_{i0} = \dfrac{1}{2},\ i \in I,$$

对各状态进行分类.

解： 状态转移图

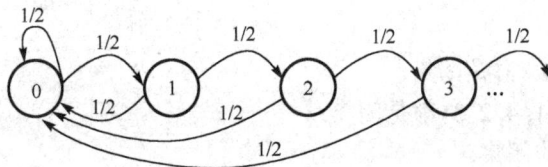

先考查状态 0：

$$f_{00}^{(1)} = \frac{1}{2}, \quad f_{00}^{(2)} = \frac{1}{2} \times \frac{1}{2} = \frac{1}{4}, \quad \cdots, \quad f_{00}^{(n)} = \frac{1}{2^n}, \quad \forall n \geq 1.$$

故有

$$f_{00} = \sum_{n=1}^{\infty} \frac{1}{2^n} = 1, \quad \mu_0 = \sum_{n=1}^{\infty} \frac{n}{2^n} = 2 < \infty.$$

可见状态 0 为正常返，且是非周期的，因而是遍历态.

$\forall i \in I$，因为 $i \leftrightarrow 0$，故 i 也是遍历态，I 中所有状态属于同一类.

5.3 状态空间的分解

定义 5.11 状态空间 I 的子集 C，若对于任意 $i \in C$ 及 $k \notin C$ 都有 $p_{ik} = 0$，则称子集 C 为（随机）**闭集**（Closed set）. 若闭集 C 的状态互通，则称闭集 C 为**不可约的**（Irreducible）.

若马尔可夫链$\{X_n, n \geq 0\}$的状态空间是不可约的，则称该马尔可夫链为不可约的.

定理 5.11 C 是闭集 $\Leftrightarrow$ 对于任意 $i \in C$ 及 $k \notin C$，都有 $p_{ik}^{(n)} = 0$.

证明：只证必要性（用归纳法证）. 若 C 是闭集，由定义知，当 $n=1$ 时结论成立. 如果对于任意 $i \in C$ 及 $k \notin C$，都有 $p_{ik}^{(n)} = 0$，则由 C-K 方程

$$p_{ik}^{(n+1)} = \sum_{j \in C} p_{ij}^{(n)} p_{jk} + \sum_{j \notin C} p_{ij}^{(n)} p_{jk} = \sum_{j \in C} p_{ij}^{(n)} \cdot 0 + \sum_{j \notin C} 0 \cdot p_{jk} = 0,$$

定理得证.

如果 C 是闭集，则一旦进入 C，就永远留在 C 中.

状态 i 为吸收态（$p_{ii} = 1$）$\Leftrightarrow$ 单点集$\{i\}$是闭集.

【例 5.14】 设马尔可夫链$\{X_n\}$的状态空间 $I = \{1, 2, 3, 4, 5\}$，转移矩阵为

$$P = \begin{pmatrix} 0.5 & 0 & 0 & 0.5 & 0 \\ 0.5 & 0 & 0.5 & 0 & 0 \\ 0 & 0 & 1 & 0 & 0 \\ 1 & 0 & 0 & 0 & 0 \\ 0 & 1 & 0 & 0 & 0 \end{pmatrix},$$

试分析其闭集及不可约性.

解：状态转移图

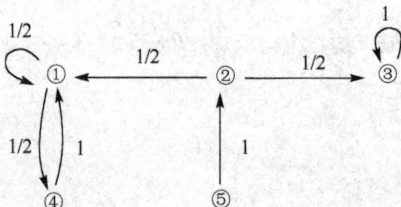

状态 3 为吸收态，故$\{3\}$是闭集.

$\{1, 4\}$、$\{1, 4, 3\}$、$\{1, 4, 2, 3\}$都是闭集.

$\{3\}$和$\{1, 4\}$是不可约闭集.

因为 I 含有闭子集，故马尔可夫链$\{X_n\}$不是不可约链.

定理 5.12 已知状态 i 是常返的，若 $i \rightarrow j$，则 j 也是常返的，且 $f_{ji} = 1$.

证明：记

$$_k p_{ij}^{(n)} = P\{X_n = j,\ X_\nu \neq k,\ 1 \leqslant \nu \leqslant n-1 | X_0 = i\}, \tag{5.21}$$

$$_k f_{ij}^{(n)} = P\{X_n = j,\ X_\nu \neq \{j, k\},\ 1 \leqslant \nu \leqslant n-1 | X_0 = i\}. \tag{5.22}$$

$_k p_{ij}^{(n)}$ 是状态 i 走 n 步不经过状态 k 到达状态 j 的概率，$_k f_{ij}^{(n)}$ 是状态 i 走 n 步不经过状态 k 首次到达状态 j 的概率．因 $i \to j$，则存在 m，使得 $p_{ij}^{(m)} > 0$．由式（5.17）知

$$p_{ij}^{(m)} = \sum_{k=1}^{m} f_{ij}^{(k)} p_{jj}^{(m-k)} > 0,$$

故在 $f_{ij}^{(1)}, f_{ij}^{(2)}, \cdots, f_{ij}^{(m)}$ 中至少有一个不为 0，所以有 $f_{ij} = \sum_{k=1}^{\infty} f_{ij}^{(k)} > 0$．又由

$$f_{ij} = \sum_{n=1}^{\infty} f_{ij}^{(n)} = \sum_{n=1}^{\infty} [_i f_{ij}^{(n)} + \sum_{m=1}^{n-1} {}_j p_{ii}^{(m)} \cdot {}_i f_{ij}^{(n-m)}] > 0$$

可知，一定存在一个 N，使得 $_i f_{ij}^{(N)} > 0$．由

$$0 = 1 - f_{ii} = \sum_{k \neq i} {}_i f_{ik}^{(N)} (1 - f_{ki}) \geqslant {}_i f_{ij}^{(N)} (1 - f_{ji})$$

可知 $1 - f_{ji} = 0$，即 $f_{ji} = 1$．

由定理 5.12 知，如果状态 i 是常返的，且自状态 i 出发能到达 j，则 $i \leftrightarrow j$，即 i 和 j 属于同一类．这说明从常返态出发只能到达常返态．故可得如下定理．

定理 5.13　马尔可夫链所有常返态构成一个闭集；不可约马尔可夫链或者全是常返态，或者全是非常返态．

C 表示所有常返态组成的闭集，那么 C 中互通"$\leftrightarrow$"是等价关系，即满足自反性、对称性和传递性，于是用互通"$\leftrightarrow$"可对 C 中的状态再进行分类．

定理 5.14　所有常返态组成的闭集 C 可分为若干互不相交的闭子集 $C_1, C_2, \cdots$，且满足

（1）C_i 中任意两个状态互通；

（2）$i \neq j$ 时，C_i 中任意状态与 C_j 中任意状态都不互通．

称 $C_1, C_2, \cdots$ 为**基本常返闭集**，这些常返闭集内部状态都是互通的，但两个常返闭集之间互不相通．记 D 是由状态空间 I 中所有非常返态组成的集合，则有

$$I = D + C_1 + C_2 + \cdots.$$

如果从某一非常返状态出发，系统可能一直在非常返集 D 中（当 D 是闭集时），也可能进入某个基本常返闭集中．如从某一常返态出发，系统就会一直停留在这个状态所在的基本闭集中．

【例 5.15】　设状态空间 $I = \{1, 2, 3, 4, 5, 6\}$，转移矩阵为

$$P = \begin{pmatrix} 0 & 0 & 1 & 0 & 0 & 0 \\ 0 & 0 & 0 & 0 & 0 & 1 \\ 0 & 0 & 0 & 0 & 1 & 0 \\ 1/3 & 1/3 & 0 & 1/3 & 0 & 0 \\ 1 & 0 & 0 & 0 & 0 & 0 \\ 0 & 1/2 & 0 & 0 & 0 & 1/2 \end{pmatrix},$$

试分解此链，并指出各状态的常返性及周期性．

解：状态转移图

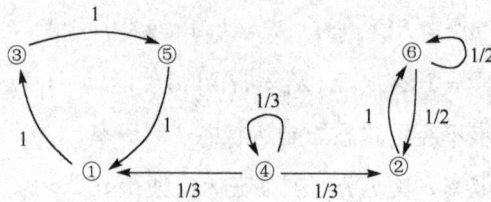

状态 1：$f_{11}^{(3)}=1$，所以有 $\mu_1=\sum_{n=1}^{\infty}nf_{11}^{(n)}=3f_{11}^{(3)}=3<\infty$．状态 1 是正常返的并且周期为 3．

$1\leftrightarrow3\leftrightarrow5$，故状态 3 和 5 都是正常返且周期为 3．含状态 1 的基本常返闭集为 $C_1=\{1,3,5\}$．

状态 6：$f_{66}^{(1)}=\dfrac{1}{2}$，$f_{66}^{(2)}=\dfrac{1}{2}\times1=\dfrac{1}{2}$，所以 $\mu_6=f_{66}^{(1)}+2f_{66}^{(2)}=\dfrac{1}{2}+2\cdot\dfrac{1}{2}=\dfrac{3}{2}<\infty$．状态 6 是正常返，非周期的，故状态 6 是遍历态．

$6\leftrightarrow2$，故 2 也是遍历态．含状态 6 的基本常返闭集为 $C_2=\{2,6\}$．

状态 4：$f_{44}^{(1)}=\dfrac{1}{3}$，$f_{44}^{(n)}=0$，$n\neq1$．故 $f_{44}=\sum_{n=1}^{\infty}f_{44}^{(n)}=\dfrac{1}{3}<1$．状态 4 是非常返的，周期为 1．记 $D=\{4\}$．

故 $I=D+C_1+C_2=\{4\}+\{1,3,5\}+\{2,6\}$．

定义 5.12 若矩阵（a_{ij}）的元素非负且对每个 i 都有 $\sum_{j}a_{ij}=1$，则称矩阵（a_{ij}）为**随机矩阵**（Random matrix）．

显然，k 步转移矩阵 $\boldsymbol{P}^{(k)}=\left(p_{ij}^{(k)}\right)$ 是随机矩阵．

定理 5.15 设 C 是闭集，又 $\boldsymbol{G}=\left(p_{ij}^{(k)}\right)$，$i,j\in C$ 是 C 上所得的 k 步转移子矩阵，则 $\boldsymbol{G}$ 仍是随机矩阵．

证明：只需验证 $\sum_{j\in C}p_{ij}^{(k)}=1$ 即可．显然有

$$1=\sum_{j\in I}p_{ij}^{(k)}=\sum_{j\in C}p_{ij}^{(k)}+\sum_{j\notin C}p_{ij}^{(k)}=\sum_{j\in C}p_{ij}^{(k)}.$$

定理 5.16 基本常返闭集 C 中状态的周期为 d，则 C 可进一步分解为 d 个互不相交的子集之和，即

$$C=\bigcup_{r=0}^{d-1}G_r,\quad G_r\bigcap G_s=\varnothing,\ (r\neq s),\tag{5.23}$$

且使得自 G_r 中任一状态出发，经一步转移必进入 G_{r+1} 中（其中 $G_d=G_0$）．

证明：任意取定状态 $i\in C$，定义

$$G_r=\{j:\text{对某个 }n\geqslant0,\ p_{ij}^{(nd+r)}>0\},\ r=0,1,\cdots,d-1,\tag{5.24}$$

因 C 不可约，故有 $C=\bigcup_{r=0}^{d-1}G_r$．如果存在 $j\in G_r\bigcap G_s$，由式（5.24）知，必存在 m 和 n，使 $p_{ij}^{(md+r)}>0$，$p_{ij}^{(nd+s)}>0$．又因 $i\leftrightarrow j$，故存在 k，使 $p_{ji}^{(k)}>0$，于是由 C-K 方程，有

$$p_{ii}^{(md+r+k)} \geqslant p_{ij}^{(md+r)} p_{ji}^{(k)} > 0,$$

$$p_{ii}^{(nd+s+k)} \geqslant p_{ij}^{(nd+s)} p_{ji}^{(k)} > 0.$$

这说明 d 可以同时整除 $r+k$ 和 $s+k$，所以 d 可以整除二者之差 $r-s$. 但是 $0 \leqslant r$, $s \leqslant d-1$，故只能是 $r-s=0$，即 $G_r = G_s$，这说明 $r \neq s$ 时，$G_r \bigcap G_s = \varnothing$.

下面证明自 G_r 中任一状态出发，经一步转移必进入 G_{r+1} 中，即对任一 $j \in G_r$，有 $\sum\limits_{k \in G_{r+1}} p_{jk} = 1$. 事实上，

$$1 = \sum_{k \in I} p_{jk} = \sum_{k \in G_{r+1}} p_{jk} + \sum_{k \notin G_{r+1}} p_{jk} = \sum_{k \in G_{r+1}} p_{jk}.$$

这里对所有 $k \notin G_{r+1}$ 有 $p_{jk} = 0$，是因为如果有一个 $p_{jk} > 0$，则对某一个 m，有

$$p_{ik}^{(md+r+1)} \geqslant p_{ij}^{(md+r)} p_{jk} > 0$$

成立，这说明 $k \in G_{r+1}$，这与 $k \notin G_{r+1}$ 矛盾.

对状态有限的马尔可夫链，有下列结论成立.

定理 5.17　状态有限的马尔可夫链，有

（1）非常返态集 N 不可能是闭集；

（2）如果链是不可约的，则状态全是常返的；

（3）不存在零常返状态.

【例 5.16】　设不可约马尔可夫链的状态空间 $I = \{1, 2, 3, 4, 5, 6\}$，转移矩阵为

$$P = \begin{pmatrix} 0 & 0 & 1/2 & 0 & 1/2 & 0 \\ 1/3 & 0 & 0 & 1/3 & 0 & 1/3 \\ 0 & 1 & 0 & 0 & 0 & 0 \\ 0 & 0 & 1 & 0 & 0 & 0 \\ 0 & 1 & 0 & 0 & 0 & 0 \\ 0 & 0 & 1/4 & 0 & 3/4 & 0 \end{pmatrix},$$

试对其状态空间进行分解.

解：状态转移图

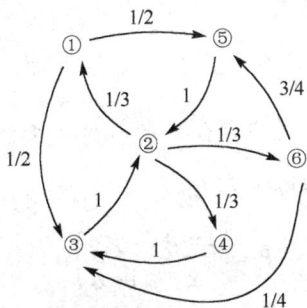

显然不可约马尔可夫链的周期为 3. 考虑状态 1，记

$$G_0 = \{j: \text{对某个 } n, \ p_{1j}^{(3n)} > 0\} = \{1, 4, 6\},$$

$$G_1 = \{ j : \text{对某个 } n, \ p_{1j}^{(3n+1)} > 0 \} = \{3, 5\},$$

$$G_2 = \{ j : \text{对某个 } n, \ p_{1j}^{(3n+2)} > 0 \} = \{2\},$$

因此有

$$I = G_0 \bigcup G_1 \bigcup G_2 = \{1, 4, 6\} \bigcup \{3, 5\} \bigcup \{2\}.$$

3 步转移概率矩阵为

$$\boldsymbol{P}^{(3)} = \begin{bmatrix} 1/3 & 0 & 0 & 1/3 & 0 & 1/3 \\ 0 & 1 & 0 & 0 & 0 & 0 \\ 0 & 0 & 7/12 & 0 & 5/12 & 0 \\ 1/3 & 0 & 0 & 1/3 & 0 & 1/3 \\ 0 & 0 & 7/12 & 0 & 5/12 & 0 \\ 1/3 & 0 & 0 & 1/3 & 0 & 1/3 \end{bmatrix}$$

故有

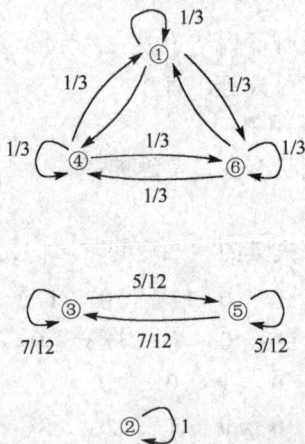

5.4　$p_{ij}^{(n)}$ 的渐近性质与平稳分布

　　实际问题中，考虑当 n 很大时的 $p_{ij}^{(n)}$ 的性质是很有必要的. 本节将讨论马尔可夫链的极限情况和平稳马尔可夫链的有关性质.

5.4.1　$p_{ij}^{(n)}$ 的渐近性质

　　转移概率 $p_{ij}^{(n)}$ 的极限 $\lim\limits_{n \to \infty} p_{ij}^{(n)}$ 是否存在? 是否与 i 有关? 先来看一个例子.

　　【例 5.17】　设马尔可夫链的转移矩阵为

$$\boldsymbol{P} = \begin{pmatrix} 1-p & p \\ q & 1-q \end{pmatrix},$$

这里 $0 < p < 1, \ 0 < q < 1$，求 $\boldsymbol{P}^{(n)}$ 当 $n \to \infty$ 时的极限.

　　解：令 $\boldsymbol{Q} = \begin{pmatrix} 1 & -p \\ 1 & q \end{pmatrix}$，$\boldsymbol{D} = \begin{pmatrix} 1 & 0 \\ 0 & 1-p-q \end{pmatrix}$（这里 $\boldsymbol{D}$ 和 $\boldsymbol{Q}$ 分别是 $\boldsymbol{P}$ 的特征根和特征向量矩

阵)，则

$$Q^{-1} = \begin{pmatrix} \dfrac{q}{p+q} & \dfrac{p}{p+q} \\ -\dfrac{1}{p+q} & \dfrac{1}{p+q} \end{pmatrix}, \quad P = QDQ^{-1},$$

从而有

$$P^{(n)} = P^n = (QDQ^{-1})^n = Q\begin{pmatrix} 1 & 0 \\ 0 & 1-p-q \end{pmatrix}^n Q^{-1}$$

$$= \begin{pmatrix} \dfrac{q+p(1-p-q)^n}{p+q} & \dfrac{p-p(1-p-q)^n}{p+q} \\ \dfrac{q-q(1-p-q)^n}{p+q} & \dfrac{p+q(1-p-q)^n}{p+q} \end{pmatrix}.$$

由于 $|1-p-q|<1$，故有

$$\lim_{n\to\infty} P^{(n)} = \begin{pmatrix} \dfrac{q}{p+q} & \dfrac{p}{p+q} \\ \dfrac{q}{p+q} & \dfrac{p}{p+q} \end{pmatrix}.$$

可见此马尔可夫链的 n 步转移概率有一个稳定的极限.

定理 5.18 若 j 非常返或零常返，则

$$\lim_{n\to\infty} p_{ij}^{(n)} = 0, \quad \forall i \in I. \tag{5.25}$$

证明： 由引理 5.1 知，对 $N<n$，有

$$p_{ij}^{(n)} = \sum_{k=1}^{n} f_{ij}^{(k)} p_{jj}^{(n-k)} \leqslant \sum_{k=1}^{N} f_{ij}^{(k)} p_{jj}^{(n-k)} + \sum_{k=N+1}^{n} f_{ij}^{(k)}.$$

固定 N，令 $n\to\infty$，由推论 5.1 知，对任意 $k \leqslant N$，$\lim\limits_{n\to\infty} p_{jj}^{(n-k)} = 0$，故上式右边第一项趋于 0. 再令 $N\to\infty$，第二项是 $\sum\limits_{k=0}^{\infty} f_{ij}^{(k)} \leqslant 1$ 的余项，故趋于 0. 得证.

定理 5.18 考虑的是非常返态和零常返态的渐近分布. 当 j 是正常返态时，$\lim\limits_{n\to\infty} p_{ij}^{(n)}$ 不一定存在，即使存在，也可能与 i 有关.

自状态 i 出发，在时刻 $n = r\,(\mathrm{mod}(d))$ 首次到达 j 的概率记为

$$f_{ij}(r) = \sum_{m=0}^{\infty} f_{ij}^{(md+r)}, \quad 0 \leqslant r \leqslant d-1, \tag{5.26}$$

显然，

$$\sum_{r=0}^{d-1} f_{ij}(r) = \sum_{m=0}^{\infty}\sum_{r=0}^{d-1} f_{ij}^{(md+r)} = \sum_{m=0}^{\infty} f_{ij}^{(m)} = f_{ij}. \tag{5.27}$$

则有如下定理.

定理 5.19 若 j 正常返，周期为 d，则对任意 i 及 $0 \leq r \leq d-1$，有

$$\lim_{n \to \infty} p_{ij}^{(nd+r)} = f_{ij}(r) \frac{d}{\mu_j}. \tag{5.28}$$

证明： 当 $n \neq 0(\mathrm{mod}(d))$ 时，$p_{jj}^{(n)} = 0$，所以由引理 5.1 知

$$p_{ij}^{(nd+r)} = \sum_{k=0}^{nd+r} f_{ij}^{(k)} p_{jj}^{(nd+r-k)} = \sum_{m=0}^{n} f_{ij}^{(md+r)} p_{jj}^{(n-m)d}.$$

对任意的 $1 \leq N < n$，有

$$\sum_{m=0}^{N} f_{ij}^{(md+r)} p_{jj}^{(n-m)d} \leq p_{ij}^{(nd+r)} \leq \sum_{m=0}^{N} f_{ij}^{(md+r)} p_{jj}^{(n-m)d} + \sum_{m=N+1}^{\infty} f_{ij}^{(md+r)}.$$

先令 $n \to \infty$，再令 $N \to \infty$，由定理 5.9 可知，

$$f_{ij}(r) \frac{d}{\mu_j} \leq \lim_{n \to \infty} p_{ij}^{(nd+r)} \leq f_{ij}(r) \frac{d}{\mu_j},$$

故定理得证.

推论 5.2 对于不可约、周期为 d 的正常返马尔可夫链，其状态空间为 I，则对任意 $i, j \in I$，有

$$\lim_{n \to \infty} p_{ij}^{(nd)} = \begin{cases} d/\mu_j, & \text{当} i, j \text{同属于子集} G_s, \\ 0, & \text{其他.} \end{cases} \tag{5.29}$$

其中 $I = \bigcup_{r=0}^{d-1} G_r$，在定理 5.16 中给出. 特别当 $d = 1$ 时，有

$$\lim_{n \to \infty} p_{ij}^{(n)} = \frac{1}{\mu_j}. \tag{5.30}$$

证明： 式（5.28）中令 $r = 0$，有

$$\lim_{n \to \infty} p_{ij}^{(nd)} = f_{ij}(0) \frac{d}{\mu_j},$$

其中 $f_{ij}(0) = \sum_{m=0}^{\infty} f_{ij}^{(md)}$.

如果 i 与 j 不在同一个 G_s 中，则由定理 5.16 知，$p_{ij}^{(md)} = 0$，从而 $f_{ij}^{(md)} = 0$，于是 $\lim_{n \to \infty} p_{ij}^{(nd)} = 0$.

如果 i 与 j 在同一个 G_s 中，则当 $n \neq 0 \ (\mathrm{mod}(d))$ 时，$p_{ij}^{(n)} = 0$，所以 $f_{ij}^{(n)} = 0$，$f_{ij}(0) = \sum_{m=0}^{\infty} f_{ij}^{(md)} = \sum_{m=0}^{\infty} f_{ij}^{(m)} = f_{ij} = 1$. 于是有 $\lim_{n \to \infty} p_{ij}^{(nd)} = \frac{d}{\mu_j}$. 当 $d = 1$ 时，有 $\lim_{n \to \infty} p_{ij}^{(n)} = \frac{1}{\mu_j}$.

定理 5.19 说明，当 j 是正常返时，$\lim_{n \to \infty} p_{ij}^{(n)}$ 不一定存在，下面定理说明，其平均值的极限一定存在.

定理 5.20 对于任意状态 i, j，有

$$\lim_{n\to\infty}\frac{1}{n}\sum_{k=1}^{n}p_{ij}^{(k)}=\begin{cases}0, & \text{当}j\text{ 非常返或零常返},\\ f_{ij}/\mu_j, & \text{当}j\text{ 正常返}.\end{cases}$$

证明： 如果 j 是非常返或零常返，由定理 5.18 知 $\lim_{n\to\infty}p_{ij}^{(n)}=0,\ \forall i\in I$，所以

$$\lim_{n\to\infty}\frac{1}{n}\sum_{k=1}^{n}p_{ij}^{(k)}=0 .$$

如果 j 是正常返，有周期 d，那么序列 $\{p_{ij}^{(n)}\}$ 有 d 个子列 $\{p_{ij}^{(nd+r)}\}$，$r=0,1,\cdots,d-1$。由定理 5.19 可知，每个子列 $\{p_{ij}^{(nd+r)}\}$ 都有极限 $f_{ij}(r)\dfrac{d}{\mu_j}$，$r=0,1,\cdots,d-1$。所以

$$\lim_{n\to\infty}\frac{1}{n}\sum_{k=1}^{n}p_{ij}^{(k)}=\frac{1}{d}\sum_{r=0}^{d-1}f_{ij}(r)\frac{d}{\mu_j}=\frac{f_{ij}}{\mu_j} .$$

推论 5.3　若马尔可夫链 $\{X_n,n\ge 0\}$ 不可约，常返，则对任意 i、j，有

$$\lim_{n\to\infty}\frac{1}{n}\sum_{k=1}^{n}p_{ij}^{(k)}=\frac{1}{\mu_j} .$$

如果 $\mu_j=\infty$，则 $\dfrac{1}{\mu_j}=0$。

【例 5.18】　设马尔可夫链的状态空间 $I=\{1,2,3,4\}$，转移矩阵为

$$P=\begin{pmatrix}1 & 0 & 0 & 0\\ 0 & 1 & 0 & 0\\ 1/3 & 2/3 & 0 & 0\\ 1/4 & 1/4 & 0 & 1/2\end{pmatrix},$$

试说明 $\lim_{n\to\infty}p_{i1}^{(n)}$ 是否存在.

解： 状态转移图如下

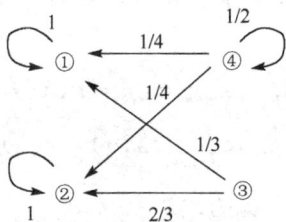

$\{1\}$，$\{2\}$ 都是吸收态，即都是正常返非周期的基本常返闭集，而 $D=\{3,4\}$。由于

$$p_{11}^{(n)}=1,\quad p_{21}^{(n)}=0,\quad p_{31}^{(n)}=\frac{1}{3},$$

$$p_{41}^{(n)}=\sum_{k=1}^{n}f_{41}^{(k)}p_{11}^{(n-k)}=\sum_{k=1}^{n}f_{41}^{(k)}=\frac{1}{4}+\frac{1}{2}\cdot\frac{1}{4}+\frac{1}{2}\cdot\frac{1}{2}\cdot\frac{1}{4}+\cdots+\frac{1}{2^{n-1}}\cdot\frac{1}{4}=\frac{1}{2}-\frac{1}{2^{n+1}} .$$

故 $\lim_{n\to\infty}p_{i1}^{(n)}$ 存在，但是与 i 有关.

5.4.2 平稳分布

不可约常返链中如果有一个状态是零常返态，则由定理 5.13 可知链中所有状态都是零常返的，称为不可约零常返链．如果有一个状态是正常返态，则链中所有状态都是正常返的，称为不可约正常返链．为了判别不可约链是否是正常返的，先引入平稳分布的概念．

定义 5.13 设马尔可夫链有转移矩阵 $\boldsymbol{P}=(p_{ij})$，若存在一个概率分布 $\{\pi_i,\ i\in I\}$，满足

$$\pi_i=\sum_{j\in I}\pi_j p_{ji}, \tag{5.31}$$

则称 $\{\pi_i,\ i\in I\}$ 为马尔可夫链 $\{X_n, n\geq 0\}$ 的**平稳分布**（Stationary distribution）．

令 $\boldsymbol{\pi}=(\pi_1,\pi_2,\cdots,\pi_i,\cdots)^{\mathrm{T}}$，则式（5.31）可以写成矩阵形式

$$\boldsymbol{\pi}^{\mathrm{T}}=\boldsymbol{\pi}^{\mathrm{T}}\boldsymbol{P}. \tag{5.32}$$

这时也称 $\boldsymbol{\pi}$ 为 $\boldsymbol{P}$ 的不变概率．

对平稳分布 $\{\pi_i, i\in I\}$，有

$$\pi_i=\sum_{j\in I}\pi_j p_{ji}=\sum_{j\in I}(\sum_{k\in I}\pi_k p_{kj})p_{ji}=\sum_{k\in I}\pi_k(\sum_{k\in I}p_{kj}p_{ji})=\sum_{k\in I}\pi_k p_{ki}^{(2)},$$

更一般地，有

$$\pi_i=\sum_{j\in I}\pi_j p_{ji}^{(n)},\quad n=1,2,\cdots. \tag{5.33}$$

而且，如果马尔可夫链 $\{X_n,n\geq 0\}$ 的初始分布 $\{p_i,\ i\in I\}$ 恰好是平稳分布，即

$$P\{X_0=i\}=p_i,\quad i\in I,$$

则对任意的 $n\geq 1$，

$$p_i(n)=P\{X_n=i\}=\sum_{k\in I}P\{X_0=k\}P\{X_n=i\,|\,X_0=k\}=\sum_{k\in I}p_k p_{ki}^{(n)}=p_i,\quad i\in I,$$

即 X_n 的分布也是平稳分布且正好是 $\{p_i,\ i\in I\}$．这时马尔可夫链 $\{X_n,n\geq 0\}$ 的联合概率分布为

$$P\{X_n=i_0,X_{n+1}=i_1,\cdots,X_{n+m}=i_m\}=P\{X_n=i_0\}p_{i_0 i_1}p_{i_1 i_2}\cdots p_{i_{m-1}i_m}$$

$$=P\{X_0=i_0\}p_{i_0 i_1}p_{i_1 i_2}\cdots p_{i_{m-1}i_m}=P\{X_0=i_0,X_1=i_1,\cdots,X_m=i_m\}$$

这说明马尔可夫链 $\{X_n,n\geq 0\}$ 是严平稳的．

定理 5.21 不可约非周期马尔可夫链是正常返 $\Leftrightarrow$ 存在平稳分布，且此平稳分布就是极限分布 $\{1/\mu_i,\ i=0,1,2,\cdots\}$．

证明：先证充分性．如果存在平稳分布 $\{\pi_i,\ i=0,1,2,\cdots\}$，由式（5.33）

$$\pi_i=\sum_{j=0}^{\infty}\pi_j p_{ji}^{(n)}.$$

由于 $\pi_i\geq 0$，$\sum\limits_{i=0}^{\infty}\pi_i=1$，上式令 $n\to\infty$，极限符号与求和可换序，得

$$\pi_i = \sum_{j=0}^{\infty} \pi_j \lim_{n \to \infty} p_{ji}^{(n)} = \sum_{j=0}^{\infty} \pi_j \frac{1}{\mu_i} = \frac{1}{\mu_i}.$$

由 $\sum_{i=0}^{\infty} \pi_i = 1$ 知，至少存在一个 $\pi_k > 0$，即 $\frac{1}{\mu_k} > 0$. 由定理 5.18 可知 k 是正常返态. 由于

马尔可夫链不可约非周期，整个链是正常返的，并且所有的 $\pi_i = \frac{1}{\mu_i} > 0$.

再证必要性. 假设不可约非周期马尔可夫链是正常返的，于是有

$$\lim_{n \to \infty} p_{ij}^{(n)} = \frac{1}{\mu_j} > 0,$$

由 C-K 方程

$$p_{ij}^{(m+n)} = \sum_{k=0}^{\infty} p_{ik}^{(m)} p_{kj}^{(n)} \geqslant \sum_{k=0}^{N} p_{ik}^{(m)} p_{kj}^{(n)}.$$

令 $m \to \infty$，得

$$\frac{1}{\mu_j} \geqslant \sum_{k=0}^{N} \frac{1}{\mu_k} p_{kj}^{(n)},$$

再令 $N \to \infty$，得

$$\frac{1}{\mu_j} \geqslant \sum_{k=0}^{\infty} \frac{1}{\mu_k} p_{kj}^{(n)},$$

下面证明上式等号成立. 由

$$1 = \sum_{n=0}^{\infty} p_{ik}^{(n)} \geqslant \sum_{k=0}^{N} p_{ik}^{(n)}$$

可知，如果先令 $n \to \infty$，再令 $N \to \infty$，得 $1 \geqslant \sum_{j=0}^{\infty} \frac{1}{\mu_j}$.

假设对某个 j' 严格不等式 $\frac{1}{\mu_{j'}} > \sum_{k=0}^{\infty} \frac{1}{\mu_k} p_{kj'}^{(n)}$ 成立，对 $j = 0, 1, 2, \cdots$ 求和，得

$$1 \geqslant \sum_{j=0}^{\infty} \frac{1}{\mu_j} > \sum_{j=0}^{\infty} \left[\sum_{k=0}^{\infty} \frac{1}{\mu_k} p_{kj}^{(n)} \right] = \sum_{k=0}^{\infty} \left[\frac{1}{\mu_k} \sum_{j=0}^{\infty} p_{kj}^{(n)} \right] = \sum_{k=0}^{\infty} \frac{1}{\mu_k},$$

矛盾. 所以对一切 $j = 0, 1, 2, \cdots$，有

$$\frac{1}{\mu_j} = \sum_{k=0}^{\infty} \frac{1}{\mu_k} p_{kj}^{(n)}, \qquad\qquad (5.34)$$

再令 $n \to \infty$，得

$$\frac{1}{\mu_j} = \left(\sum_{k=0}^{\infty} \frac{1}{\mu_k} \right) \frac{1}{\mu_j},$$

即 $\sum\limits_{k=0}^{\infty}\dfrac{1}{\mu_k}=1$. 由式（5.34）知 $\{1/\mu_i,\ i=0,1,2,\cdots\}$ 为平稳分布.

推论 5.4　有限状态的不可约非周期马尔可夫链必存在平稳分布.

证明：由定理 5.17 可知，此马尔可夫链中的状态全是正常返的. 再由定理 5.21 可知必存在平稳分布.

推论 5.5　若不可约马尔可夫链的所有状态是非常返或零常返的，则不存在平稳分布.

证明：用反证法. 假设此马尔可夫链有一个平稳分布 $\{\pi_i,\ i\in I\}$，满足

$$\pi_i=\sum_{j\in I}\pi_j p_{ji}^{(n)}.$$

由定理 5.18 可知，$\lim\limits_{n\to\infty}p_{ji}^{(n)}=0,\ \forall j\in I$，故有 $\sum\limits_{j\in I}\pi_j=0$，与平稳分布的定义矛盾.

推论 5.6　若 $\{\pi_j, j\in I\}$ 是不可约非周期马尔可夫链的平稳分布，则

$$\lim_{n\to\infty}p_j(n)=\frac{1}{\mu_j}=\pi_j. \tag{5.35}$$

证明：由 $p_j(n)=\sum\limits_{i\in I}p_i p_{ij}^{(n)}$ 及 $\lim\limits_{n\to\infty}p_{ij}^{(n)}=\dfrac{1}{\mu_j}$ 可知

$$\lim_{n\to\infty}p_j(n)=\sum_{i\in I}p_i\lim_{n\to\infty}p_{ij}^{(n)}=\frac{1}{\mu_j}\sum_{i\in I}p_i=\frac{1}{\mu_j}.$$

再由定理 5.21 可知 $\dfrac{1}{\mu_j}=\pi_j$.

定义 5.14　设 $\{X_n,n\geq 0\}$ 为马尔可夫链，若对任意状态 $i,j\in I$，存在不依赖于状态 i 的常数 π_j，使得 n 步转移概率 $p_{ij}^{(n)}$ 满足

$$\lim_{n\to\infty}p_{ij}^{(n)}=\pi_j, \tag{5.36}$$

则称马尔可夫链具有**遍历性**.

定理 5.22　对有限状态的马尔可夫链 $\{X_n,n\geq 0\}$，如果存在一个正整数 m，使得对任意状态 $i,j\in I$，$p_{ij}^{(m)}>0$，则此马尔可夫链是遍历链（Ergodic markov chain）.

证明：由 C-K 方程，有

$$p_{ij}^{(n)}=\sum_{k\in I}p_{ik}p_{kj}^{(n-1)}.$$

记 $a_j^{(n)}$ 为经过 n 步到达状态 j 的转移概率的最小值，$b_j^{(n)}$ 为经过 n 步到达状态 j 的转移概率的最大值，则有

$$p_{ij}^{(n)}\geqslant\sum_{k\in I}p_{ik}a_j^{(n-1)}=a_j^{(n-1)},$$

从而 $a_j^{(n)}\geqslant a_j^{(n-1)}$，即序列 $\{a_j^{(n)}\}$ 为非减序列. 同理

$$p_{ij}^{(n)}\leqslant\sum_{k\in I}p_{ik}b_j^{(n-1)}=b_j^{(n-1)}$$

知 $b_j^{(n)} \le b_j^{(n-1)}$，即序列 $\{b_j^{(n)}\}$ 为非增序列.

由于序列 $\{a_j^{(n)}\}$ 和 $\{b_j^{(n)}\}$ 都有界（在 $[0,1]$ 之间），故当 $n \to \infty$ 时，两个序列的极限都存在. 下面证明两极限相等.

记 $a_j^{(n)} = p_{sj}^{(n)}$，$b_j^{(n-m)} = p_{rj}^{(n-m)}$，这里状态 $s, r \in I$，则有

$$a_j^{(n)} = p_{sj}^{(n)} = \sum_{k \in I} p_{sk}^{(m)} p_{kj}^{(n-m)} = p_{sr}^{(m)} p_{rj}^{(n-m)} + \sum_{k \ne r, k \in I} p_{sk}^{(m)} p_{kj}^{(n-m)}$$

$$= \varepsilon b_j^{(n-m)} + (p_{sr}^{(m)} - \varepsilon) p_{rj}^{(n-m)} + \sum_{k \ne r, k \in I} p_{sk}^{(m)} p_{kj}^{(n-m)}$$

$$\ge \varepsilon b_j^{(n-m)} + (p_{sr}^{(m)} - \varepsilon) a_j^{(n-m)} + \sum_{k \ne r, k \in I} p_{sk}^{(m)} a_j^{(n-m)}$$

$$= \varepsilon b_j^{(n-m)} + (1 - \varepsilon) a_j^{(n-m)},$$

其中 $0 < \varepsilon < p_{sr}^{(m)}$，同理可得 $b_j^{(n)} \le \varepsilon a_j^{(n-m)} + (1 - \varepsilon) b_j^{(n-m)}$，故有

$$b_j^{(n)} - a_j^{(n)} \le (1 - 2\varepsilon)(b_j^{(n-m)} - a_j^{(n-m)}).$$

递推得

$$b_j^{(n)} - a_j^{(n)} \le (1 - 2\varepsilon)^k (b_j^{(h)} - a_j^{(h)}),$$

这里 $n = km + h$，$0 \le h < m$，因此当 $n \to \infty$ 时，$k \to \infty$. 故有 $b_j^{(n)} - a_j^{(n)} \to 0$. 记 $\lim_{n \to \infty} b_j^{(n)} = \lim_{n \to \infty} a_j^{(n)} = \pi_j$，由 $a_j^{(n)} \le p_{ij}^{(n)} \le b_j^{(n)}$ 得 $\lim_{n \to \infty} p_{ij}^{(n)} = \pi_j$.

【例 5.19】 设齐次马尔可夫链 $\{X_n, n \ge 0\}$ 的状态空间 $I = \{1, 2, 3\}$，其转移矩阵为

$$\boldsymbol{P} = \begin{pmatrix} 1/3 & 2/3 & 0 \\ 1/3 & 0 & 2/3 \\ 0 & 1/3 & 2/3 \end{pmatrix},$$

试证此链具有遍历性，并求出平稳分布及平均返回时间.

证明：两步转移概率

$$\boldsymbol{P}^2 = \begin{pmatrix} 1/3 & 2/3 & 0 \\ 1/3 & 0 & 2/3 \\ 0 & 1/3 & 2/3 \end{pmatrix} \begin{pmatrix} 1/3 & 2/3 & 0 \\ 1/3 & 0 & 2/3 \\ 0 & 1/3 & 2/3 \end{pmatrix} = \begin{pmatrix} 1/3 & 2/9 & 4/9 \\ 1/9 & 4/9 & 4/9 \\ 1/9 & 2/9 & 2/3 \end{pmatrix},$$

因为对任意的 $i, j \in I$，都有 $p_{ij}^{(2)} > 0$，故此马尔可夫链具有遍历性.

设平稳分布为 $\boldsymbol{\pi}^{\mathrm{T}} = (\pi_1, \pi_2, \pi_3)$，则由 $\boldsymbol{\pi}^{\mathrm{T}} = \boldsymbol{\pi}^{\mathrm{T}} \boldsymbol{P}$ 及 $\boldsymbol{\pi}$ 为概率分布可得

$$\begin{cases} \pi_1 = \dfrac{1}{3}\pi_1 + \dfrac{1}{3}\pi_2, \\[2mm] \pi_2 = \dfrac{2}{3}\pi_1 + \dfrac{1}{3}\pi_3, \\[2mm] \pi_3 = \dfrac{2}{3}\pi_2 + \dfrac{2}{3}\pi_3, \\[2mm] \pi_1 + \pi_2 + \pi_3 = 1. \end{cases}$$

解这个方程组得平稳分布 $(\pi_1, \pi_2, \pi_3) = \left(\dfrac{1}{7}, \dfrac{2}{7}, \dfrac{4}{7}\right)$. 各状态的平均返回时间为

$$\mu_1 = \frac{1}{\pi_1} = 7, \quad \mu_2 = \frac{1}{\pi_2} = 3.5, \quad \mu_3 = \frac{1}{\pi_3} = 1.75.$$

【例 5.20】 设齐次马尔可夫链的转移概率矩阵为

$$P = \begin{pmatrix} 1 & 0 \\ 0 & 1 \end{pmatrix},$$

讨论此马尔可夫链的遍历性，并求平稳分布.

解：设此马尔可夫链的状态空间为 $I = \{0, 1\}$，两个状态都是吸收态，状态空间可分解为两个闭集之和 $I = \{0\} + \{1\}$，因此不是不可约马尔可夫链.

$$P = \begin{pmatrix} 1 & 0 \\ 0 & 1 \end{pmatrix} = P^2 = \cdots = P^n = P^{(n)},$$

两个状态都是非周期的，但是

$$\lim_{n \to \infty} p_{11}^{(n)} = 1 \neq \lim_{n \to \infty} p_{21}^{(n)} = 0,$$

$$\lim_{n \to \infty} p_{22}^{(n)} = 1 \neq \lim_{n \to \infty} p_{12}^{(n)} = 0,$$

因此此链不是遍历链. 由 $\boldsymbol{\pi}^{\mathrm{T}} = \boldsymbol{\pi}^{\mathrm{T}} P$ 得$[\boldsymbol{\pi}^{\mathrm{T}} = (\pi_0, \pi_1)]$

$$\begin{cases} \pi_0 = \pi_0, \\ \pi_1 = \pi_1, \\ \pi_0 + \pi_1 = 1. \end{cases}$$

此方程组有无穷多解. 因此，此马尔可夫链的平稳分布是存在的，且有无穷多个.

判断平稳分布是否唯一的方法是：看其基本正常返闭集是否唯一.

5.5　马尔可夫链应用模型——钢琴库存量

本节给出马尔可夫链在实际问题中的一个应用，这里采用建模的思想，采取的步骤也是建模的过程，最后给出了敏感性分析.

【例 5.21】（钢琴销售的存储策略）

像钢琴这样的奢侈品销售量很小，商店里一般不会有大的库存量，库存量大会积压资金. 一家商店根据以往的经验，平均每周销售出 1 架钢琴. 现在制定的策略是，每周周末检查库存量，仅当库存量为 0 时，使下周的库存量达到 3 架；否则不订购. 建立一个马尔可夫链模型，计算稳定状态下失去销售机会的概率和每周的平均销售量.

1. 问题分析

对于钢琴这种商品的销售，顾客的到来是相互独立的，在服务系统中通常认为需求量近似地服从泊松分布，其参数值可以由均值为每周销售 1 架钢琴得到，由此可以推算出不同需求量的概率.

　　周末的库存量可能是 0、1、2、3 架，而周初的库存量可能是 1、2、3 这三种状态，每周不同的需求量将导致周初库存的变化，于是可以用马尔可夫链来描述这个过程.

　　当需求量超过库存量时就会失去销售机会，可以计算这种情况下发生的概率.

　　在动态过程中，这个概率每周是不同的，每周的销售量也是不同的，通常采用的办法是在时间充分长以后，按稳定状态情况进行分析、计算失去销售机会的概率和每周的平均销售量.

2. 模型假设

1）钢琴每周的需求量服从泊松分布，均值为 1.

2）存储策略：

（1）当周末库存量为 0 时，订购，使下周库存达到 3 架，周初到货；

（2）否则，不订购.

3）以每个周期的库存量作为状态变量，状态转移具有无后效性.

4）在稳态情况下计算该存储策略失去销售机会的概率和每周的平均销售量.

3. 符号说明

D_n：第 n 周的需求量

S_n：第 n 周初的库存量

P：状态转移矩阵

p_{ij}：状态转移概率

π：稳态概率分布

π_j：稳态概率

R_n：第 n 周的平均销售量

4. 模型建立

　　根据钢琴每周的需求量服从泊松分布，均值为 1，故第 n 周需求量 D_n 服从参数 $\lambda = 1$ 的泊松分布：

$$P\{D_n = k\} = \frac{\lambda^k}{k!}e^{-\lambda} = \frac{e^{-1}}{k!}, k = 0, 1, 2, \cdots \qquad (5.37)$$

当 k 分别等于 0,1,2,3 时，相应的概率分别是

$$P\{D_n = 0\} = e^{-1} = 0.3679, \quad P\{D_n = 1\} = 1 \cdot e^{-1} = 0.3679,$$

$$P\{D_n = 2\} = \frac{e^{-1}}{2!} = 0.1839, \quad P\{D_n = 3\} = \frac{e^{-1}}{3!} = 0.0613,$$

因此，

$$P\{D_n > 3\} = 1 - P\{D_n \le 3\} = 1 - 2 \times 0.3679 - 0.1839 - 0.0613 = 0.0190.$$

　　第 n 周初库存量为 S_n，$S_n \in \{1, 2, 3\}$，由于存储策略是：当周末库存量为 0 时订购，使下周库存达到 3 架，周初到货；否则不订购. 则状态转移规律为

$$S_{n+1} = \begin{cases} S_n - D_n, & D_n < S_n \\ 3, & D_n \ge S_n \end{cases}. \qquad (5.38)$$

由此计算出转移概率

$$p_{11} = P\{S_{n+1} = 1 \mid S_n = 1\} = P\{D_n = 0\} = 0.3679,$$

$$p_{12} = P\{S_{n+1} = 2 \mid S_n = 1\} = 0,$$

$$p_{13} = P\{S_{n+1} = 3 \mid S_n = 1\} = P\{D_n \geq 1\} = 1 - 0.3679 = 0.6321$$

$$p_{21} = P\{S_{n+1} = 1 \mid S_n = 2\} = P\{D_n = 1\} = 0.3679,$$

$$p_{22} = P\{S_{n+1} = 2 \mid S_n = 2\} = P\{D_n = 0\} = 0.3679,$$

$$p_{23} = P\{S_{n+1} = 3 \mid S_n = 2\} = P\{D_n \geq 2\} = 0.2642,$$

$$p_{31} = P\{S_{n+1} = 1 \mid S_n = 3\} = P\{D_n = 2\} = 0.1839,$$

$$p_{32} = P\{S_{n+1} = 2 \mid S_n = 3\} = P\{D_n = 1\} = 0.3679,$$

$$p_{33} = P\{S_{n+1} = 3 \mid S_n = 3\} = P\{D_n = 0\} + P\{D_n \geq 3\} = 0.4482.$$

转移概率矩阵为

$$\boldsymbol{P} = \begin{pmatrix} p_{11} & p_{12} & p_{13} \\ p_{21} & p_{22} & p_{23} \\ p_{31} & p_{32} & p_{33} \end{pmatrix} = \begin{pmatrix} 0.3679 & 0 & 0.6321 \\ 0.3679 & 0.3679 & 0.2642 \\ 0.1839 & 0.3679 & 0.4482 \end{pmatrix}.$$

根据定理 5.22，转移矩阵 $\boldsymbol{P}^2 > 0$（$\boldsymbol{P}^2$ 中每个元素都大于 0，即所有两步转移矩阵都大于 0），则周初库存量 $S_n \in \{1,2,3\}$ 是正则链。记 $\boldsymbol{\pi} = (\pi_1, \pi_2, \pi_3)^{\mathrm{T}}$ 为平稳分布，则由 $\boldsymbol{\pi}^{\mathrm{T}} = \boldsymbol{\pi}^{\mathrm{T}} \boldsymbol{P}$ 知

$$\begin{cases} \pi_1 = 0.3679\pi_1 + 0.3679\pi_2 + 0.1839\pi_3 \\ \pi_2 = \phantom{0.3679\pi_1 +{}} 0.3679\pi_2 + 0.3679\pi_3, \\ \pi_3 = 0.6321\pi_1 + 0.2642\pi_2 + 0.4482\pi_3 \end{cases}$$

解得 $\boldsymbol{\pi} = (0.2847, 0.2632, 0.4521)^{\mathrm{T}}$.

此存储策略下第 n 周失去销售机会的概率为 $P\{D_n > S_n\}$. 由全概率公式

$$P\{D_n > S_n\} = \sum_{i=1}^{3} P\{D_n > i \mid S_n = i\} \cdot P\{S_n = i\},$$

其中 $P\{S_n = i\}, i = 1,2,3$ 取平稳分布，$P\{D_n > i \mid S_n = i\}, i = 1,2,3$ 可根据 D_n 的分布式(5.37)求出：

$$P\{D_n > 1 \mid S_n = 1\} = P\{D_n \geq 2\} = 0.2642,$$

$$P\{D_n > 2 \mid S_n = 2\} = P\{D_n \geq 3\} = 0.0803,$$

$$P\{D_n > 3 \mid S_n = 3\} = P\{D_n \geq 4\} = 0.0190.$$

因此有

$$P\{D_n > S_n\} = 0.2642 \times 0.2847 + 0.0803 \times 0.2632 + 0.0190 \times 0.4521 = 0.1049.$$

即从长期来看，失去销售机会的可能性大约为 10%.

在计算该存储策略（第 n 周）的平均销售量 R_n 时，应该注意到当需求量 D_n 超过库存量 S_n 时只能销售掉库存量，于是由条件期望公式有

$$R_n = \sum_{i=1}^{3} E[D_n \mid S_n = i] \cdot P\{S_n = i\}$$

$$= \sum_{i=1}^{3} \left[\sum_{j=1}^{i-1} jP\{D_n = j \mid S_n = i\} + iP\{D_n \geq i \mid S_n = i\} \right] P\{S_n = i\}$$

$$= 1 \times 0.6321 \times 0.2847 + [1 \times 0.3679 + 2 \times 0.2642] \times 0.2632 +$$

$$[1 \times 0.3679 + 2 \times 0.1839 + 3 \times 0.0803] \times 0.4521$$

$$= 0.8573 .$$

即从长期来看，每周的平均销售量为 0.8573 架.

5．敏感性分析

这个模型用到的唯一原始数据是平均每天售出 1 架钢琴，根据上面求出的结果，发现这个数值会有波动，为了计算当平均需求在 1 附近波动时，最终结果有多大变化，需要计算参数 λ 在 1 附近变化时对失去销售机会的概率的影响及平均销售量的影响有多大，即进行敏感性分析.

设第 n 周需求量 D_n 服从参数为 λ 的泊松分布：

$$P\{D_n = k\} = \frac{\lambda^k}{k!} \mathrm{e}^{-\lambda}, k = 0, 1, 2, \cdots,$$

则第 n 周初库存量 S_n 的转移概率矩阵为

$$\boldsymbol{P} = \begin{pmatrix} \mathrm{e}^{-\lambda} & 0 & 1 - \mathrm{e}^{-\lambda} \\ \lambda \mathrm{e}^{-\lambda} & \mathrm{e}^{-\lambda} & 1 - (1+\lambda)\mathrm{e}^{-\lambda} \\ \dfrac{\lambda^2}{2} \mathrm{e}^{-\lambda} & \lambda \mathrm{e}^{-\lambda} & 1 - \lambda(1 + \lambda/2)\mathrm{e}^{-\lambda} \end{pmatrix}.$$

取 λ 的值在 1 附近波动，如 0.8、0.9、1、1.1、1.2，观察第 n 周失去销售机会的概率 $P\{D_n > S_n\}$，计算公式为

$$P\{D_n > S_n\} = \sum_{i=1}^{3} P\{D_n > i \mid S_n = i\} \cdot P\{S_n = i\},$$

其中 $P\{S_n = i\}, i = 1, 2, 3$ 取平稳分布 $\boldsymbol{\pi}^{\mathrm{T}} = \boldsymbol{\pi}^{\mathrm{T}} \boldsymbol{P}$，

$$P\{D_n > 1 \mid S_n = 1\} = P\{D_n \geq 2\} = 1 - (1+\lambda)\mathrm{e}^{-\lambda},$$

$$P\{D_n > 2 \mid S_n = 2\} = P\{D_n \geq 3\} = 1 - (1 + \lambda + \lambda^2/2)\mathrm{e}^{-\lambda},$$

$$P\{D_n > 3 \mid S_n = 3\} = P\{D_n \geq 4\} = 1 - (1 + \lambda + \lambda^2/2 + \lambda^3/6)\mathrm{e}^{-\lambda}.$$

因此有如下结果：

λ	0.8	0.9	1	1.1	1.2
$P\{D_n > S_n\}$	0.0733	0.0888	0.1049	0.1217	0.1389

图像如图 5.4 所示. 即当平均需求增加或减少 10%时，失去销售机会的概率将增加或减少约 15%，这是可以接受的.

同样对每周的平均销售量也可做类似的敏感性分析，请感兴趣的读者自己验证.

参数λ在1附近变化时对失去销售机会的概率的影响

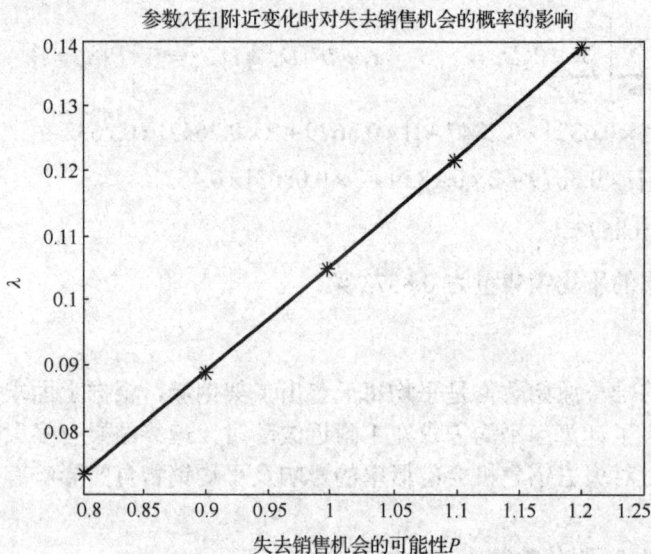

图 5.4　参数 λ 在 1 附近变化时对失去销售机会的概率的影响

习　题　五

5.1　设一质点在线段[1, 5]上随机游动，状态空间 $I = \{1, 2, 3, 4, 5\}$，每秒钟发生一次随机游动，移动的规则是：

（1）若移动前在 2, 3, 4 处，则均以概率 1/3 向左或向右移动一单位，或停留在原处；

（2）若移动前在 1 处，则以概率 1 移到 2 处；

（3）若移动前在 5 处，则以概率 1 移到 4 处．

用 X_n 表示在时刻 n 的质点位置，则 $\{X_n, n \geq 0\}$ 是一个有限齐次马尔可夫链，试写出一步转移矩阵．

5.2　设 $\{X_n\}$ 是一列独立取离散值的随机变量，$Y_n = \sum_{k=1}^{n} X_k$，证明 $\{Y_n, n \geq 1\}$ 是一马尔可夫链．

5.3　设 $\{X(t), t \in T\}$ 为一随机过程，且

$$X_1 = X(t_1), X_2 = X(t_2), \cdots, X_n = X(t_n), \cdots$$

为独立同分布随机变量序列，令

$$Y_0 = 0, Y_1 = Y(t_1) = X_1, Y_n + cY_{n-1} = X_n, n \geq 2,$$

证明 $\{Y_n, n \geq 0\}$ 是马尔可夫链．

5.4　设 $\{X_n, n \geq 0\}$ 为马尔可夫链，证明

$$P\{X_{n+1} = i_{n+1}, X_{n+2} = i_{n+2}, \cdots, X_{n+m} = i_{n+m} \mid X_0 = i_0, X_1 = i_1, \cdots, X_n = i_n\}$$
$$= P\{X_{n+1} = i_{n+1}, X_{n+2} = i_{n+2}, \cdots, X_{n+m} = i_{n+m} \mid X_n = i_n\}$$

5.5　（赌徒破产问题）设赌徒开始时有资本 i 元，各次赌博都是相互独立的，每赌一局输或赢 1 元．设在每一局中，赌徒赢的概率为 p，输的概率为 $q = 1-p$，写出赌徒资本的转移概率矩阵，并求赌徒的资本在到达 0 之前先到达 N 的概率．

5.6 设今日有雨明日也有雨的概率是 0.7，今日无雨明日有雨的概率是 0.5，求星期一有雨、星期三也有雨的概率.

5.7 直线上带反射壁的随机游动，如果质点只能取 1、2、3 三个点，一步转移概率矩阵为

$$P = \begin{pmatrix} 0 & 1 & 0 \\ q & 0 & p \\ 0 & 1 & 0 \end{pmatrix},$$

其中 $0 < p < 1$，$q = 1 - p$，求二步转移概率矩阵和三步转移概率矩阵. 并给出 n 步转移概率矩阵的表达式.

5.8 已知马尔可夫链 $\{X_n, n \geq 0\}$ 的状态空间 $I = \{1, 2, 3\}$，其一步转移矩阵为

$$P = \begin{pmatrix} 1/2 & 1/2 & 0 \\ 0 & 1/2 & 1/2 \\ 1/2 & 0 & 1/2 \end{pmatrix},$$

求 3 步转移概率矩阵 $P^{(3)}$ 及当初始分布为 $\{0,0,1\}$ 时，经过 3 步转移后处于状态 3 的概率.

5.9 已知马尔可夫链 $\{X_n, n = 0,1,2,\cdots\}$ 的状态空间，$I = \{1,2,3,4\}$，转移概率矩阵

$$P = \begin{pmatrix} 1/4 & 1/4 & 1/4 & 1/4 \\ 0 & 0 & 1 & 0 \\ 0 & 0 & 0 & 1 \\ 1 & 0 & 0 & 0 \end{pmatrix},$$

试对其状态分类，并求平稳分布.

5.10 讨论下列各转移概率矩阵的马尔可夫链的状态分类，并求其平稳分布.

（1）$\begin{pmatrix} 0 & 1 \\ 1 & 0 \end{pmatrix}$　　　　（2）$\begin{pmatrix} 1 & 0 \\ 1 & 0 \end{pmatrix}$　　　　（3）$\begin{pmatrix} 1 & 0 \\ 0 & 1 \end{pmatrix}$

（4）$\begin{pmatrix} 1/2 & 1/2 \\ 1 & 0 \end{pmatrix}$　　　（5）$\begin{pmatrix} 1/2 & 1/2 \\ 0 & 1 \end{pmatrix}$　　　（6）$\begin{pmatrix} 1/2 & 1/2 & 0 & 0 \\ 1 & 0 & 0 & 0 \\ 0 & 0 & 1/3 & 2/3 \\ 0 & 0 & 0 & 1 \end{pmatrix}$

5.11 设马尔可夫链的状态空间 $I = \{1, 2, 3, 4\}$，转移矩阵为

$$P = \begin{pmatrix} 1 & 0 & 0 & 0 \\ 0 & 1 & 0 & 0 \\ 1/3 & 2/3 & 0 & 0 \\ 1/4 & 1/4 & 0 & 1/2 \end{pmatrix},$$

求其闭集.

5.12 若 $f_{ii} < 1$，$f_{jj} < 1$，证明：

（1）$\sum_{n=1}^{\infty} p_{ij}^{(n)} < \infty$；

（2）$f_{ij} = \dfrac{\sum\limits_{n=1}^{\infty} p_{ij}^{(n)}}{1 + \sum\limits_{n=1}^{\infty} p_{jj}^{(n)}}$.

5.13 设一只蚂蚁在直线上爬行，原点处一只蜘蛛在等待捕食，N 处有一个挡板，蚂蚁爬到 N 后只好返回. 设蚂蚁向左和向右爬行的概率分别为 p 和 $q=1-p$，证明蚂蚁被吃掉的概率为 1.

5.14 设马尔可夫链 $\{X_n, n \geq 0\}$ 的转移概率矩阵为

$$\boldsymbol{P} = \begin{pmatrix} 0 & 1 & 0 & \cdots & \cdots & \cdots \\ q_1 & 0 & p_1 & 0 & \cdots & \cdots \\ 0 & q_2 & 0 & p_2 & 0 & \cdots \\ \cdots & \cdots & \cdots & \cdots & \cdots & \cdots \end{pmatrix},$$

求它的平稳分布.

5.15 将两个红球、四个白球分别放入甲、乙两个盒子中. 每次从两个盒子中各取一球交换，记 X_n 为第 n 次交换后甲盒中的红球数.

（1）说明 $\{X_n, n=0,1,\cdots\}$ 是一个马尔可夫链，并求其转移概率矩阵；

（2）证明 $\{X_n, n=0,1,\cdots\}$ 是遍历的；

（3）求极限分布.

第6章 连续时间的马尔可夫链

前一章讨论的是时间和状态都是离散的马尔可夫过程,本章将介绍另一种马尔可夫过程,它的状态空间仍然是离散的，但是时间是连续的，称为连续时间的马尔可夫链，它与离散时间的马尔可夫链一样，由马尔可夫性刻画，即已知现在的状态时，将来与过去条件独立.

6.1 连续时间的马尔可夫链的基本概念

6.1.1 定义

定义 6.1 设随机过程 $\{X(t), t \geq 0\}$ 的状态空间 $I = \{0,1,2,\cdots\}$，若对任意 $n+1$ 个时刻 $0 \leq t_1 < t_2 < \cdots < t_{n+1}$，及任意状态 $i_1, \cdots, i_n, i_{n+1} \in I$，有

$$P\{X(t_{n+1}) = i_{n+1} \mid X(t_n) = i_n, X(t_{n-1}) = i_{n-1}, \cdots, X(t_1) = i_1\}$$
$$= P\{X(t_{n+1}) = i_{n+1} \mid X(t_n) = i_n\}, \tag{6.1}$$

则称 $\{X(t), t\} \geq 0$ 为**连续时间的马尔可夫链**，也称为**时间连续、状态离散的马尔可夫过程**.

由定义知，连续时间马尔可夫链是具有马尔可夫性的随机过程，即过程在已知现在时刻 t_n 及过去时刻所处的状态的条件下，将来时刻 t_{n+1} 的状态只依赖于现在的状态而与过去无关.

将条件概率 $P\{X(t_{n+1}) = i_{n+1} \mid X(t_n) = i_n\}$ 记为 $p_{i_i i_{n+1}}(t_n, t_{n+1} - t_n)$. 一般情况下，如果状态 $i, j \in I$，时间为 s 和 t，则记

$$P\{X(t+s) = j \mid X(s) = i\} = p_{ij}(s,t), \tag{6.2}$$

它表示系统在时刻 s 处于状态 i，经过 t 时间后转移到状态 j 的转移概率.

定义 6.2 如果连续时间的马尔可夫链 $\{X(t), t \geq 0\}$ 的转移概率 $p_{ij}(s,t)$ 与起始时刻 s 无关，则称连续时间的马尔可夫链具有**平稳**或**齐次的转移概率**. 称连续时间的马尔可夫链是**齐次的**. 记为

$$p_{ij}(s,t) = p_{ij}(t).$$

相应的转移概率矩阵为

$$\boldsymbol{P}(t) = (p_{ij}(t)).$$

本章只考虑齐次的连续时间的马尔可夫链，并简称为连续时间的马尔可夫链.

对于连续时间的马尔可夫链，除了要考虑在某一时刻它将处于什么状态，还要考虑它离开这个状态之前会停留多长时间，由于它具有马尔可夫性，因此这个"停留时间"具有"无记忆性"，即过程在时刻 s 处于状态 i 的条件下，在区间 $[s, s+t]$ 中仍然处于状态 i 的概率正是它处于状态 i 至少 t 个单位时间的（无条件）概率. 记 τ_i 为过程在转移到另一状态之前停留在状态 i 的时间，则对一切时间 s 和 t，有

$$P\{\tau_i > s+t \mid \tau_i > s\} = P\{\tau_i > t\}. \qquad (6.3)$$

因此，随机变量 τ_i 具有无记忆性，服从指数分布.

定理 6.1 设 $\{X(t), t \geq 0\}$ 是连续时间的马尔可夫链，假定在时刻 0 过程刚到达 i（$i \in I$），记 τ_i 为过程在转移到另一状态之前停留在状态 i 的时间，则 τ_i 服从指数分布.

证明：只需证式（6.3）成立. 注意到

$$\{\tau_i > s\} \Leftrightarrow \{X(u) = i, 0 < u \leq s \mid X(0) = i\},$$

$$\{\tau_i > s+t\} \Leftrightarrow \{X(u) = i, 0 < u \leq s, X(v) = i, s < v \leq s+t \mid X(0) = i\}.$$

则有

$$P\{\tau_i > s+t \mid \tau_i > s\}$$

$$= P\{X(u) = i, 0 < u \leq s, X(v) = i, s < v \leq s+t \mid X(u) = i, 0 \leq u \leq s\}$$

$$= P\{X(v) = i, s < v \leq s+t \mid X(s) = i\} \qquad （马尔可夫性）$$

$$= P\{X(u) = i, 0 < u \leq t \mid X(0) = i\} \qquad （平稳性）$$

$$= P\{\tau_i > t\}.$$

连续时间的马尔可夫链的马尔可夫性和离散时间的马尔可夫链的马尔可夫性在形式上是相同的，因此有许多与离散时间的马尔可夫链类似的结论.

定理 6.2 连续时间的马尔可夫链 $\{X(t), t \geq 0\}$ 的状态空间为 I，转移概率 $p_{ij}(t)$ 对任意 $i, j \in I$ 和 $t > 0$，$\tau > 0$ 满足

（1）$p_{ij}(t) \geq 0$；

（2）$\displaystyle\sum_{j \in I} p_{ij}(t) = 1$；

（3）$\displaystyle p_{ij}(t+\tau) = \sum_{k \in I} p_{ik}(t) p_{kj}(\tau)$.（C-K 方程）   (6.4)

证明：只证 C-K 方程.

$$p_{ij}(t+\tau) = P\{X(t+\tau) = j \mid X(0) = i\}$$

$$= \sum_{k \in I} P\{X(t+\tau) = j, X(t) = k \mid X(0) = i\}$$

$$= \sum_{k \in I} P\{X(t+\tau) = j \mid X(t) = k, X(0) = i\} P\{X(t) = k \mid X(0) = i\}$$

$$= \sum_{k \in I} P\{X(t+\tau) = j \mid X(t) = k\} P\{X(t) = k \mid X(0) = i\} \qquad （马尔可夫性）$$

$$= \sum_{k \in I} p_{ik}(t) p_{kj}(\tau).$$

对于转移概率 $p_{ij}(t)$，一般还假定它满足

$$\lim_{t \to 0^+} p_{ij}(t) = p_{ij}(0) = \delta_{ij} = \begin{cases} 1, & i = j, \\ 0, & i \neq j, \end{cases} \qquad (6.5)$$

称式（6.5）为**正则条件**或**连续性条件**. 正则条件表明过程在概率 1 的意义下，任意有限长度

时间内转移的次数是有限的，或者说过程刚进入一个状态又立刻离开这个状态是不可能的.

定义 6.3　设 $\{X(t), t \geq 0\}$ 为连续时间的马尔可夫链，称

$$p_j(0) = P\{X_0 = j\}, \quad j \in I$$

为初始概率分布；称

$$p_j(t) = P\{X_t = j\}, \quad j \in I$$

为绝对概率分布.

定理 6.3　连续时间的马尔可夫链的绝对概率和有限维概率分布有如下性质：

（1）$p_j(t) \geq 0$；

（2）$\displaystyle\sum_{j \in I} p_j(t) = 1$；

（3）$p_j(t) = \displaystyle\sum_{k \in I} p_k(0) p_{kj}(t)$；

（4）$p_j(t + \tau) = \displaystyle\sum_{k \in I} p_k(t) p_{kj}(\tau)$；　　　　　　　　　　　　　（6.6）

（5）对任意 $0 = t_0 < t_1 < \cdots < t_n$，$i_1, \cdots, i_n \in I$，有

$$P\{X(t_1) = i_1, \cdots, X(t_n) = i_n\} = \sum_{k \in I} p_k(0) p_{k i_1}(t_1 - t_0) \cdots p_{i_{n-1} i_n}(t_n - t_{n-1}).\quad(6.7)$$

【例 6.1】　记 $\boldsymbol{P}(t) = \big(p_{ij}(t)\big)$ 为连续时间的马尔可夫链 $\{X(t), t \geq 0\}$ 的转移概率矩阵，则有

$$\boldsymbol{P}(t + s) = \boldsymbol{P}(t)\boldsymbol{P}(s).\quad(6.8)$$

式（6.8）是 C-K 方程的矩阵形式.

证明：由 C-K 方程式（6.4），可知对任意 $i, j \in I$ 和 $t, s > 0$，有

$$p_{ij}(t + s) = \sum_{k \in I} p_{ik}(t) p_{kj}(s)$$

等号左边是转移概率矩阵 $\boldsymbol{P}(t + s)$ 的第 i 行第 j 列元素，而等号右边的式子是矩阵 $\boldsymbol{P}(t)$ 的第 i 行与矩阵 $\boldsymbol{P}(s)$ 的第 j 列的乘积. 得证.

【例 6.2】　设连续时间的独立增量过程 $\{X(t), t \geq 0\}$ 的状态空间为 $I = \{0, 1, 2, \cdots\}$，且 $X(0) = 0$. 证明 $\{X(t), t \geq 0\}$ 是一个连续时间的马尔可夫链.

证明：只需验证马尔可夫性. 对任意 $0 \leq t_1 < t_2 < \cdots < t_{n+1}$，及任意状态 $i_1, \cdots, i_n, i_{n+1} \in I$，一方面，有

$$P\{X(t_{n+1}) = i_{n+1} \mid X(t_n) = i_n, X(t_{n-1}) = i_{n-1}, \cdots, X(t_1) = i_1\}$$
$$= P\{X(t_{n+1}) - X(t_n) = i_{n+1} - i_n \mid X(t_n) - X(t_{n-1}) = i_n - i_{n-1}, \cdots,$$
$$X(t_n) - X(t_{n-1}) = i_n - i_{n-1}, X(t_1) - X(0) = i_1\}$$
$$= P\{X(t_{n+1}) - X(t_n) = i_{n+1} - i_n\}, \quad\quad\quad\quad（独立增量）$$

另一方面，

$$P\{X(t_{n+1}) = i_{n+1} \mid X(t_n) = i_n\}$$
$$= P\{X(t_{n+1}) - X(t_n) = i_{n+1} - i_n \mid X(t_n) - X(0) = i_n\}$$
$$= P\{X(t_{n+1}) - X(t_n) = i_{n+1} - i_n\}. \quad\quad\quad\quad（独立增量）$$

因此有

$$P\{X(t_{n+1}) = i_{n+1} \mid X(t_n) = i_n, X(t_{n-1}) = i_{n-1}, \cdots, X(t_1) = i_1\}$$
$$= P\{X(t_{n+1}) = i_{n+1} \mid X(t_n) = i_n\}.$$

6.1.2 泊松过程是连续时间的齐次马尔可夫链

$\{N(t), t \geq 0\}$ 是一个参数为 λ 的泊松过程，由于具有独立增量，所以 $N(t)$ 是一个连续时间的马尔可夫链，下面验证它是齐次的．

泊松过程的状态空间 $I = \{0, 1, 2, \cdots\}$，当 $i, j \in I$，且 $i \leq j$ 时，转移概率 $p_{ij}(s, t)$ 正是在时刻 s 与 $s+t$ 之间这段时间内事件发生 $j - i$ 次的概率，于是有

$$p_{ij}(s, t) = \frac{(\lambda t)^{j-i}}{(j-i)!} e^{-\lambda t}, \quad \lambda > 0.$$

当 $i > j$ 时，由于泊松过程的增量只取非负整数值，故 $p_{ij}(s, t) = 0$．所以转移概率为

$$p_{ij}(s, t) = \begin{cases} \dfrac{(\lambda t)^{j-i}}{(j-i)!} e^{-\lambda t}, & i \leq j, \\ 0. & i > j. \end{cases}$$

转移概率 $p_{ij}(s, t) = p_{ij}(t)$ 与起始时刻 s 无关，故泊松过程是连续时间的齐次马尔可夫链．

容易看出转移概率 $p_{ij}(t)$ 是连续函数，在 $t = 0$ 时有右导数，定义

$$q_{ij} = p_{ij}'(0) = \begin{cases} -\lambda, & j = i \\ \lambda, & j = i+1. \\ 0, & \text{其他} \end{cases}$$

由于泊松过程在状态 i 的停留时间服从指数分布，其均值 $\dfrac{1}{\lambda}$ 是在状态 i 停留的平均时间．λ 越大，泊松过程由 i 向 $i+1$ 转移得越快．于是称 λ 为状态 i 的转移速率或强度．这样 $p_{i,i+1}'(0) = q_{i,i+1} = \lambda$ 表明从状态 i 出发，下一步向 $i+1$ 转移的速率是 λ．对于 j 不等于 i 和 $i+1$，$p_{ij}'(0) = q_{ij} = 0$ 表明从状态 i 出发，下一步向 j 转移的速率是 0，即 i 不会转向 j．称 $p_{ii}'(0) = q_{ii} = -\lambda$ 为停留在 i 的速率．记

$$\boldsymbol{Q} = (q_{ij}) = \begin{pmatrix} -\lambda & \lambda & 0 & 0 & 0 & \cdots \\ 0 & -\lambda & \lambda & 0 & 0 & \cdots \\ 0 & 0 & -\lambda & \lambda & 0 & \cdots \\ \cdots & \cdots & \cdots & \cdots & \cdots & \cdots \end{pmatrix}, \tag{6.9}$$

称矩阵 $\boldsymbol{Q}$ 为泊松过程 $\{N(t), t \geq 0\}$ 的转移速率矩阵或转移强度矩阵，简称 $\boldsymbol{Q}$ 矩阵．

6.2 柯尔莫哥洛夫微分方程

对于一个离散时间的齐次马尔可夫链，如果知道其转移概率矩阵 $\boldsymbol{P} = (p_{ij})$，则可以方便

地求出其 n 步转移概率矩阵. 而对于一个连续时间的马尔可夫链, 转移概率 $p_{ij}(t)$ 的求解一般比较复杂. 下面先讨论转移概率 $p_{ij}(t)$ 的一些性质.

定理 6.4 连续时间的齐次马尔可夫链满足正则条件, 则对任意的 $i,j \in I$, 转移概率 $p_{ij}(t)$ 是 t 的一致连续函数.

证明: 只要证明对任意的 $t>0$, 当 $t+h>0$ 时, $\lim\limits_{h \to 0} |p_{ij}(t+h) - p_{ij}(t)| = 0$ 即可.

当 $h>0$ 时, 由 C-K 方程,

$$p_{ij}(t+h) - p_{ij}(t) = \sum_{k \in I} p_{ik}(h) p_{kj}(t) - p_{ij}(t)$$

$$= \sum_{k \neq i} p_{ik}(h) p_{kj}(t) + p_{ii}(h) p_{ij}(t) - p_{ij}(t)$$

$$= \sum_{k \neq i} p_{ik}(h) p_{kj}(t) - (1 - p_{ii}(h)) p_{ij}(t).$$

一方面, 有

$$p_{ij}(t+h) - p_{ij}(t) \geqslant -(1 - p_{ii}(h)) p_{ij}(t) \geqslant -(1 - p_{ii}(h)),$$

另一方面,

$$p_{ij}(t+h) - p_{ij}(t) \leqslant \sum_{k \neq i} p_{ik}(h) p_{kj}(t) \leqslant \sum_{k \neq i} p_{ik}(h) = 1 - p_{ii}(h),$$

因此有

$$|p_{ij}(t+h) - p_{ij}(t)| \leqslant 1 - p_{ii}(h),$$

同理, 当 $h<0$ 时有

$$|p_{ij}(t+h) - p_{ij}(t)| \leqslant 1 - p_{ii}(-h),$$

故有

$$|p_{ij}(t+h) - p_{ij}(t)| \leqslant 1 - p_{ii}(|h|).$$

由正则条件可得

$$\lim_{h \to 0} |p_{ij}(t+h) - p_{ij}(t)| = 0.$$

本节总是假定连续时间的齐次马尔可夫链满足正则条件. 不加证明地给出如下定理.

定理 6.5 设 $p_{ij}(t)$ 是连续时间的齐次马尔可夫链的转移概率, 则有:

（1） $\lim\limits_{\Delta t \to 0^+} \dfrac{p_{ij}(\Delta t)}{\Delta t} = q_{ij} < \infty, i \neq j$;

（2） $\lim\limits_{\Delta t \to 0^+} \dfrac{1 - p_{ii}(\Delta t)}{\Delta t} = q_{ii} \leqslant \infty$.

称 q_{ij} 为齐次马尔可夫过程从状态 i 到状态 j 的**瞬时转移强度**或**瞬时转移速率**（Instantaneous transition rate）.

推论 6.1 对有限状态的连续时间的齐次马尔可夫链, 有

$$q_{ii} = \sum_{j \neq i} q_{ij} < \infty.$$

证明：由定理 6.5 中的（2）知，$\sum_{j \in I} p_{ij}(\Delta t) = 1$．即

$$1 - p_{ii}(\Delta t) = \sum_{j \neq i} p_{ij}(\Delta t),$$

故有

$$q_{ii} = \lim_{\Delta t \to 0^+} \frac{1 - p_{ii}(\Delta t)}{\Delta t} = \lim_{\Delta t \to 0^+} \sum_{j \neq i} \frac{p_{ij}(\Delta t)}{\Delta t} = \sum_{j \neq i} \lim_{\Delta t \to 0^+} \frac{p_{ij}(\Delta t)}{\Delta t} = \sum_{j \neq i} q_{ij} < \infty.$$

注意：对无限状态的连续时间的马尔可夫链，一般只能得到 $q_{ii} \geq \sum_{j \neq i} q_{ij}$．为简单起见，设状态空间 $I = \{0, 1, 2, \cdots\}$，记

$$Q = \begin{pmatrix} -q_{11} & q_{12} & q_{13} & \cdots & q_{1i} & \cdots \\ q_{21} & -q_{22} & q_{23} & \cdots & q_{2i} & \cdots \\ \cdots & \cdots & \cdots & \cdots & \cdots & \cdots \\ q_{i1} & q_{i2} & q_{i3} & \cdots & -q_{ii} & \cdots \\ \cdots & \cdots & \cdots & \cdots & \cdots & \cdots \end{pmatrix}, \tag{6.10}$$

称之为**转移速率矩阵**或**转移强度矩阵**，简称 **Q 矩阵**．当矩阵元素 $q_{ii} = \sum_{j \neq i} q_{ij} < \infty$ 时，称该矩阵是**保守的**．若状态空间 I 是有限集 $I = \{0, 1, \cdots, n\}$，则 Q 矩阵为

$$Q = \begin{pmatrix} -q_{00} & q_{01} & \cdots & q_{0n} \\ q_{10} & -q_{11} & \cdots & q_{1n} \\ \cdots & \cdots & \cdots & \cdots \\ q_{n1} & q_{n2} & \cdots & -q_{nn} \end{pmatrix},$$

可以看出 Q 矩阵的每一行所有元素之和为零．记

$$p_{ij}'(t) = \lim_{h \to 0^+} \frac{p_{ij}(t+h) - p_{ij}(t)}{h},$$

利用上面的定理和推论，可以导出一个重要的微分方程．

定理 6.6（柯尔莫哥洛夫微分方程）

假设 $q_{ii} = \sum_{j \neq i} q_{ij} < \infty$，则对任意 $i, j \in I$ 和 $t \geq 0$，有

（1）向后方程（Backward equations）：

$$p_{ij}'(t) = \sum_{k \neq i} q_{ik} p_{kj}(t) - q_{ii} p_{ij}(t). \tag{6.11}$$

（2）向前方程（Forward equations）：在适当的正则条件下，有

$$p_{ij}'(t) = \sum_{k \neq j} p_{ik}(t) q_{kj} - p_{ij}(t) q_{jj}. \tag{6.12}$$

注意到，柯尔莫哥洛夫向后方程和向前方程的矩阵形式为

$$P'(t) = QP(t); \tag{6.13}$$

$$\boldsymbol{P}'(t) = \boldsymbol{P}(t)\boldsymbol{Q}\,. \tag{6.14}$$

证明：（1）由 C-K 方程，知

$$p_{ij}(t+h) = \sum_{k\in I} p_{ik}(h)p_{kj}(t)\,,$$

或等价地

$$p_{ij}(t+h) = \sum_{k\neq i} p_{ik}(h)p_{kj}(t) + p_{ii}(h)p_{ij}(t)\,.$$

两边先减去 $p_{ij}(t)$，再同除以 h，取 $h\to 0$，有

$$\lim_{h\to 0^+}\frac{p_{ij}(t+h)-p_{ij}(t)}{h} = \lim_{h\to 0^+}\sum_{k\neq i}\frac{p_{ik}(h)}{h}p_{kj}(t) - \lim_{h\to 0^+}\frac{1-p_{ii}(h)}{h}p_{ij}(t)\,. \tag{6.15}$$

如果此链是有限的，则由定理 6.5 直接可得向后方程.

如果此链是无限的，则只需证明式（6.15）中极限与求和可以交换次序即可. 固定 N，有

$$\liminf_{h\to 0^+}\sum_{k\neq i}\frac{p_{ik}(h)}{h}p_{kj}(t) \geq \liminf_{h\to 0^+}\sum_{\substack{k\neq i\\k<N}}\frac{p_{ik}(h)}{h}p_{kj}(t)$$

$$\geq \sum_{\substack{k\neq i\\k<N}}\liminf_{h\to 0^+}\frac{p_{ik}(h)}{h}p_{kj}(t) = \sum_{\substack{k\neq i\\k<N}}q_{ik}p_{kj}(t)\,,$$

由 N 的任意性得

$$\liminf_{h\to 0^+}\sum_{k\neq i}\frac{p_{ik}(h)}{h}p_{kj}(t) \geq \sum_{k\neq i}q_{ik}p_{kj}(t)\,.$$

又因为 $p_{kj}(t)\leq 1$，有

$$\limsup_{h\to 0^+}\sum_{k\neq i}\frac{p_{ik}(h)}{h}p_{kj}(t) \leq \limsup_{h\to 0^+}\left[\sum_{\substack{k\neq i\\k<N}}\frac{p_{ik}(h)}{h}p_{kj}(t) + \sum_{\substack{k\neq i\\k\geq N}}\frac{p_{ik}(h)}{h}\right]$$

$$= \limsup_{h\to 0^+}\left[\sum_{\substack{k\neq i\\k<N}}\frac{p_{ik}(h)}{h}p_{kj}(t) + \sum_{k\neq i}\frac{p_{ik}(h)}{h} - \sum_{\substack{k\neq i\\k<N}}\frac{p_{ik}(h)}{h}\right]$$

$$= \limsup_{h\to 0^+}\left[\sum_{\substack{k\neq i\\k<N}}\frac{p_{ik}(h)}{h}p_{kj}(t) + \left(\frac{1-p_{ii}(h)}{h} - \sum_{\substack{k\neq i\\k<N}}\frac{p_{ik}(h)}{h}\right)\right]$$

$$\leq \sum_{\substack{k\neq i\\k<N}}q_{ik}p_{kj}(t) + q_{ii} - \sum_{\substack{k\neq i\\k<N}}q_{ik}\,,$$

同样由 N 的任意性及 $q_{ii} = \sum_{j\neq i}q_{ij}$，可得

$$\limsup_{h\to 0^+}\sum_{k\neq i}\frac{p_{ik}(h)}{h}p_{kj}(t) \leq \sum_{k\neq i}q_{ik}p_{kj}(t)\,.$$

这就证明了

$$\lim_{h \to 0^+} \sum_{k \neq i} \frac{p_{ik}(h)}{h} p_{kj}(t) = \sum_{k \neq i} q_{ik} p_{kj}(t),$$

于是（1）得证.

（2）在（1）中计算 $t+h$ 的状态时是对推后到时刻 h 的状态来取条件的（所以称为向后方程），这时考虑对时刻 t 的状态取条件，由 C-K 方程

$$p_{ij}(t+h) = \sum_{k \in I} p_{ik}(t) p_{kj}(h),$$

同理可得

$$\lim_{h \to 0^+} \frac{p_{ij}(t+h) - p_{ij}(t)}{h} = \lim_{h \to 0^+} \left[\sum_{k \neq j} p_{ik}(t) \frac{p_{kj}(h)}{h} - \frac{1 - p_{jj}(h)}{h} p_{ij}(t) \right].$$

如果假设上式中极限与求和号可换序，则式（6.12）成立. 但是这个假设不一定成立，但在适当正则的条件下，式（6.12）成立，对有限状态，它是成立的，对 6.3 节的生灭过程，向前方程也是成立的.

定理 6.6 说明，连续时间的马尔可夫链的转移概率的求解问题就是微分方程的求解问题，其转移概率矩阵由 $\boldsymbol{Q}$ 矩阵决定. 特别地，如果状态空间有限，则向前方程和向后方程的解为

$$\boldsymbol{P}(t) = \mathrm{e}^{\boldsymbol{Q}t} = \sum_{n=0}^{\infty} \frac{(\boldsymbol{Q}t)^n}{n!}.$$

注意，当固定状态 i，研究 $p_{ij}(t)$，$j=1,2,\cdots$ 时，采用向前方程是比较方便的.

【例 6.3】 设 $\{X(t), t \geq 0\}$ 是连续时间的齐次马尔可夫链，状态空间为 $I = \{1, 2, \cdots, m\}$，$\boldsymbol{Q}$ 矩阵为

$$\boldsymbol{Q} = \begin{pmatrix} -(m-1) & 1 & \cdots & 1 \\ 1 & -(m-1) & \cdots & 1 \\ \vdots & \vdots & & \vdots \\ 1 & 1 & \cdots & -(m-1) \end{pmatrix},$$

求 $p_{ij}(t)$.

解：由向前方程得

$$p'_{ij}(t) = \sum_{k \neq j} p_{ik}(t) - (m-1) p_{ij}(t).$$

由 $\sum_{k=1}^{m} p_{ik}(t) = 1$ 可知

$$\sum_{k \neq j} p_{ik}(t) = 1 - p_{ij}(t),$$

故

$$p'_{ij}(t) = -m p_{ij}(t) + 1, \quad i,j = 1,2,\cdots,m.$$

解这个微分方程，得

$$p_{ij}(t) = Ce^{-mt} + \frac{1}{m} , \quad i,j = 1,2,\cdots,m$$

由正则条件 $p_{ij}(0) = 0$, $i \neq j$, $p_{ii}(0) = 1$ 可知当 $i = j$ 时, $C = 1 - \frac{1}{m}$; 当 $i \neq j$ 时, $C = -\frac{1}{m}$. 于是有

$$p_{ii}(t) = \left(1 - \frac{1}{m}\right)e^{-mt} + \frac{1}{m} , \quad i = 1,2,\cdots,m ,$$

$$p_{ij}(t) = \frac{1}{m}(1 - e^{-mt}) , \quad i \neq j , \quad i,j = 1,2,\cdots,m .$$

【例 6.4】 （随机信号问题）计算机中某个触发器有两种状态,记为 0 和 1. 设触发器的变化构成一个齐次马尔可夫链 $\{X(t), t \geq 0\}$,状态空间 $I = \{0, 1\}$. 且有

$$p_{01}(\Delta t) = \lambda\Delta t + o(\Delta t) ,$$

$$p_{10}(\Delta t) = \mu\Delta t + o(\Delta t) ,$$

求 Q 矩阵和转移概率矩阵 $P(t)$.

解： 由定理（6.4）可得

$$q_{01} = \lim_{\Delta t \to 0^+} \frac{p_{01}(\Delta t)}{\Delta t} = \lambda ,$$

$$q_{10} = \lim_{\Delta t \to 0^+} \frac{p_{10}(\Delta t)}{\Delta t} = \mu ,$$

则 $q_{00} = q_{01} = \lambda$, $q_{11} = q_{10} = \mu$. 于是

$$Q = \begin{pmatrix} -\lambda & \lambda \\ \mu & -\mu \end{pmatrix}.$$

由向前方程 $p'_{ij}(t) = \sum_{k \neq j} p_{ik}(t)q_{kj} - p_{ij}(t)q_{jj}$ 可得

$$p'_{00}(t) = \mu p_{01}(t) - \lambda p_{00}(t) = \mu - (\mu + \lambda)p_{00}(t) ,$$

$$p'_{01}(t) = \lambda p_{00}(t) - \mu p_{01}(t) = \lambda - (\mu + \lambda)p_{01}(t) ,$$

$$p'_{10}(t) = \mu p_{11}(t) - \lambda p_{10}(t) = \mu - (\mu + \lambda)p_{10}(t) ,$$

$$p'_{11}(t) = \lambda p_{10}(t) - \mu p_{11}(t) = \lambda - (\mu + \lambda)p_{11}(t) .$$

正则条件 $p_{00}(0) = p_{11}(0) = 1$, $p_{01}(0) = p_{10}(0) = 0$. 解上面各线性方程,得

$$p_{00}(t) = \frac{\mu}{\lambda + \mu} + \frac{\lambda}{\lambda + \mu}e^{-(\lambda+\mu)t} , \quad p_{01}(t) = \frac{\lambda}{\lambda + \mu}[1 - e^{-(\lambda+\mu)t}] ,$$

$$p_{10}(t) = \frac{\mu}{\lambda + \mu}[1 - e^{-(\lambda+\mu)t}] , \quad p_{11}(t) = \frac{\lambda}{\lambda + \mu} + \frac{\mu}{\lambda + \mu}e^{-(\lambda+\mu)t} .$$

转移概率矩阵 $P(t)$ 为

$$P(t) = \begin{pmatrix} \dfrac{\mu}{\lambda+\mu} + \dfrac{\lambda}{\lambda+\mu}\mathrm{e}^{-(\lambda+\mu)t} & \dfrac{\lambda}{\lambda+\mu}[1-\mathrm{e}^{-(\lambda+\mu)t}] \\[3mm] \dfrac{\mu}{\lambda+\mu}[1-\mathrm{e}^{-(\lambda+\mu)t}] & \dfrac{\lambda}{\lambda+\mu} + \dfrac{\mu}{\lambda+\mu}\mathrm{e}^{-(\lambda+\mu)t} \end{pmatrix}.$$

定理 6.7　一个连续时间的马尔可夫链在时刻 t 处于状态 j 的绝对概率 $p_j(t)$ 满足下列方程

$$p_j'(t) = -p_j(t)q_{jj} + \sum_{k \neq j} p_k(t)q_{kj}. \tag{6.16}$$

证明：将向前方程

$$p_{ij}'(t) = -p_{ij}(t)q_{jj} + \sum_{k \neq j} p_{ik}(t)q_{kj}$$

的两边同乘以 p_i，并对 i 求和即可得到式（6.16）.

与离散时间马尔可夫链类似，讨论转移概率 $p_{ij}(t)$ 的极限分布及平稳分布.

定义 6.4　设连续时间的马尔可夫链的转移概率为 $p_{ij}(t)$，若存在时刻 t_1 和 t_2，使得 $p_{ij}(t_1) > 0$ 且 $p_{ji}(t_2) > 0$，则称状态 i 和状态 j 是**相通**的. 若所有状态都是相通的，则称此马尔可夫链是**不可约**的.

关于状态的常返性和周期性的定义与离散时间的马尔可夫链类似，这里就不一一重述. 不加证明地给出下列定理.

定理 6.8　设连续时间的马尔可夫链 $\{X(t), t \geq 0\}$ 是不可约的，则有如下性质.

（1）若 I 是正常返的，则有 $\lim\limits_{t \to \infty} p_{ij}(t) = \pi_j > 0$，$i, j \in I$. 这里 π_j 是方程组

$$\begin{cases} \pi_j q_{jj} = \sum_{k \neq j} \pi_k q_{kj}, \\ \sum_{j \in I} \pi_j = 1 \end{cases} \tag{6.17}$$

的唯一非负解. 此时称 $\{\pi_i, i \in I\}$ 为连续时间的马尔可夫链 $\{X(t), t \geq 0\}$ 的**平稳分布**，且有

$$\lim_{t \to \infty} p_j(t) = \pi_j.$$

（2）若 I 是非常返或零常返，则

$$\lim_{t \to \infty} p_{ij}(t) = \lim_{t \to \infty} p_j(t) = 0,\ i, j \in I.$$

6.3　生　灭　过　程

如果一个连续时间的马尔可夫链，具有状态 $0, 1, \cdots$，它从状态 i 只能跳到状态 $i-1$ 或 $i+1$. 过程的状态通常视为某个群体的总量，当状态增长 1 时，就说生了一个；当状态减少 1 时，就说死了一个. 这个过程称为生灭过程. 具体定义如下.

定义 6.5　设连续时间的马尔可夫链 $\{X(t), t \geq 0\}$ 状态空间为 $I = \{0, 1, 2, \cdots\}$，如果转移概率 $p_{ij}(t)$ 满足

$$\begin{cases} p_{i,i+1}(h)=\lambda_i h+o(h),\ \lambda_i>0,\\ p_{i,i-1}(h)=\mu_i h+o(h),\ \mu_i>0,\ \mu_0=0,\\ p_{ii}(h)=1-(\lambda_i+\mu_i)h+o(h),\\ p_{ij}(t)=o(h),|i-j|\geqslant 2. \end{cases} \tag{6.18}$$

则称 $\{X(t),t\geqslant 0\}$ 为生灭过程（Birth and death processes）. λ_i 为出生率（Birth rate）, μ_i 为死亡率（Death rate）.

若 $\mu_i=0$,则称 $\{X(t),t\geqslant 0\}$ 为纯生过程（Pure birth processes）；若 $\lambda_i=0$,则称 $\{X(t),t\geqslant 0\}$ 为纯灭过程（Pure death processes）.

若 $\mu_i=i\mu$, $\lambda_i=i\lambda$,则称 $\{X(t),t\geqslant 0\}$ 为线性生灭过程.

生灭过程的 Q 矩阵为

$$Q=\begin{pmatrix} -\lambda_0 & \lambda_0 & 0 & 0 & 0 & \cdots\\ \mu_1 & -(\mu_1+\lambda_1) & \lambda_1 & 0 & 0 & \cdots\\ 0 & \mu_2 & -(\mu_2+\lambda_2) & \lambda_2 & 0 & \cdots\\ 0 & 0 & \mu_3 & -(\mu_3+\lambda_3) & \lambda_3 & \cdots\\ \cdots & \cdots & \cdots & \cdots & \cdots & \cdots \end{pmatrix}. \tag{6.19}$$

柯尔莫哥洛夫向前方程为

$$p'_{ij}(t)=\lambda_{j-1}p_{i,j-1}(t)-(\lambda_j+\mu_j)p_{ij}(t)+\mu_{j+1}p_{i,j+1}(t),\quad j\geqslant 1,$$
$$p'_{i0}(t)=-\lambda_0 p_{i0}(t)+\mu_1 p_{i1}(t),$$

向后方程为

$$p'_{ij}(t)=\mu_i p_{i-1,j}(t)-(\lambda_i+\mu_i)p_{ij}(t)+\lambda_i p_{i+1,j}(t),\quad i\geqslant 1,$$
$$p'_{0j}(t)=-\lambda_0 p_{0j}(t)+\lambda_0 p_{1j}(t).$$

下面讨论生灭过程的平稳分布. 如果生灭过程存在平稳分布,设平稳分布为 $\pi=(\pi_0,\pi_1,\cdots,\pi_n)^{\mathrm T}$,则由定理 6.7 知,

$$\begin{cases} \lambda_0\pi_0=\mu_1\pi_1,\\ (\lambda_j+\mu_j)\pi_j=\lambda_{j-1}\pi_{j-1}+\mu_{j+1}\pi_{j+1},j\geqslant 1. \end{cases}$$

递推得

$$\pi_1=\frac{\lambda_0}{\mu_1}\pi_0,\quad \pi_2=\frac{\lambda_1}{\mu_2}\pi_1=\frac{\lambda_0\lambda_1}{\mu_1\mu_2}\pi_0,\ \cdots,$$
$$\pi_j=\frac{\lambda_{j-1}}{\mu_j}\pi_{j-1}=\frac{\lambda_0\lambda_1\cdots\lambda_{j-1}}{\mu_1\mu_2\cdots\mu_j}\pi_0,\ \cdots, \tag{6.20}$$

再由 $\sum_{j=0}^{\infty}\pi_j=1$ 得平稳分布

$$\pi_0=\left(1+\sum_{j=1}^{\infty}\frac{\lambda_0\lambda_1\cdots\lambda_{j-1}}{\mu_1\mu_2\cdots\mu_j}\right)^{-1},$$

$$\pi_j = \frac{\lambda_0 \lambda_1 \cdots \lambda_{j-1}}{\mu_1 \mu_2 \cdots \mu_j} \left(1 + \sum_{j=1}^{\infty} \frac{\lambda_0 \lambda_1 \cdots \lambda_{j-1}}{\mu_1 \mu_2 \cdots \mu_j} \right)^{-1}, \quad j \geq 1. \tag{6.21}$$

式（6.21）也给出了平稳分布存在的条件：

$$\sum_{j=1}^{\infty} \frac{\lambda_0 \lambda_1 \cdots \lambda_{j-1}}{\mu_1 \mu_2 \cdots \mu_j} < \infty.$$

【例 6.5】（M/M/s 排队系统）假设顾客按照参数为 λ 的泊松过程来到一个有 s 个服务员的服务中心，则顾客来到的时间间隔是均值为 $1/\lambda$ 的相互独立的指数分布。每个顾客到来，服务员闲着则立刻为顾客服务，否则顾客需排队等待。当一名服务员结束对一位顾客的服务时，顾客就离开，排队的下一个顾客进入服务（如果有顾客等待）。每名顾客接受服务时间是相互独立的指数分布，均值为 $1/\mu$。字母 M 表示马尔可夫过程，字母 s 代表有 s 名服务员。以 $X(t)$ 记时刻 t 系统中的顾客数，则 $\{X(t), t \geq 0\}$ 是一个生灭过程。且

$$\mu_j = \begin{cases} j\mu, & 1 \leq j \leq s, \\ s\mu, & j > s, \end{cases}$$

$$\lambda_j = \lambda, \quad j \geq 0.$$

如果 $s = 1$，则由于 $\mu_j = \mu$，只要 $\lambda/\mu < 1$，由式（6.20）就可以得到其平稳分布

$$\pi_j = \left(\frac{\lambda}{\mu} \right)^j \left(1 - \frac{\lambda}{\mu} \right), \quad j \geq 0.$$

【例 6.6】（电话问题的爱尔朗公式）某校交换台有 s 条中继线，校内用户与校外通话要占用中继线，由于用户数比 s 要大得多，不管正在通话者占用几条中继线，不通话的用户几乎总是当成不变的。因此可以假定在 $(t, t+\Delta t)$ 又有用户要与校外通话的概率为 $\lambda \Delta t + o(\Delta t)$，而与正在通话的用户数无关。如果此时有空的中继线，上线的用户可以占用空的中继线与校外通话，否则要求被取消。假定每一个在 t 时刻在线的用户，在 $(t, t+\Delta t)$ 内结束通话从而空出一条中继线的概率为 $\mu \Delta t + o(\Delta t)$，各用户要求与校外通话是相互独立的。用 $X(t)$ 记时刻 t 时正在使用的中继线的个数，则 $\{X(t), t \geq 0\}$ 是连续时间的马尔可夫链。且

$$p_{i,i+1}(\Delta t) = \lambda \Delta t + o(\Delta t), \quad i = 0, 1, \cdots, s-1,$$

$$p_{i,i-1}(\Delta t) = i\mu \Delta t + o(\Delta t), \quad i = 1, 2, \cdots, s,$$

$$p_{ii}(\Delta t) = 1 - (\lambda + i\mu)\Delta t + o(\Delta t), \quad i = 0, 1, \cdots, s-1,$$

$$p_{ss}(\Delta t) = 1 - s\mu \Delta t + o(\Delta t).$$

$$p_{ij}(\Delta t) = 0, \quad |i-j| > 1.$$

则它是一个生灭过程，且

$$\mu_i = i\mu, \quad i = 1, 2, \cdots, s,$$

$$\lambda_i = \lambda, \quad i = 0, 1, \cdots, s-1.$$

设平稳分布为 $\boldsymbol{\pi} = (\pi_0, \pi_1, \cdots, \pi_n)^T$，由式（6.20）得

$$\pi_k = \frac{\lambda_0 \lambda_1 \cdots \lambda_{k-1}}{\mu_1 \mu_2 \cdots \mu_k} \pi_0 = \frac{1}{k!}\left(\frac{\lambda}{\mu}\right)^k \pi_0 , \quad k = 1, 2, \cdots, s ,$$

由 $\sum\limits_{k=0}^{\infty} \pi_k = 1$ 得平稳分布为

$$\pi_k = \frac{\dfrac{1}{k!}\left(\dfrac{\lambda}{\mu}\right)^k}{\sum\limits_{k=0}^{s} \dfrac{1}{k!}\left(\dfrac{\lambda}{\mu}\right)^k} , \quad k = 0, 1, 2, \cdots, s . \tag{6.22}$$

称式（6.22）为**爱尔朗（Erlang）**公式.

习　题　六

6.1　设连续时间的马尔可夫链 $\{X_n, n \ge 0\}$ 的转移概率矩阵为

$$\boldsymbol{P} = \frac{1}{5}\begin{pmatrix} 2 + 3\mathrm{e}^{-3t} & 1 - \mathrm{e}^{-3t} & 2 - 2\mathrm{e}^{-3t} \\ 2 - 2\mathrm{e}^{-3t} & 1 + 4\mathrm{e}^{-3t} & 2 - 2\mathrm{e}^{-3t} \\ 2 - 2\mathrm{e}^{-3t} & 1 - \mathrm{e}^{-3t} & 2 + 3\mathrm{e}^{-3t} \end{pmatrix} ,$$

求转移速率矩阵 $\boldsymbol{Q}$.

6.2　（机器维修问题）设状态 0 表示某机器正常工作，状态 1 表示机器出故障. 设在 Δt 时间内机器从正常工作变为出故障的概率为

$$p_{01}(\Delta t) = \lambda \Delta t + o(\Delta t) ,$$

在 Δt 时间内机器从出故障变为修复后正常工作的概率为

$$p_{10}(\Delta t) = \mu \Delta t + o(\Delta t) ,$$

则该过程构成一个齐次马尔可夫链 $\{X(t), t \ge 0\}$，状态空间 $I = \{0, 1\}$. 求：

（1）$\boldsymbol{Q}$ 矩阵；

（2）转移概率矩阵 $\boldsymbol{P}(t)$；

（3）在 0 时刻正常工作的机器，在 $t = 5$ 时为正常工作的概率.

6.3　一质点在 1、2、3 点上做随机游动. 如果在时刻 t 位于这三个点之一，则在 $[t, t+\Delta t)$ 内，它以概率 $\frac{1}{2}\Delta t + o(\Delta t)$ 分别转移到其他两点之一. 试求质点随机游动的转移概率矩阵和平稳分布.

6.4（尤尔过程）设群体中各个成员独立地活动且以指数率 λ 生育. 假设没有成员死亡，以 $X(t)$ 记时刻 t 群体的总量，则 $\{X(t), t \ge 0\}$ 是一个纯生过程. 且 $\lambda_n = n\lambda$，$n > 0$，称这个纯生过程为尤尔过程. 求：

（1）从一个个体开始，在时刻 t 的群体的总量的分布；

（2）从一个个体开始，在时刻 t 群体各成员年龄总和的均值.

6.5　假定一生物群体中的各个体以指数率 λ 出生，以指数率 μ 死亡．另外还有迁入引起的指数增长率 θ，试建立一个生灭过程．

6.6　一个具有 N 个位置的停车场，只要有空位，则进入停车场的车辆数是一个速率为 λ 的泊松过程，若停车已满，则车辆不能进入．已停车辆占用时间服从均值为 $1/\mu$ 的指数分布，且相互独立，令 $X(t)$ 表示停车场内占用的位置数，$X(0)=j$，试建立一个转移概率的微分方程．

第7章 随机分析与随机微分方程

在前两章中，介绍了马尔可夫链的转移概率分布、性质及满足的方程，并通过它来了解随机过程本身的统计特性．本章将介绍随机过程 $\{X(t),\ t \in T\}$ 作为一个随机函数的连续性、导数和积分．在普通函数的微积分中，连续、导数和积分等概念都是建立在极限概念的基础上．而在本章中，以随机序列极限为基础，给出随机过程（包括复随机过程）的连续、导数和积分等概念和性质．

7.1 均 方 极 限

定义 7.1 设有二阶矩随机序列 $\{X_n\}$ 和二阶矩随机变量 X，若有

$$\lim_{n \to \infty} E|X_n - X|^2 = 0, \tag{7.1}$$

则称随机变量序列 $\{X_n\}$ **均方收敛**于 X，记为 $X_n \xrightarrow{\text{m.s.}} X$ 或 $\lim_{n \to \infty} X_n = X$（m.s.）．

本章在没有特殊说明时，随机过程的极限都指在均方意义下的极限，简记为 $\lim_{n \to \infty} X_n = X$．

定理 7.1 设 $\{X_n\}$、$\{Y_n\}$ 都是二阶矩随机序列，U 是二阶矩随机变量，$\{c_n\}$ 是常数序列，a、b、c 为常数．令 $\lim_{n \to \infty} X_n = X$，$\lim_{n \to \infty} Y_n = Y$，$\lim_{n \to \infty} c_n = c$（数列极限），则有

（1） c_n 的均方极限也是 c，即 $\lim_{n \to \infty} c_n = c$（m.s.）；

（2） $\lim_{n \to \infty} U = U$；

（3） $\lim_{n \to \infty} c_n U = cU$；

（4） $\lim_{n \to \infty} (aX_n + bY_n) = aX + bY$；

（5） $\lim_{n \to \infty} E(X_n) = E(X) = E(\lim_{n \to \infty} X_n)$；（极限运算与期望可以交换次序，注意这里第一个等式左边是数列极限，第二个等式右边括号内是均方极限）

（6） $\lim_{n,m \to \infty} E(X_n Y_m) = E(XY) = E[(\lim_{n \to \infty} X_n)(\lim_{m \to \infty} Y_m)]$，

特别有

$$\lim_{n \to \infty} E(X_n^2) = E(X^2) = E[(\lim_{n \to \infty} X_n)^2].$$

证明：（1）、（2）和（3）均可由均方收敛的定义直接得证，下面证明（4）、（5）和（6）.

（4）由于

$$E|aX_n + bY_n - (aX + bY)|^2 = E|a(X_n - X) + b(Y_n - Y)|^2$$

$$\leqslant 2a^2 E|X_n - X|^2 + 2b^2 E|Y_n - Y|^2,$$

不等式成立用到了施瓦兹不等式．两边取极限即有

$$\lim_{n\to\infty} E|aX_n + bY_n - (aX + bY)|^2 = 0.$$

（5）由施瓦兹不等式，有

$$|E(X_n) - E(X)|^2 = |E(X_n - X)|^2 \leqslant E|X_n - X|^2,$$

两边取极限即得证.

（6）$|E(X_nY_m) - E(XY)| = |E(X_nY_m - XY)|$

$$= |E(X_n - X)(Y_m - Y) + X_nY + XY_m - 2XY)|$$

$$= |E[(X_n - X)(Y_m - Y)] + E[(X_n - X)Y] + E[X(Y_m - Y)]|$$

$$\leqslant |E(X_n - X)(Y_m - Y)| + |E[(X_n - X)Y]| + |E[X(Y_m - Y)]|$$

$$\leqslant [E|X_n - X|^2]^{1/2}[E|Y_m - Y|^2]^{1/2} + [E|X_n - X|^2]^{1/2}[E|Y|^2]^{1/2}$$

$$+ [E|X|^2]^{1/2}[E|Y_m - Y|^2]^{1/2},$$

两边对 n、m 取极限，可知

$$\lim_{n,m\to\infty} E(X_nY_m) = E(XY),$$

得证.

注意，均方极限是唯一的.

定理 7.2 设有二阶矩随机序列 $\{X_n\}$ 和二阶矩随机变量 X，则 $\{X_n\}$ 均方收敛于 X 的充要条件为

$$\lim_{n,m\to\infty} E|X_n - X_m|^2 = 0. \tag{7.2}$$

定理不证. 该条件称为柯西（Cauchy）准则.

定理 7.3　设有二阶矩随机序列 $\{X_n\}$ 和二阶矩随机变量 X，则 $\{X_n\}$ 均方收敛于 X 的充要条件为下列极限存在且为常数：

$$\lim_{n,m\to\infty} E(X_nX_m) = C < \infty. \tag{7.3}$$

证明：必要性：由定理 7.1 中的（6）知

$$\lim_{n,m\to\infty} E(X_nX_m) = E(X^2) = C.$$

充分性：只要证明式（7.2）成立即可. 而

$$E|X_n - X_m|^2 = E[X_n^2 + X_m^2 - 2X_nX_m] = E(X_n^2) + E(X_m)^2 - 2E(X_nX_m),$$

两边取极限，有

$$\lim_{n,m\to\infty} E|X_n - X_m|^2 = C + C - 2C = 0,$$

得证.

【**例 7.1**】设 $\boldsymbol{X}^{(n)} = (X_1^{(n)}, X_2^{(n)}, \cdots, X_l^{(n)})^{\mathrm{T}}$，$n=1,2,\cdots$ 为 l 维正态随机变量列，$\boldsymbol{X} = (X_1, X_2, \cdots, X_l)^{\mathrm{T}}$ 为 l 维随机变量，如果 $\boldsymbol{X}^{(n)}$ 均方收敛于 $\boldsymbol{X}$，即对每个 $i = 1, 2, \cdots, l$，有

$$\lim_{n \to \infty} X_i^{(n)} = X_i \,,$$

则 X 也是 l 维正态随机变量.

证明： 记 $X^{(n)}$ 与 X 的均值向量分别为

$$E[X^{(n)}] = a^{(n)} = (a_1^{(n)}, a_2^{(n)}, \cdots, a_l^{(n)})^{\mathrm{T}} \,,$$

$$E(X) = a = (a_1, a_2, \cdots, a_l)^{\mathrm{T}} \,.$$

$X^{(n)}$ 与 X 的协方差矩阵分别为

$$E[(X^{(n)} - a^{(n)})(X^{(n)} - a^{(n)})^{\mathrm{T}}] = C^{(n)} = (\sigma_{ij}^{(n)}) \,,$$

$$E[(X - a)(X - a)^{\mathrm{T}}] = C = (\sigma_{ij}) \,.$$

由定理 7.1 知，$\lim\limits_{n \to \infty} a_i^{(n)} = a_i$，$i = 1, 2, \cdots, l$，$\lim\limits_{n \to \infty} \sigma_{ij}^{(n)} = \sigma_{ij}$，$i, j = 1, 2, \cdots, l$. 写成矩阵的形式，有

$$\lim_{n \to \infty} a^{(n)} = a \,, \quad \lim_{n \to \infty} C^{(n)} = C \,.$$

$X^{(n)}$ 的特征函数为

$$\varphi_n(t) = \varphi_n(t_1, t_2, \cdots, t_l) = \exp\left\{ \mathrm{i} a^{(n)\mathrm{T}} t - \frac{1}{2} t^{\mathrm{T}} C^{(n)} t \right\} \,,$$

这里 $t = (t_1, t_2, \cdots, t_l)^{\mathrm{T}} \in \mathbf{R}^l$ 为 l 维向量. 两边取极限，得

$$\lim_{n \to \infty} \varphi_n(t) = \exp\left\{ \mathrm{i}(\lim_{n \to \infty} a^{(n)})^{\mathrm{T}} t - \frac{1}{2} t^{\mathrm{T}} (\lim_{n \to \infty} C^{(n)}) t \right\} = \exp\left\{ \mathrm{i} a^{\mathrm{T}} t - \frac{1}{2} t^{\mathrm{T}} C t \right\} \,,$$

记 $\lim\limits_{n \to \infty} \varphi_n(t) = \varphi(t)$，则 $\varphi(t)$ 是 X 的特征函数，且由

$$\varphi(t) = \exp\left\{ \mathrm{i} a^{\mathrm{T}} t - \frac{1}{2} t^{\mathrm{T}} C t \right\}$$

知 X 是 l 维正态随机变量.

以上给出的是二阶矩**随机序列** $\{X_n\}$ 均方收敛的定义和性质，对一般的二阶矩**随机过程** $\{X(t), t \in T\}$ 可类似定义.

定义 7.2　设有二阶矩过程 $\{X(t), t \in T\}$ 和二阶矩随机变量 X，当 $t_0 \to t$ 时，如果

$$\lim_{t \to t_0} E \mid X(t) - X \mid^2 = 0 \,, \tag{7.4}$$

则称随机过程 $\{X(t), t \in T\}$ 在 $t \to t_0$ 时**均方收敛**于 X，记为 $\lim\limits_{t \to t_0} X(t) = X$（m.s.）或 $\lim\limits_{t \to t_0} X(t) = X$.

下面几节没有特殊说明时，随机过程的极限均指均方极限.

7.2　均方连续与均方导数

随机过程 $\{X(t), t \in T\}$ 可视为一族样本函数，样本函数是随机过程的一次观察所得的结果. 如果随机过程的每一个样本函数在 t 点连续，则称随机过程 $X(t)$ 在 t 点连续. 由于过程的随机性，用这种方法定义随机过程 $X(t)$ 的连续性，限制太严格了，不适合工程问题的随机分析，因此引入均方意义下的随机过程连续的定义.

7.2.1 均方连续

定义 7.3 设有二阶矩过程 $\{X(t), t \in T\}$，若对某一个 $t \in T$，有

$$\lim_{h \to 0} E\left|X(t+h) - X(t)\right|^2 = 0 , \tag{7.5}$$

则称 $\{X(t)\}$ 在 **t 点均方连续**，记为

$$\lim_{h \to 0} X(t+h) = X(t) \text{（m.s.）或 } \lim_{h \to 0} X(t+h) = X(t) .$$

若对 T 中所有点都均方连续，则称 $\{X(t)\}$ 在 **T 上均方连续**.

定理 7.4 （均方连续准则）二阶矩过程 $\{X(t), t \in T\}$ 在 t 点均方连续的充要条件是相关函数 $R_X(t_1, t_2)$ 在点 (t, t) 处连续.

这里仅对实随机过程证明，后面的定理 7.5 相同，复随机过程的证明只需按照定义证明即可.

证明：必要性：如果 $\lim_{h \to 0} X(t+h) = X(t)$ ，则由定理 7.1 中的（6），可得

$$\lim_{\substack{t_1 \to t \\ t_2 \to t}} R_X(t_1, t_2) = \lim_{\substack{t_1 \to t \\ t_2 \to t}} E[X(t_1)X(t_2)] = E[X^2(t)] = R_X(t, t) ,$$

即相关函数 $R_X(t_1, t_2)$ 在点 (t, t) 处连续.

充分性：若相关函数 $R_X(t_1, t_2)$ 在点 (t, t) 处连续，则

$$E\left|X(t+h) - X(t)\right|^2 = E[X^2(t+h) - 2X(t+h)X(t) + X^2(t)]$$
$$= R_X(t+h, t+h) - 2R_X(t+h, t) + R_X(t, t) ,$$

令 $h \to 0$，有

$$\lim_{h \to 0} E\left|X(t+h) - X(t)\right|^2 = R_X(t, t) - 2R_X(t, t) + R_X(t, t) = 0 ,$$

即随机过程 $\{X(t), t \in T\}$ 在 t 点均方连续.

推论 7.1 若相关函数 $R_X(t_1, t_2)$ 在 $\{(t, t), t \in T\}$ 上连续，则它在 $T \times T$ 上连续.

只要证明对于任意的 $(s, t) \in T \times T$，有 $\lim_{\substack{t_1 \to s \\ t_2 \to t}} R_X(t_1, t_2) = R_X(s, t)$. 这里不证，留为习题.

【例 7.2】 设 $\{X(t), t \geq 0\}$ 是参数为 λ 的泊松过程，讨论其均方连续性.

解：$\{X(t), t \geq 0\}$ 是泊松过程，因此 $X(t)$ 是独立增量过程，且对任意的 $P\{X(t+s) - X(s) = k\} = \dfrac{(\lambda t)^k}{k!} e^{-\lambda t}$，有

$$P\{X(t+s) - X(s) = k\} = \frac{(\lambda t)^k}{k!} e^{-\lambda t} , \quad k = 0, 1, 2, \cdots ,$$

$E[X(t)] = D[X(t)] = \lambda t$，故 $E[X^2(t)] = \lambda t + (\lambda t)^2$. 如果 $s < t$，相关函数

$$R_X(s, t) = E[X(s)X(t)]$$
$$= E[X(s)(X(t) - X(s) + X(s))] = E[X(s)(X(t) - X(s)) + E[X^2(s)]$$

$$= E[X(s)]E[(X(t) - X(s)] + E[X^2(s)] = \lambda s \cdot \lambda(t - s) + \lambda s + (\lambda s)^2$$

$$= \lambda s(1 + \lambda t),$$

同样，当 $s > t$ 时，有

$$R_X(s,t) = \lambda t(1 + \lambda s).$$

可以看出相关函数 $R_X(s,t)$ 在 $\{(s,t), s, t \geq 0\}$ 上连续，所以 $\{X(t), t \geq 0\}$ 在 $t \geq 0$ 时均方连续.

7.2.2　均方导数

定义 7.4　设有二阶矩过程 $\{X(t), t \in T\}$，若存在另一个随机过程 $\{X'(t), t \in T\}$，满足

$$\lim_{h \to 0} E \left| \frac{X(t+h) - X(t)}{h} - X'(t) \right|^2 = 0, \qquad (7.6)$$

则称 $X(t)$ 在 t 点**均方可微**，记为

$$X'(t) = \frac{\mathrm{d}X(t)}{\mathrm{d}t} = \lim_{h \to 0} \frac{X(t+h) - X(t)}{h},$$

并称 $X'(t)$ 为 $X(t)$ 在 t 点的**均方导数**. 若 $X(t)$ 在 T 上每一点 t 都均方可微，则称它在 **T 上均方可微**.

均方导数有许多类似于普通函数的性质，如均方导数是唯一的；如果 $X(t)$ 均方可微，则一定均方连续；$X(t)=X$（或常数 C），则均方导数为 0；均方导数满足线性性质，即 $[aX(t) + bY(t)]' = aX'(t) + bY'(t)$；如果 $X(t)$ 均方可微，$f(t)$ 是普通可微函数，则 $f(t)X(t)$ 均方可微，且有 $[f(t)X(t)]' = f'(t)X(t) + f(t)X'(t)$ 等.

如果 $\{X'(t), t \in T\}$ 在 t 点还均方可微，记

$$X''(t) = \frac{\mathrm{d}X'(t)}{\mathrm{d}t} = \lim_{h \to 0} \frac{X'(t+h) - X'(t)}{h},$$

则称 $X''(t)$ 为 $X(t)$ 在 t 点的**二阶均方导数**. 类似可定义 $X(t)$ 在 t 点的 **n 阶均方导数**，记为 $X^{(n)}(t)$.

为了给出随机过程 $\{X(t), t \in T\}$ 均方可微的充要条件，先给出如下定义：
设 $f(s,t)$ 是普通的二元函数，如果下列极限存在

$$\lim_{\Delta s, \Delta t \to 0} \frac{f(s + \Delta s, t + \Delta t) - f(s + \Delta s, t) - f(s, t + \Delta t) + f(s,t)}{\Delta s \Delta t}, \qquad (7.7)$$

则称 $f(s,t)$ 在 (s,t) 处广义二阶可导. 极限值称为 $f(s,t)$ 在点 (s,t) 处的广义二阶导数.

如果函数 $f(s,t)$ 关于 s 和 t 的一阶偏导数存在，二阶混合偏导数存在且连续，则 $f(s,t)$ 广义二阶可导，并且广义二阶导数就等于二阶混合偏导数.

定理 7.5　（均方可微准则）二阶矩过程 $\{X(t), t \in T\}$ 在 t 点均方可微的充要条件是相关函数 $R_X(t_1, t_2)$ 在点 (t, t) 处的广义二阶导数存在.

证明：由均方可微的定义和定理 7.4 知，$X(t)$ 在 t 点均方可微的充要条件是

$$\lim_{h_1, h_2 \to 0} E \left[\frac{X(t+h_1) - X(t)}{h_1} \right] \left[\frac{X(t+h_2) - X(t)}{h_2} \right]$$

$$= \lim_{h_1,h_2 \to 0} \frac{R_X(t+h_1,t+h_2) - R_X(t+h_1,t) - R_X(t,t+h_2) + R_X(t,t)}{h_1 h_2}$$

存在，而上式极限存在的充要条件是 $R_X(t_1,t_2)$ 在点 (t,t) 处的广义二阶导数存在，得证．

推论 7.2　二阶矩过程 $\{X(t), t \in T\}$ 在 T 上均方可微的充要条件是相关函数 $R_X(t_1,t_2)$ 在 $\{(t,t), t \in T\}$ 上每一点广义二阶可导．

推论 7.3　若相关函数 $R_X(t_1,t_2)$ 在 $\{(t,t), t \in T\}$ 上每一点广义二阶可导，则 $\dfrac{\mathrm{d}\mu_X(t)}{\mathrm{d}t}$ 在 T 上存

在，以及 $\dfrac{\partial}{\partial t_1}R_X(t_1,t_2)$、$\dfrac{\partial}{\partial t_2}R_X(t_1,t_2)$、$\dfrac{\partial^2}{\partial t_1 \partial t_2}R_X(t_1,t_2)$、$\dfrac{\partial^2}{\partial t_2 \partial t_1}R_X(t_1,t_2)$ 在 $T \times T$ 上存在，且有

（1）　$\dfrac{\mathrm{d}\mu_X(t)}{\mathrm{d}t} = \dfrac{\mathrm{d}E[X(t)]}{\mathrm{d}t} = E[X'(t)]$；

（2）　$\dfrac{\partial R_X(t_1,t_2)}{\partial t_1} = \dfrac{\partial}{\partial t_1}E[X(t_1)\overline{X(t_2)}] = E[X'(t_1)\overline{X(t_2)}]$；

（3）　$\dfrac{\partial R_X(t_1,t_2)}{\partial t_2} = \dfrac{\partial}{\partial t_2}E[X(t_1)\overline{X(t_2)}] = E[X(t_1)\overline{X'(t_2)}]$；

（4）　$\dfrac{\partial R_X(t_1,t_2)}{\partial t_1 \partial t_2} = \dfrac{\partial R_X(t_1,t_2)}{\partial t_2 \partial t_1} = E[X'(t_1)\overline{X'(t_2)}]$．

推论 7.3 表明求导运算与期望可以交换次序．

证明：　证（2），其余类似可证．由定理 7.1 中的（6）知

$$\frac{\partial R_X(t_1,t_2)}{\partial t_1} = \frac{\partial}{\partial t_1}E[X(t_1)\overline{X(t_2)}] = \lim_{h \to 0}\frac{E[X(t_1+h)\overline{X(t_2)}] - E[X(t_1)\overline{X(t_2)}]}{h}$$

$$= \lim_{h \to 0}E\left[\frac{X(t_1+h)-X(t_1)}{h}\overline{X(t_2)}\right] = E\left[\lim_{h \to 0}\frac{X(t_1+h)-X(t_1)}{h}\overline{X(t_2)}\right]$$

$$= E[X'(t_1)\overline{X(t_2)}].$$

【例 7.3】　已知平稳随机过程 $\{X(t), t \in T\}$ 的相关函数 $R_X(\tau) = \mathrm{e}^{-\alpha\tau^2}$，判断 $X(t)$ 是否均方连续和均方可微．

解：　随机过程 $\{X(t), t \in T\}$ 是平稳的，根据均方连续准则和均方可微准则，判断 $X(t)$ 是否均方连续和均方可微，只要判断相关函数 $R_X(\tau) = \mathrm{e}^{-\alpha\tau^2}$ 在 $\tau = 0$ 处是否连续、是否二阶可导即可．

相关函数 $R_X(\tau) = \mathrm{e}^{-\alpha\tau^2}$ 是初等函数，当 $\tau = 0$ 时是连续的，因此过程 $\{X(t), t \in T\}$ 在任意时刻都是均方连续的．

$$R_X'(\tau) = -2\alpha\tau\mathrm{e}^{-\alpha\tau^2}, \quad R_X''(\tau) = (-2\alpha + 4\alpha^2\tau^2)\mathrm{e}^{-\alpha\tau^2},$$

故 $R_X''(0) = -2\alpha$，过程 $\{X(t), t \in T\}$ 在任意时刻都是均方可微的．

【例 7.4】　证明维纳过程是均方连续但不是均方可微的．

证明：　设 $\{W(t), t \geq 0\}$ 是参数为 σ^2 维纳过程，则其相关函数

$$R_W(s,t) = E[W(s)W(t)],$$

如果 $s < t$，则

$$R_W(s,t) = E[W(s)(W(t)-W(s)) + W^2(s)] = E[W^2(s)] = \sigma^2 s,$$

同样当 $s > t$，则有 $R_W(s,t) = \sigma^2 t$，故对任意的 $s, t \geq 0$，有

$$R_W(s,t) = \sigma^2 \min\{s,t\}.$$

显然 $R_W(s,t)$ 是连续函数，所以 $\{W(t), t \geq 0\}$ 是均方连续的．但是 $R_W(s,t)$ 的广义二阶导数不存在．事实上，对任意的 $t > 0$，在 (t, t) 点处，有

$$\lim_{\Delta s, \Delta t \to 0} \frac{R_W(t + \Delta s, t + \Delta t) - R_W(t + \Delta s, t) - R_W(t, t + \Delta t) + R_W(t, t)}{\Delta s \Delta t},$$

取 $\Delta s = \Delta t$，当 Δt 充分小并总是大于 0 时，上式变成

$$\lim_{\Delta t \to 0^+} \sigma^2 \cdot \frac{t + \Delta t - t - t + t}{(\Delta t)^2} = \lim_{\Delta t \to 0^+} \frac{\sigma^2}{\Delta t} = \infty,$$

因此 $\{W(t), t \geq 0\}$ 不是均方可微的．

注意，如果引入 δ 函数：

$$\delta(x) = \begin{cases} 0, & x \neq 0 \\ \infty, & x = 0 \end{cases}, \quad 且 \int_{-\infty}^{\infty} \delta(x)\mathrm{d}x = 1, \tag{7.8}$$

可以将维纳过程中的相关函数 $R_W(s,t) = \sigma^2 \min\{s,t\}$ 的偏导数写成

$$R_{W'}(s,t) = \frac{\partial^2}{\partial s \partial t} R_W(s,t) = \sigma^2 \delta(s - t),$$

这表示广义导数 $W'(t)$ 的相关函数在 $s \neq t$ 时为 0，在 $s = t$ 时为 ∞，即 $W'(t)$ 的取值非常分散，这是物理和工程中的"噪声"具有的特性，就称为白噪声．

7.3　均　方　积　分

定义 7.5　设有二阶矩过程 $\{X(t), t \in T\}$，$f(x)$ 是定义在 $[a, b]$ 上的函数，将区间 $[a, b]$ 分割成 n 个子区间，分点为 $a = t_0 < t_1 < \cdots < t_n = b$，设 $\Delta_n = \max_{1 \leq i \leq n} \{(t_i - t_{i-1})\}$，取 $t_{i-1} < t_i' < t_i$，$i = 1, 2, \cdots, n$，作和

$$S_n = \sum_{i=1}^{n} f(t_i') X(t_i')(t_i - t_{i-1}),$$

如果当 $\Delta_n \to 0$ 时，S_n 均方收敛于 S，即 $\lim_{\Delta_n \to 0} E|S_n - S|^2 = 0$，则称 $f(t)X(t)$ 在区间 $[a, b]$ 上均方黎曼可积，简称均方可积．其积分值记为 $\int_a^b f(t)X(t)\mathrm{d}t$，即

$$S = \int_a^b f(t)X(t)\mathrm{d}t = \lim_{\Delta_n \to 0} \sum_{i=1}^{n} f(t_i') X(t_i')(t_i - t_{i-1}). \tag{7.9}$$

注，当 $f(x) = 1$ 时，有 $S = \int_a^b X(t)\mathrm{d}t = \lim_{\Delta_n \to 0} \sum_{i=1}^{n} X(t_i')(t_i - t_{i-1})$．

定理 7.6　（均方可积准则）$f(t)X(t)$ 在区间 $[a, b]$ 上均方可积的充要条件是二重积分

$$\int_a^b \int_a^b f(t_1)\overline{f(t_2)} R_X(t_1, t_2)\mathrm{d}t_1\mathrm{d}t_2$$

存在. 特别地，二阶矩过程 $X(t)$ 在区间 $[a, b]$ 上均方可积的充要条件是 $R_X(t_1, t_2)$ 在 $[a, b] \times [a, b]$ 上可积.

证明从略.

下面的定理表明积分运算与期望可以交换次序.

定理 7.7 设 $f(t)X(t)$ 在区间 $[a, b]$ 上均方可积，则有

（1）$E\left[\int_a^b f(t)X(t)\mathrm{d}t\right] = \int_a^b f(t)E[X(t)]\mathrm{d}t$ ，

特别有

$$E\left[\int_a^b X(t)\mathrm{d}t\right] = \int_a^b E[X(t)]\mathrm{d}t \ ;$$

（2）$E\left[\int_a^b f(t_1)X(t_1)\mathrm{d}t_1 \overline{\int_a^b f(t_2)X(t_2)\mathrm{d}t_2}\right] = \int_a^b \int_a^b f(t_1)\overline{f(t_2)}R_X(t_1, t_2)\mathrm{d}t_1\mathrm{d}t_2$ ，

特别有

$$E\left|\int_a^b X(t)\mathrm{d}t\right|^2 = \int_a^b \int_a^b R_X(t_1, t_2)\, \mathrm{d}t_1\mathrm{d}t_2 \ .$$

定理 7.7 的结论可以由定义直接证，感兴趣的读者可自己证明.

均方积分还有与普通函数的积分类似的性质，如均方积分是唯一的；均方连续一定均方可积；如果 $a \leqslant c \leqslant b$，则 $\int_a^b f(t)X(t)\mathrm{d}t = \int_a^c f(t)X(t)\mathrm{d}t + \int_c^b f(t)X(t)\mathrm{d}t$；均方积分满足线性性质，即 $\int_a^b [\alpha X(t) + \beta Y(t)]\mathrm{d}t = \alpha \int_a^b X(t)\mathrm{d}t + \beta \int_a^b Y(t)\mathrm{d}t$ 等.

不加证明地给出均方积分的如下性质.

定理 7.8 设二阶矩过程 $\{X(t), t \in T\}$ 在区间 $[a, b]$ 上均方连续，则

$$Y(t) = \int_a^t X(s)\mathrm{d}s \ , \quad a \leqslant t \leqslant b \tag{7.10}$$

在均方意义下存在，且随机过程 $\{Y(t), t \in T\}$ 在区间 $[a, b]$ 上均方可微，且有

$$Y'(t) = X(t) \ .$$

推论 7.4 设 $X(t)$ 均方可微，$X'(t)$ 均方连续，则

$$X(t) - X(a) = \int_a^t X'(s)\mathrm{d}s \ ,$$

$$X(b) - X(a) = \int_a^b X'(t)\mathrm{d}t \ . \tag{7.11}$$

式（7.11）相当于普通函数积分中的牛顿-莱布尼兹公式.

【例 7.5】 设 $\{X(t), t \in [a, b]\}$ 是一高斯过程，如果 $X(t)$ 在区间 $[a, b]$ 上均方可积，令

$$Y(t) = \int_a^t X(t)\mathrm{d}t \ , \quad a \leqslant t \leqslant b \ ,$$

证明 $\{Y(t), t \in [a, b]\}$ 也是高斯过程.

证明：对于任意 n，在区间 $[a, b]$ 上任取 $t_0, t_1, \cdots, t_n$. 对于 t_k，在 $[a, t_k]$ 上作分割

$a = s_0^{(k)} < s_1^{(k)} < \cdots < s_{n_k}^{(k)} = t_k$，设 $\Delta_{n_k} = \max\limits_{1 \leqslant i \leqslant n_k} \{(s_i^{(k)} - s_{i-1}^{(k)})\}$，取 $s_{i-1}^{(k)} < u_i^{(k)} < s_i^{(k)}$，$i = 1, 2, \cdots, n_k$，则由定理 1.4 知，和式

$$\sum_{i=1}^{n_k} X(u_i^{(k)})(s_i^{(k)} - s_{i-1}^{(k)})$$

是一个正态随机变量. 且有

$$Y(t_k) = \lim_{\Delta_{n_k} \to 0} \sum_{i=1}^{n_k} X(u_i^{(k)})(s_i^{(k)} - s_{i-1}^{(k)})，\quad k = 1, 2, \cdots, n .$$

由例 7.1 知（$Y(t_1), Y(t_2), \cdots, Y(t_n)$）也是 n 维正态随机变量. 因此 $\{Y(t), t \in [a, b]\}$ 是高斯过程.

下面简单介绍两种其他类型的均方积分：均方斯蒂杰斯（Stieltjes）积分和伊藤（Ito）积分. 并不加证明地给出其一些性质.

定义 7.6　设有二阶矩过程 $\{X(t), t \in T\}$，$f(x)$ 是定义在 $[a, b]$ 上的函数，将区间 $[a, b]$ 分割成 n 个子区间，分点为 $a = t_0 < t_1 < \cdots < t_n = b$，设 $\Delta_n = \max\limits_{1 \leqslant i \leqslant n} \{(t_i - t_{i-1})\}$，取 $t_{i-1} < t_i' < t_i$，$i = 1, 2, \cdots, n$，作和

$$S_n = \sum_{i=1}^{n} f(t_i')[X(t_i) - X(t_{i-1})] ，$$

如果当 $\Delta_n \to 0$ 时，S_n 均方收敛于 S，则称 S 为 $f(t)$ 关于 $X(t)$ 在区间 $[a, b]$ 上**均方斯蒂杰斯积分**. 其积分值记为 $\int_a^b f(t)\mathrm{d}X(t)$，即

$$S = \int_a^b f(t)\mathrm{d}X(t) . \tag{7.12}$$

定理 7.9　设 $\{X(t), t \in T\}$ 是二阶矩过程，$R_X(t_1, t_2)$ 是其相关函数，$f(x)$ 是定义在 $[a, b]$ 上的函数，如果二重斯蒂杰斯积分

$$\int_a^b \int_a^b f(t_1)\overline{f(t_2)}\mathrm{d}R_X(t_1, t_2)$$

存在，则 $f(t)$ 关于 $X(t)$ 在区间 $[a, b]$ 上均方斯蒂杰斯可积.

定理 7.10　设 $f(t)$ 关于 $X(t)$ 在区间 $[a, b]$ 上均方斯蒂杰斯可积，$\mu_X(t)$ 和 $R_X(t_1, t_2)$ 分别是 $X(t)$ 的均值函数和相关函数，则有

（1）$E\left[\int_a^b f(t)\mathrm{d}X(t)\right] = \int_a^b f(t)\mathrm{d}E[X(t)] = \int_a^b f(t)\mathrm{d}\mu_X(t)$；

（2）$E\left[\left|\int_a^b f(t)\mathrm{d}X(t)\right|^2\right] = \int_a^b \int_a^b f(t_1)\overline{f(t_2)}\,\mathrm{d}R_X(t_1, t_2)$.

有限区间上的均方斯蒂杰斯积分可以推广到无限区间上.

定义 7.7　设 $\{X(t), t \in [0, T]\}$ 是一个二阶矩过程，$\{B(t), t \geqslant 0\}$ 是布朗运动，将区间 $[0, T]$ 分割成 n 个子区间，分点为 $0 = t_0 < t_1 < \cdots < t_n = T$，设 $\Delta_n = \max\limits_{1 \leqslant i \leqslant n} \{(t_i - t_{i-1})\}$，作和

$$S_n = \sum_{i=1}^{n} X(t_{i-1})[W(t_i) - W(t_{i-1})] ,$$

如果当 $\Delta_n \to 0$ 时，S_n 均方收敛，则称其极限为 $X(t)$ 关于 $B(t)$ 的**伊藤积分**. 记为

$$\lim_{\Delta_n \to 0} S_n = \int_0^T X(t) \mathrm{d}W(t) . \tag{7.13}$$

注意，在伊藤积分的定义中，当在小区间 $[t_{i-1}, t_i]$ 中选择点时，固定取左**端点**. 取其他点得到的是其他积分.

伊藤积分某些性质与普通函数的积分类似：

（1）线性性质，即

$$\int_0^T [\alpha X(t) + \beta Y(t)] \mathrm{d}W(t) = \alpha \int_0^T X(t) \mathrm{d}W(t) + \beta \int_0^T Y(t) \mathrm{d}W(t) ;$$

（2）如果

$$\int_a^b X(t) \mathrm{d}W(t) = \int_a^c X(t) \mathrm{d}W(t) + \int_c^b X(t) \mathrm{d}W(t)$$

则

$$\int_a^b X(t) \mathrm{d}W(t) = \int_a^c X(t) \mathrm{d}W(t) + \int_c^b X(t) \mathrm{d}W(t) ;$$

等. 但是伊藤积分的大部分性质与普通积分不同. 下面不加证明地给出伊藤积分的一些基本性质.

定理 7.11 设 $X(t)$ 是均方连续的二阶矩过程，$B(t)$ 是布朗运动，如果对任意的 $s_1', s_2' \le t_{i-1} < t_i$ 及 $s_1 < s_2 \le t_{i-1}$，$(X(s_1'), X(s_2'), W(s_2) - W(s_1))$ 与 $W(t_i) - W(t_{i-1})$ 相互独立，则 $X(t)$ 关于 $B(t)$ 的伊藤积分存在且唯一.

定理 7.12 如果 $\int_0^T X(t) \mathrm{d}W(t)$ 存在，则

$$Y(t) = \int_0^t X(s) \mathrm{d}W(s) , \quad 0 \le t \le T \tag{7.14}$$

存在且关于 t 均方连续.

定理 7.13 设 $\{X_n(t), t \in [a, b]\}$ 是均方连续的二阶矩过程，且满足伊藤积分存在条件. 如果对于 $t \in [a, b]$ 一致地有 $\lim_{n \to \infty} X_n(t) = X(t)$，则 $\lim_{n \to \infty} \int_a^t X_n(s) \mathrm{d}W(s) = \int_a^t X(s) \mathrm{d}W(s)$ 也均方连续且满足伊藤积分存在条件，且对一切 $\lim_{n \to \infty} \int_a^t X_n(s) \mathrm{d}W(s) = \int_a^t X(s) \mathrm{d}W(s)$ 一致地有

$$\lim_{n \to \infty} \int_a^t X_n(s) \mathrm{d}W(s) = \int_a^t X(s) \mathrm{d}W(s) . \tag{7.15}$$

7.4 随机微分方程

常微分方程是科学与工程技术领域最常用的数学方法之一，考虑到随机因素之后，随机

（常）微分方程就成为一种重要的工具，如随机干扰下的控制问题、通信技术中的滤波问题等，都需要求解随机微分方程.

考虑如下微分方程组：

$$\begin{cases} \dfrac{\mathrm{d}X_i(t)}{\mathrm{d}t} = f_i(t, X_1(t), \cdots, X_n(t)), & i = 1, 2, \cdots, n, \\ X_i(t_0) = X_{i0}, \end{cases} \tag{7.16}$$

其中 X_{i0}, $X_i(t)$（$i = 1, 2, \cdots, n$）都属于 $\mathbf{H}$（$\mathbf{H}$ 是二阶矩随机变量的全体，是一个线性空间），均为二阶矩变量和二阶矩过程，所有的运算都是在均方意义下的，采用向量记号，式（7.16）成为

$$\frac{\mathrm{d}X(t)}{\mathrm{d}t} = f(t, X(t)), \quad X(t_0) = X_0. \tag{7.17}$$

其中 $X(t) = (X_1(t), X_2(t), \cdots, X_n(t))$，$f = (f_1, f_2, \cdots, f_n)$，$X_0 = (X_{10}, X_{20}, \cdots, X_{n0})$.

将由 n 维二阶矩随机变量组成的线性空间记为 $\mathbf{H}_n$，设 $T = [t_0, b]$.

定义 7.8　在方程式（7.17）中，设 $f : T \times \mathbf{H}_n \to \mathbf{H}_n$，连续，且 $X_0 \in \mathbf{H}_n$，如果 $X(t) : T \to \mathbf{H}_n$ 满足

（1）在 T 上均方连续；

（2）$X(t_0) = X_0$；

（3）$f(t, X(t))$ 是 $X(t)$ 在 T 上的均方导数，

就称 $X(t)$ 是式（7.17）的一个**均方解**.

定理 7.14　$X(t)$ 是式（7.17）的一个均方解的充要条件是

$$X(t) = X_0 + \int_0^t f(t, X(t)) \mathrm{d}t, \quad t \in T. \tag{7.18}$$

证明：由 f 的连续性知积分存在. 充分性由定理 7.8 可得，必要性由推论 7.4 可得.

下面介绍另外一种随机微分方程：伊藤随机微分方程.

设 $\{B(t), t \in T\}$ 是布朗运动，$\sigma^2 = 1$，则称

$$\begin{cases} \mathrm{d}X(t) = f(t, X(t)) \mathrm{d}t + g(t, X(t)) \mathrm{d}W(t), \\ X(t_0) = X_0 \end{cases} \tag{7.19}$$

为伊藤随机微分方程.

如记 $B(t)$ 的广义导数为 $N(t)$，则 $N(t)$ 为白噪声. 这时式（7.19）也可形式地写为

$$\begin{cases} X'(t) = f(t, X(t)) + g(t, X(t)) N(t), \\ X(t_0) = X_0. \end{cases}$$

考虑伊藤积分方程

$$X(t) = X_0 + \int_{t_0}^t f(s, X(s)) \mathrm{d}s + \int_{t_0}^t g(s, X(s)) \mathrm{d}W(s). \tag{7.20}$$

其中右边第一个积分是均方积分，第二个积分是伊藤积分. 式（7.19）和式（7.20）被视为等价的.

方程式（7.19）在控制论、滤波和通信理论中有重要广泛的应用. 首先是因为它在数学上简单，它是经典的最优控制理论中行之有效的状态空间法的随机推广. 其次是白噪声虽然是数学上人为的制造，但它十分近似电子系统中的许多重要的噪声过程的性质，用伊藤方程来刻画实际过程能获得很好的结果. 近几十年来伊藤随机微分方程在经济管理和金融工程中也有着广泛的应用.

下面给出伊藤方程解的存在唯一性定理.

定理 7.15 （伊藤方程解的存在唯一性）

设 $f(t,x)$、$g(t,x)$，$t \in T$，$x \in \mathbf{R}$ 是满足下列条件的实函数：

（1）它们都是二元连续的，而且关于 x 是 t 的一致连续函数.

（2）增长条件：

$$|f(t,x)|^2 \leqslant K^2(1+x^2)，\quad |g(t,x)|^2 \leqslant K^2(1+x^2). \tag{7.21}$$

（3）李普希茨（Lipschtiz）条件：

$$\begin{aligned}|f(t,X_1) - f(t,X_2)| &\leqslant K|X_1 - X_2|, \\ |g(t,X_1) - g(t,X_2)| &\leqslant K|X_1 - X_2|,\end{aligned} \tag{7.22}$$

式中，K 为某正数. 如果 $E(X_1) = \mu$ 与 $\{B(t), t \in T\}$ 独立，则方程（7.19）有唯一解.

习 题 七

7.1 证明均方极限是唯一的.

7.2 设 $X_1, X_2, \cdots, X_n, \cdots$ 是独立同分布的二阶矩随机变量序列，且 $E(X_1) = \mu$，$Y_n = \dfrac{1}{n}\sum_{k=1}^{n} X_k$，证明 $\lim\limits_{n \to \infty} Y_n = \mu$（m.s.）.

7.3 证明：若相关函数 $R_X(t_1, t_2)$ 在 $\{(t,t), t \in T\}$ 上连续，则它在 $T \times T$ 上连续.

7.4 已知随机过程 $\{X(t), t \in T\}$ 的相关函数 $R_X(\tau) = \sigma^2 \mathrm{e}^{-\alpha|\tau|}$，问 $X(t)$ 是否均方连续？是否均方可微？

7.5 设 $\{X(t), t \in T\}$ 是二阶矩过程，$X(t) = \sin(At)$，其中 A 是一随机变量，且 $E(A^4) < \infty$. 证明 $X'(t) = A\cos(At)$.

7.6 设平稳随机过程 $\{X(t), t \in T\}$ 是均方可微的，其导数是 $X'(t)$，证明对任意的 $t \in T$, $X(t)$ 和 $X'(t)$ 是正交的，也是不相关的. 即

$$E[X(t)X'(t)] = E[X(t)]E[X'(t)] = 0.$$

7.7 设有随机过程 $\{X(t), t \in [0,1]\}$，定义

$$P\{X(0) = 0\} = 1，\quad X(t) = Y_j，\quad \frac{1}{2^j} < t \leqslant \frac{1}{2^{j-1}}，\ j = 1, 2, \cdots,$$

其中 $Y_1, Y_2, \cdots$ 是独立同分布的随机变量列，$E(Y_1) = 0$，$D(Y_1) = 1$，讨论 $X(t)$ 的均方可微性.

7.8　设 $\{X(t),\, t \geqslant 0\}$ 是强度为 λ 的泊松过程，令 $Y(t) = \dfrac{1}{t} \displaystyle\int_0^t X(s)\mathrm{d}s$，求 $E[Y(t)]$ 和 $D[Y(t)]$.

7.9　设 $\{W(t),\, t \geqslant 0\}$ 是参数为 σ^2 的维纳过程，令

$$X(t) = \int_0^t \mathrm{e}^{\alpha(t-s)}\mathrm{d}W(s)，\quad t \geqslant 0,$$

其中 α 是不等于 0 的实数，求 $\mu_X(t)$ 的均值函数 $\mu_X(t)$ 和相关函数 $R_X(s, t)$.

第8章 鞅

在本章中将介绍一类特殊的随机过程——鞅. 鞅的定义来自于将公平博弈正式化,可以将其理解为一个进行公平博弈的赌徒的资本过程. 近几十年来,鞅理论不仅在随机过程中占据重要的地位,而且在金融、保险、医学等领域的实际问题中得到广泛的应用. 本章将介绍鞅的定义、停时及鞅收敛定理.

8.1 鞅的基本概念

8.1.1 鞅的定义

考虑一个进行公平赌博的赌徒,记 M_n 为赌徒在 n 时刻的资本,X_n 为赌徒在 n 时刻的赌博结果,可以用 1 表示赢,用 –1 表示输,则 M_n 与 $X_0, X_1, \cdots, X_n$ 有关,条件期望存在时,有

$$E(M_{n+1} \mid X_0 = x_0, \cdots, X_n = x_n, M_n = m) = m ,$$

即第 $n+1$ 时刻的平均资本等同于 n 时刻的资本,即第 $n+1$ 次赌博的平均收益为 0,称 $\{M_n, n \geq 0\}$ 为鞅过程.

定义 8.1 设 $\{M_n, n \geq 0\}$ 及 $\{X_n, n \geq 0\}$ 为两个随机序列,对任意 $n \geq 0$,有

(1) $E|M_n| < +\infty$;

(2) M_n 是 $X_0, \cdots, X_n$ 的函数;

(3) $E(M_{n+1} \mid X_0, \cdots, X_n) = M_n$;   (8.1)

则称 $\{M_n\}$ 关于 $\{X_n\}$ 为鞅,简称 $\{M_n\}$ 为**鞅**(Martingale).

注意到条件(1)是为了保证期望的存在,条件(3)是鞅的性质.

如果只有一个随机序列 $\{X_n\}$,对任意 $n \geq 0$,有 $E|X_n| < +\infty$,且

$$E(X_{n+1} \mid X_0, \cdots, X_n) = X_n ,$$

则称 $\{X_n\}$ 为**鞅**.

如果 $\{X_n\}$ 为鞅,则它有某种无后效性,即当已知时刻 n 及它以前的值 $X_0, \cdots, X_n$ 时,那么 $n+1$ 时刻的值 X_{n+1} 对 $X_0, \cdots, X_n$ 的条件期望与时刻 n 以前的值 $X_0, \cdots, X_{n-1}$ 无关,并且等于 X_n.

【例 8.1】(公平赌博)一个公平赌博,记 M_n 为第 n 次赌博后所输或赢的总金额,$M_0 = 0$. X_n 为 n 时刻的赌博结果,$X_1, X_2, \cdots$ 独立同分布,且用 1 表示赢,用 –1 表示输,$P\{X_1 = 1\} = P\{X_1 = -1\} = \frac{1}{2}$,赌博规则是:每次赌注都比上一次翻一倍,直到赢了赌博停止,则 M_n 是一个鞅.

证明: 假定前 n 次都出现了反面,按照规则,第 n 次赌博后输的总金额为

$$1 + 2 + 4 + \cdots + 2^{n-1} = 2^n - 1 .$$

记 $M_n = -(2^n - 1)$，则下一次如果赢了，可得 2^n 元，即

$$M_{n+1} = 2^n - (2^n - 1) = 1,$$

下一次如果输了，又输 2^n 元，即

$$M_{n+1} = -2^n - (2^n - 1) = -(2^{n+1} - 1).$$

由公平赌博规则可知

$$P\{M_{n+1} = 1 \mid M_n = -(2^n - 1)\} = \frac{1}{2},$$

$$P\{M_{n+1} = -(2^{n+1} - 1) \mid M_n = -(2^n - 1)\} = \frac{1}{2}.$$

由于无论何时只要赢了就停止赌博，所以 $\{M_n, n \geq 1\}$ 从赢了之后就不再变化，于是

$$P\{M_{n+1} = 1 \mid M_n = 1\} = 1.$$

由于 M_n 只取两个值，且

$$P\{M_n = -(2^n - 1)\} = P\{X_1 = -1, \cdots, X_{n-1} = -1, X_n = -1\} = \frac{1}{2^n},$$

故 $E|M_n| < +\infty$，M_n 是关于 $X_1, X_2, \cdots, X_n$ 的函数，且

$$E[M_{n+1} \mid X_1, \cdots, X_n] = E[M_{n+1} \mid M_n],$$

由于

$$E[M_{n+1} \mid M_n = -(2^n - 1)] = 1 \times \frac{1}{2} - (2^{n+1} - 1) \times \frac{1}{2} = -(2^n - 1), \quad E[M_{n+1} \mid M_n = 1] = 1,$$

故 $E[M_{n+1} \mid M_n] = M_n$，$M_n$ 是一个鞅.

【例 8.2】（带有两个吸收壁的简单随机游动）设一个质点在直线段上移动，状态为 $I = \{0, 1, \cdots, N\}$，假设每隔单位时间质点向左或向右移动一个单位，向左的概率为 $p = \frac{1}{2}$，向右的概率为 $q = \frac{1}{2}$. 设 X_n 表示时刻 n 质点所处的位置，则 $\{X_n\}$ 是在 $I = \{0, 1, \cdots, N\}$ 上的简单随机游动，并且 0 和 N 是两个吸收壁，设 $X_0 = a$，则 $\{X_n\}$ 是一个鞅.

证明：X_n 只取有限个值，故 $E|X_n| < +\infty$，$\{X_n\}$ 是一个时齐的马尔可夫链，且

$$P\{X_{n+1} = i+1 \mid X_n = i\} = P\{X_{n+1} = i-1 \mid X_n = i\} = \frac{1}{2}, \quad i = 1, 2, \cdots, N-1,$$

$$P\{X_{n+1} = 0 \mid X_n = 0\} = 1,$$

$$P\{X_{n+1} = N \mid X_n = N\} = 1.$$

由条件期望的定义，$i = 1, 2, \cdots, N-1$ 时，

$$E[X_{n+1} \mid X_n = i] = (i+1)P\{X_{n+1} = i+1 \mid X_n = i\} + (i-1)P\{X_{n+1} = i-1 \mid X_n = i\} = i,$$

$$E[X_{n+1} \mid X_n = 0] = 0 \times P\{X_{n+1} = 0 \mid X_n = 0\} = 0,$$

$$E[X_{n+1} \mid X_n = N] = N \times P\{X_{n+1} = N \mid X_n = N\} = N .$$

故

$$E[X_{n+1} \mid X_0, \cdots, X_n] = E[X_{n+1} \mid X_n] = X_n .$$

即 $\{X_n\}$ 是一个鞅.

【例 8.3】 ［波利亚坛子（Polya urn）抽样模型］考虑一个装有红、黄两色球的坛子。假设最初坛子中装有红、黄两色各一球，每次都按如下规则有放回地随机抽取：如果拿出的是红色的球，则放回的同时再加入一个同色的球；如果拿出的是黄色的球，也采取同样做法。以 X_n 表示第 n 次抽取后坛子中的红球数，则 $X_0 = 1$，且 X_n 是一个非时齐的马尔可夫链，转移概率为

$$P\{X_{n+1} = k+1 \mid X_n = k\} = \frac{k}{n+2} , \quad P\{X_{n+1} = k \mid X_n = k\} = 1 - \frac{k}{n+2} .$$

令 M_n 表示第 n 次抽取后红球所占比例，即 $M_n = \dfrac{X_n}{n+2}$，则 M_n 是个鞅.

证明： 由于

$$E[X_{n+1} \mid X_n = k] = (k+1) \times \frac{k}{n+2} + k \times \left(1 - \frac{k}{n+2}\right) = k + \frac{k}{n+2} ,$$

故 $E[X_{n+1} \mid X_n] = X_n + \dfrac{X_n}{n+2}$，

$$E[M_{n+1} \mid X_1, \cdots, X_n] = E[M_{n+1} \mid X_n] = E\left[\frac{X_{n+1}}{n+3} \,\Big|\, X_n\right] = \frac{1}{n+3} E[X_{n+1} \mid X_n]$$

$$= \frac{1}{n+3}\left(X_n + \frac{X_n}{n+2}\right) = \frac{X_n}{n+2} = M_n .$$

即 M_n 是个鞅.

【例 8.4】 设 $\{X_n, n \geq 0\}$ 为独立随机序列，$X_0 = 0$ 且对任意 $n \geq 0$ 有 $EX_n = 0$，令 $M_n = \displaystyle\sum_{k=1}^{n} X_k$，则 $\{M_n\}$ 关于 $\{X_n\}$ 是鞅. 若 $EX_n = \mu \neq 0$，则 $\{M_n\}$ 不是鞅，但是 $\tilde{M}_n = \displaystyle\sum_{k=1}^{n} (X_k - \mu)$ 是鞅.

定理 8.1 $\{X_n, n \geq 0\}$ 是鞅的充要条件为：对任意非负整数 m，n（$m > n$），有

$$E[X_m \mid X_0, \cdots, X_n] = X_n . \tag{8.2}$$

证明： 充分性显然. 先证必要性. 假设 $\{X_n\}$ 是鞅，则对任意非负整数 n，有

$$E[X_{n+1} \mid X_0, \cdots, X_n] = X_n ,$$

从而对任意非负整数 m（$m > n$）有

$$E[X_m \mid X_0, \cdots, X_{m-1}] = X_{m-1} ,$$

两边再对 $X_0, \cdots, X_{m-2}$ 取期望，得

$$E[X_m \mid X_0, \cdots, X_{m-2}] = E[X_{m-1} \mid X_0, \cdots, X_{m-2}] = X_{m-2} ,$$

以此类推，可得结果.

性质 8.1 常数序列 $\{c_n\}$ 为鞅，其中 $c_n = c$.

性质 8.2 若 $\{X_n, n \geqslant 0\}$ 为鞅，则对任意 $n \geqslant 0$，有 $EX_n = EX_0$，即 X_n 的数学期望 EX_n 是一常数 EX_0 .

性质 8.2 可直接由定理 8.1 证出．

8.1.2 上、下鞅的定义及性质

定义 8.2 设 $\{M_n, n \geqslant 0\}$ 及 $\{X_n, n \geqslant 0\}$ 为两个随机序列，对任意 $E|M_n| < +\infty$，有

（1）$E|M_n| < +\infty$；

（2）M_n 是 $X_0, \cdots, X_n$ 的函数；

（3）$E(M_{n+1} | X_0, \cdots, X_n) \leqslant M_n$； $\hspace{4cm}$ （8.3）

则称 $\{M_n\}$ 关于 $\{X_n\}$ 为上鞅，简称 $\{M_n\}$ 为上鞅（Supermartingale）．

如果将式（8.3）改成

$$E(M_{n+1} | X_0, \cdots, X_n) \geqslant M_n, \hspace{3cm} (8.4)$$

则称 $\{M_n\}$ 关于 $\{X_n\}$ 为下鞅，简称 $\{M_n\}$ 为下鞅（Submartingale）．

关于上、下鞅的直观解释：上鞅表示赌徒第 $n+1$ 年的平均资本不多于第 n 年的资本，即具有上鞅这种性质的赌博是亏本赌博；下鞅表示第 $n+1$ 年的平均资本不少于第 n 年的资本，即具有下鞅这种性质的赌博是盈利赌博．

性质 8.3 $\{M_n\}$ 为鞅的充分必要条件是：$\{M_n\}$ 既为上鞅也为下鞅．

性质 8.4 $\{M_n\}$ 为上鞅 $\Leftrightarrow \{-M_n\}$ 为下鞅；$\{M_n\}$ 为下鞅 $\Leftrightarrow \{-M_n\}$ 为上鞅．

定理 8.2 如果 $\{M_n\}$ 为鞅，$f(x)$ 是凸函数，则 $\{f(M_n)\}$ 为下鞅；如果 $\{M_n\}$ 为下鞅，$f(x)$ 是非降的凸函数，则 $\{f(M_n)\}$ 仍为下鞅．

证明： 如果 $\{M_n\}$ 为鞅，$E(M_{n+1} | X_0, \cdots, X_n) = M_n$. 由定理 1.6（Jensen 不等式）可知，

$$E[f(M_{n+1}) | X_0, \cdots, X_n] \geqslant f(E[M_{n+1} | X_0, \cdots, X_n]) = f(M_n),$$

即 $\{M_n\}$ 为下鞅．

如果 $\{M_n\}$ 为下鞅，$E(M_{n+1} | X_0, \cdots, X_n) \geqslant M_n$. $f(x)$ 是非降的凸函数，故对 $\forall x_1, x_2$，$f(x_1), f(x_2)$，由 Jensen 不等式，

$$E[f(M_{n+1}) | X_0, \cdots, X_n] \geqslant f(E[M_{n+1} | X_0, \cdots, X_n]) \geqslant f(M_n),$$

即 $\{f(M_n)\}$ 为下鞅．

8.2 停时的基本概念

8.2.1 停时

定义 8.3 设 $\{X_n, n \geqslant 0\}$ 是一随机序列，τ 是取值 0，1，2，$\cdots$ 的一个随机变量，若对任意 $n \geqslant 0$，事件 $\{\tau = n\}$ 由 $X_0, \cdots, X_n$ 决定，则称 τ 关于 $\{X_n\}$ 为停时，简称 τ 为**停时**（Stopping time）．

停时的直观背景解释：设想赌徒在前 $n+1$ 次赌博的资本为 $X_0, \cdots, X_n$，那么停时就是这个赌徒决定何时停止赌博的策略．停时的性质表示 $\{\tau = n\}$ 这一事件只依赖于 n 时刻以前（包括

n 时刻）的资本，而与将来的资本 X_{n+1} 无关，即赌徒在时刻 n 是否停止赌博，只依赖于过去的经历，而与将来的情况无关.

注：如果 τ 关于 $\{X_n\}$ 为停时，即事件 $\{\tau = n\}$ 由 $X_0, \cdots, X_n$ 决定，则由 $\{\tau \leqslant n\} = \bigcup_{k=1}^{n} \{\tau = k\}$ 知事件 $\{\tau \leqslant n\}$ 也由 $X_0, \cdots, X_n$ 决定，$\{\tau > n\} = \Omega - \{\tau \leqslant n\}$（$\Omega$ 是全集）知事件 $\{\tau > n\}$ 也由 $X_0, \cdots, X_n$ 决定，且示性函数 $I_{\{\tau = n\}}$、$I_{\{\tau \leqslant n\}}$ 和 $I_{\{\tau > n\}}$ 也仅由 $X_0, \cdots, X_n$ 决定，故有如下定理 8.3.

定理 8.3 设 τ 是取值 $0, 1, \cdots, \infty$ 的一个随机变量，$\{X_n, n \geqslant 0\}$ 是随机序列，下列命题等价：

（1）τ 关于 $\{X_n\}$ 为停时；

（2）$I_{\{\tau \leqslant n\}} = I_{\{\tau \leqslant n\}}(X_0, \cdots, X_n) = \begin{cases} 1, & \tau \leqslant n \\ 0, & \tau > n \end{cases}$； $\qquad\qquad\qquad$ (8.5)

（3）$I_{\{\tau > n\}} = I_{\{\tau > n\}}(X_0, \cdots, X_n) = \begin{cases} 1, & \tau > n \\ 0, & \tau \leqslant n \end{cases}$. $\qquad\qquad\qquad$ (8.6)

【例 8.5】 设 $\{\tau = k\}$（k 为常数），则 τ 为停时.

【例 8.6】 设 τ 为停时，$T = \min\{\tau, n\}$（n 为常数），则 T 为停时.

停时具有以下基本特性：T_1 与 T_2 是两个停时，则 $T_1 + T_2$、$T_1 \wedge T_2 = \min\{T_1, T_2\}$ 和 $T_1 \vee T_2 = \max\{T_1, T_2\}$ 都是停时.

【例 8.7】 设 A 为 $\{X_n\}$ 的状态空间 I 的一个子集，令

$$\tau(A) = \min\{n: X_n \in A\},$$

即 $\tau(A)$ 为首次进入 A 的时刻，则 $\tau(A)$ 为停时.

证明： $\{\tau(A) = n\} = \{X_1 \notin A, \cdots, X_{n-1} \notin A, X_n \in A\}$，则 $\tau(A)$ 只依赖于 $X_0, \cdots, X_n$，$\tau(A)$ 为停时.

注意，若令 $\tau(A)$ 为最后进入 A 的时刻，则 $\tau(A)$ 不是停时，因为它和 $X_{n+1}, X_{n+2}, \cdots$ 有关.

8.2.2 鞅停时定理

设 $\{M_n, n \geqslant 0\}$ 是一个关于 $\{X_n, n \geqslant 0\}$ 的鞅，T 是停时，记 $T_n = \min\{T, n\}$，则 T_n 也是停时，且

$$M_{T_n} = M_T I_{\{T \leqslant n\}} + M_n I_{\{T > n\}} = M_T - M_T I_{\{T > n\}} + M_n I_{\{T > n\}}$$

即

$$M_T = M_{T_n} + M_T I_{\{T > n\}} - M_n I_{\{T > n\}},$$

则有

$$E[M_T] = E[M_{T_n}] + E[M_T I_{\{T > n\}}] - E[M_n I_{\{T > n\}}].$$

由于 T_n 是有界停时，即 $M_{T_n} = \sum_{k=0}^{n} M_k I_{\{T_n = k\}}$，故

$$E[M_{T_n} \mid X_0, \cdots X_{n-1}] = \sum_{k=0}^{n-1} M_k I_{\{T_n = k\}} + E[M_n I_{\{T_n = n\}} \mid X_0, \cdots X_{n-1}].$$

由于 $\{T_n = n\}$ 与 $\{T_n > n - 1\}$ 等价，因此

$$E[M_n I_{\{T_n=n\}} \mid X_0, \cdots X_{n-1}] = I_{\{T_n > n-1\}} E[M_n \mid X_0, \cdots X_{n-1}] = I_{\{T_n > n-1\}} M_{n-1},$$

从而

$$E[M_{T_n} \mid X_0, \cdots X_{n-1}] = \sum_{k=0}^{n-1} M_k I_{\{T_n=k\}} + M_{n-1} I_{\{T_n > n-1\}} = \sum_{k=0}^{n-2} M_k I_{\{T_n=k\}} + M_{n-1} I_{\{T_n > n-2\}}.$$

上式关于 $X_0, \cdots, X_{n-2}$ 取条件期望，重复以上运算，得

$$E[M_{T_n} \mid X_0, \cdots X_{n-2}] = \sum_{k=0}^{n-3} M_k I_{\{T_n=k\}} + M_{n-2} I_{\{T_n > n-3\}}.$$

经过 n 次求解，得 $E[M_{T_n} \mid X_0] = M_0 I_{\{T_n \geq 0\}} = M_0$，而当 $P\{T < \infty\} = 1$ 时，只要 $E(|M_T|) < \infty$，有 $E[M_T I_{\{T>n\}}] \to 0$，$n \to \infty$，因此，要想保证 $E(M_T) = E(M_0)$，只要 $\lim\limits_{n \to \infty} E(|M_n| I_{\{T>n\}}) = 0$ 即可，得下面的鞅停时定理.

定理 8.4（鞅停时定理） 设 $\{M_n, n \geq 0\}$ 是一个鞅，T 是停时，满足：

（1） $P\{T < \infty\} = 1$；

（2） $E(|M_T|) < \infty$；

（3） $\lim\limits_{n \to \infty} E(|M_n| I_{\{T>n\}}) = 0$；

则有 $E(M_T) = E(M_0)$.

【例 8.8】 （**Wald 方程**）若 $\{X_n, n \geq 1\}$ 是独立同分布随机序列，$E|X_n| < \infty$，N 是停时，$E(N) < \infty$，则 $E\left[\sum\limits_{k=1}^{N} X_k\right] = E(N)E(X_1)$.

证明：记 $E(X_1) = \mu$，则 $M_n = \sum\limits_{k=1}^{n} (X_k - \mu)$ 是鞅，由鞅停时定理可知，

$$E(M_N) = E(M_1) = 0.$$

而

$$E(M_N) = E[\sum_{k=1}^{N}(X_k - \mu)] = E\left[\sum_{k=1}^{N} X_k - N\mu\right] = E\left[\sum_{k=1}^{N} X_k\right] - E(N)\mu = 0,$$

故 $E\left[\sum\limits_{k=1}^{N} X_k\right] = E(N)E(X_1)$.

【例 8.9】 设 $\{X_n\}$ 是在 $\{0, 1, \cdots, N\}$ 上的简单随机游动，向左、向右的概率均为 $\frac{1}{2}$，并且 0 和 N 是两个吸收壁，设 $X_0 = a$，则 $\{X_n\}$ 是一个鞅. 令

$$T = \min\{j: X_j = 0 \text{或} N\},$$

则 T 是一个停时，满足 $E(X_T) = E(X_0) = a$，由于

$$E(X_T) = N \cdot P\{X_T = N\} + 0 \cdot P\{X_T = 0\},$$

则有

$$P\{X_T = N\} = \frac{E(X_T)}{N} = \frac{a}{N},$$

即在吸收时刻它处于 N 点的概率为 $\dfrac{a}{N}$.

8.2.3 一致可积性

定义 8.4 设有一列随机变量 $X_1, X_2, \cdots$，如果对 $\forall \varepsilon > 0$，存在 $\delta > 0$，使得对任意 A，当 $P(A) < \delta$ 时，

$$E(|X_n|I_A) < \varepsilon,$$

对 $\forall n$ 成立，则称这列随机变量是**一致可积的**（Uniformly integrable）.

如果存在常数 $C < \infty$，使得对所有 n，有 $E(X_n^2) < C$，则序列 $X_1, X_2, \cdots$ 是一致可积的.

事实上，对 $\forall \varepsilon > 0$，令 $\delta = \dfrac{\varepsilon^2}{4C}$，使得对任意 A，当 $P(A) < \delta$ 时，

$$
\begin{aligned}
E(|X_n|I_A) &= E(|X_n|I_{A\cap\left\{|X_n|\geq \frac{2C}{\varepsilon}\right\}}) + E(|X_n|I_{A\cap\left\{|X_n|<\frac{2C}{\varepsilon}\right\}}) \\
&\leq \frac{\varepsilon}{2C}E(X_n^2 I_{A\cap\left\{|X_n|\geq\frac{2C}{\varepsilon}\right\}}) + \frac{2C}{\varepsilon}P\left\{A\cap\{|X_n|<\frac{2C}{\varepsilon}\}\right\} \\
&\leq \frac{\varepsilon}{2C}E(X_n^2) + \frac{2C}{\varepsilon}P(A) < \varepsilon.
\end{aligned}
$$

注意到这里给出的 δ 只与 ε 有关，与 n 和 A 均无关.

【例 8.10】 （例 8.1 续），设 X_i 表示第 i 次投硬币的结果，如果出现正面就为 1，出现反面就为 -1，每次投币之前的赌注都比上一次翻一倍，直到赢了赌博即停，令 W_n 表示第 n 次赌博后输（或赢）的总钱数，$W_0 = 0$，则 W_n 是关于 $X_1, X_2, \cdots, X_n$ 的鞅. $X_1, X_2, \cdots$ 独立同分布，概率分布为 $P\{X_i = 1\} = \dfrac{1}{2}$，$P\{X_i = -1\} = \dfrac{1}{2}$. 设 $A_n = \{X_1 = X_2 = \cdots = X_n = -1\}$，则 $P(A_n) = \dfrac{1}{2^n}$，但

$$E(|W_n|I_{A_n}) = \frac{2^n - 1}{2^n} \to 1,$$

随机变量列 $W_1, W_2, \cdots$ 不是一致可积的.

定理 8.5 （停时定理）

设 $\{M_n, n \geq 0\}$ 是关于 $\{X_n, n \geq 0\}$ 一致可积的鞅，T 是停时，满足 $P\{T < \infty\} = 1$，并且 $E(|M_T|) < \infty$，则有 $E(M_T) = E(M_0)$.

8.3 鞅收敛定理

回到**波利亚坛子抽样模型**，一个装有红、黄两色球的坛子，假设最初坛子中装有红、黄两色各一球，每次都按如下规则有放回地随机抽取：如果拿出的是红色的球，则放回的同时再加入一个同色的球；如果拿出的是黄色的球，也采取同样做法. 以 X_n 表示第 n 次抽取后坛子中的红球数，则 $X_0 = 1$，转移概率为

$$P\{X_{n+1} = k+1 \mid X_n = k\} = \frac{k}{n+2}, \quad P\{X_{n+1} = k \mid X_n = k\} = 1 - \frac{k}{n+2}.$$

令 M_n 表示第 n 次抽取后红球所占比例，则 $M_n = \dfrac{X_n}{n+2}$，并且 M_n 是个鞅. 考虑当 $n \to \infty$ 时，M_n 如何变化？

令 $0 < a < b < 1$，假定 $M_n < a$，令

$$T = \min\{j: j \geq n, M_j \geq b\},$$

即 T 表示 n 之后第一个比例从小于 a 到超越 b 的时刻，令 $T_m = \min\{T, m\}$，则对 $m > n$，由停时定理，$E(M_{T_m}) = E(M_n) < a$. 但是

$$E(M_{T_m}) \geq E(M_{T_m} I_{\{T \leq m\}}) = E(M_T I_{\{T \leq m\}}) \geq b P\{T \leq m\},$$

从而 $P\{T \leq m\} < \dfrac{a}{b}$，由 m（$>n$）的任意性，知 $P\{T < \infty\} \leq \dfrac{a}{b}$，这说明至少以 $1 - \dfrac{a}{b}$ 的概率红球的比例永远不会超过 b，同样的讨论可以得到，如果这一比例确实超过 b 了，再次回降到 a 以下的概率最大为 $\dfrac{1-b}{1-a}$，n 个来回的概率为

$$\frac{a}{b}\frac{1-b}{1-a}\frac{a}{b} \cdots \frac{a}{b}\frac{1-b}{1-a} = \left(\frac{a}{b}\right)^n \left(\frac{1-b}{1-a}\right)^n \to 0, \ n \to \infty,$$

即 $\lim\limits_{n \to \infty} M_n$ 存在，记为 M_∞.

由 M_n 的概率

$$P\left\{M_n = \frac{k}{n+2}\right\} = P\{X_n = k\} = \frac{1}{n+2}, \quad k = 1, 2, \cdots, n+1$$

知，M_∞ 服从 $[0,1]$ 上的均匀分布.

定理 8.6 （鞅收敛定理，Martingale convergence theorem）

设 $\{M_n, n \geq 0\}$ 是一个关于 $\{X_n, n \geq 0\}$ 的鞅，并且存在常数 $C < \infty$，使得 $E(|M_n|) < C$ 对任意 n 成立，则当 $n \to \infty$ 时，M_n 的极限概率 1 存在.

定理 8.7 如果 $\{M_n, n \geq 0\}$ 是一个关于 $\{X_n, n \geq 0\}$ 的一致可积鞅，$\lim\limits_{n \to \infty} M_n$ 概率 1 存在，记为 M_∞，且 $E(M_\infty) = E(M_0)$.

【例 8.11】 设 $X_1, X_2, \cdots$ 为一独立同分布的随机变量序列，且

$$P\{X_i = 1\} = P\{X_i = -1\} = \frac{1}{2},$$

$M_n = \sum\limits_{k=1}^{n} \dfrac{X_k}{k}$，则 M_∞ 存在，且 $E(M_\infty) = 0$.

证明： 显然 M_n 是鞅，事实上，

$$E[M_{n+1} \mid X_1, \cdots, X_n] = \sum_{k=1}^{n} \frac{X_k}{k} + E\left[\frac{X_{n+1}}{n+1} \mid X_1, \cdots, X_n\right]$$

$$= \sum_{k=1}^{n} \frac{X_k}{k} + \frac{1}{n+1} E(X_{n+1}) = \sum_{k=1}^{n} \frac{X_k}{k} = M_n.$$

且 $E(M_n)=0$．又由于

$$E(M_n^2)=\mathrm{Var}(M_n)=\sum_{k=1}^{n}\frac{\mathrm{Var}(X_k)}{k^2}=\sum_{k=1}^{n}\frac{1}{k^2}\leqslant\sum_{k=1}^{\infty}\frac{1}{k^2}<\infty,$$

故 $\{M_n\}$ 是一致可积鞅，由定理 8.7 可知 M_∞ 存在，且 $E(M_\infty)=E(M_n)=0$．

对于连续时间的随机过程，还可以类似定义连续参数鞅，由于涉及要定义一个完备的概率空间和适应的 σ 代数流，本书就不介绍了．

习 题 八

8.1　设 $X_1,X_2,\cdots$ 独立同分布，$E(X_1)=\mu$，$S_n=S_0+X_1+X_2+\cdots+X_n$ 表示一个随机游动，令 $M_n=S_n-n\mu$，证明 M_n 是关于 X_n 的鞅．

8.2　设 $X_1,X_2,\cdots$ 是独立同分布的随机变量序列，且固定 t 时，$g(t)=E(\mathrm{e}^{tX_1})<\infty$，令 $S_0=0$，$S_n=X_1+X_2+\cdots+X_n$，令 $M_n=[g(t)]^{-n}\mathrm{e}^{tS_n}$，证明 M_n 是关于 X_n 的鞅．

8.3　（赌徒破产）设 $X_1,X_2,\cdots$ 是独立同分布的随机变量列，且

$$P\{X_i=1\}=p,\quad P\{X_i=-1\}=1-p,$$

其中 $1<p<1$，且 $p\neq\dfrac{1}{2}$，令 $S_0=\mu$，$S_n=S_0+X_1+X_2+\cdots+X_n$，$M_n=\left(\dfrac{1-p}{p}\right)^{S_n}$，证明 M_n 是关于 X_n 的鞅．

8.4　（波利亚坛子抽样模型）一个装有红、黄两只球的坛子，每次抽取后放回，再放回一个同色的球．以 X_n 表示第 n 次抽取后坛子中的红球数，$M_n=\dfrac{X_n}{n+2}$，证明 M_n 是关于 X_n 的鞅，并求 M_n 的分布．

8.5　（分支过程）设 $\{X_n\}$ 为第 n 代的个体数，每个个体生育后代都是独立同分布的，均值为 μ（$0<\mu<\infty$），令 $M_n=\dfrac{X_n}{\mu^n}$，证明 M_n 是关于 X_n 的鞅．

8.6　（简单随机游动）假设一个人从位置 0 出发，向右移动一个位置的概率为 p（$p>\dfrac{1}{2}$），向左移动一个位置的概率为 $1-p$，假设相继的运动是相互独立的．求此人到达位置 k 的平均步数．

8.7　若 $\{X_n,n\geqslant1\}$ 是下鞅，T 是停时，满足 $P\{T<m\}=1$，证明有

$$E(X_1)\leqslant E(X_T)\leqslant E(X_m).$$

8.8　证明：如果序列 $X_1,X_2,\cdots$ 是一致可积的，则存在常数 $C<+\infty$，使得对所有 n，有 $E(|X_n|)<C$．

第9章 布朗运动

布朗运动（Brownian motion）是时间连续、状态也连续的一个随机过程，是一个最基本、最简单但又最重要的随机过程，它是到目前为止了解最清楚、性质最丰富的随机过程之一，也是最有用的随机过程之一，在生物、经济、通信科学、物理等各个领域都有着极其广泛的应用．布朗运动源自物理中对布朗运动现象的描述，由发现它的英国植物学家 Robert Brown 的名字命名，而对布朗运动现象的第一个解释是由爱因斯坦（Einstein）于 1905 年给出的，描述布朗运动的简洁定义是维纳（Weiner）于 1918 年给出的．本章主要对布朗运动进行简单介绍．

9.1 布朗运动的定义

对于直线上的**随机游动**，如果假设每隔单位时间质点向左或向右移动一个单位，向左和向右的概率均为 $\frac{1}{2}$．设 $X(n)$ 表示时刻 n 质点所处的位置，则 $X(n)=\sum_{i=1}^{n}X_i$，其中 $X_1,X_2,\cdots,X_n$ 相互独立同分布，且

$$X_i=\begin{cases}1, & \text{第 } i \text{ 步向右}\\-1, & \text{第 } i \text{ 步向左}\end{cases}.$$

现在加速这个过程，假设在越来越小的时间间隔走越来越小的步伐，即假设每 Δt 个时间单位质点向左或向右移动大小为 Δx 的步伐，记 $X(t)$ 为 t 时刻质点的位置，则有

$$X(t)=\Delta x(X_1+X_2+\cdots+X_{[t/\Delta t]}),$$

其中 $[t/\Delta t]$ 表示 $t/\Delta t$ 的整数部分．由于 $P\{X_i=1\}=P\{X_i=-1\}=\frac{1}{2}$，故 $E(X_i)=0$，$\mathrm{Var}(X_i)=E(X_i^2)=1$，从而

$$E[X(t)]=0，\quad \mathrm{Var}[X(t)]=(\Delta x)^2[t/\Delta t].$$

先做这样的假设，如果令 $\Delta t\to 0$，为避免 $X(t)$ 的方差趋于 0 或 ∞，令 $\Delta x=c\sqrt{\Delta t}$，则 $\mathrm{Var}[X(t)]\to c^2 t$．由中心极限定理可知 $X(t)$ 是均值为 0、方差为 $c^2 t$ 的正态随机变量，且由随机游动的性质可知，$\{X(t),t\geq 0\}$ 具有平稳独立增量．

定义 9.1 随机过程 $\{X(t),t\geq 0\}$ 如果满足：

（1）$X(0)=0$；

（2）$\{X(t),t\geq 0\}$ 有独立的平稳增量；

（3）对每个 $t>0$，$X(t)$ 服从正态分布 $N(0,\sigma^2 t)$；

则称 $\{X(t),t\geq 0\}$ 为**布朗运动**或布朗运动过程（Brownian motion process），记为 $\{B(t),t\geq 0\}$．

如果 $\sigma=1$，称之为**标准布朗运动**，如果 $\sigma\neq 1$，则 $\{B(t)/\sigma,t\geq 0\}$ 为标准布朗运动．不失一般性，下面只考虑标准布朗运动的情形．

标准布朗运动的密度是

$$p(x) = \frac{1}{\sqrt{2\pi t}} e^{\frac{x^2}{2t}}.$$

性质 9.1 布朗运动 $\{B(t), t \geq 0\}$ 具有如下性质：

（1）增量具有正态性，即对 $s, t > 0$，$B(t) - B(s) \sim N(0, |t-s|)$；

（2）增量是独立的，即对 $0 < s < t \leq u < v$，$B(t) - B(s)$ 与 $B(v) - B(u)$ 相互独立；

（3）路径的连续性：$B(t), t \geq 0$ 是 t 的连续函数.

布朗运动的路径函数如图 9.1 所示。

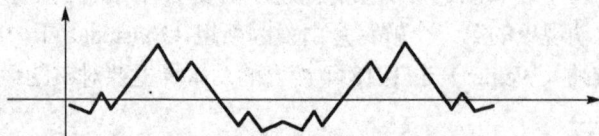

图 9.1 布朗运动的路径函数

注：布朗运动 $\{B(t), t \geq 0\}$ 是处处连续但处处不可微的（依概率为 1）.

如果没有假定 $B(0) = 0$，即 $B(0) = x$，称之为**始于 x 的布朗运动**，记为 $B^x(t)$. 显然 $B^x(t) - x = B^0(t)$. $B^0(t)$ 即为 $B(t)$.

定义 9.2 设 $\{X(t), t \geq 0\}$ 是随机过程，如果它的有限维分布是空间平移不变的，即

$$P\{X(t_1) \leq x_1, X(t_2) \leq x_2, \cdots, X(t_n) \leq x_n | X(0) = 0\}$$
$$= P\{X(t_1) \leq x_1 + x, X(t_2) \leq x_2 + x, \cdots, X(t_n) \leq x_n + x | X(0) = x\} \qquad (9.1)$$

则称此过程为**空间齐次的**.

布朗运动过程 $\{B(t), t \geq 0\}$ 具有空间齐次性.

【例 9.1】 设 $\{B(t), t \geq 0\}$ 是标准布朗运动，计算

（1）$P\{B(2) \leq 0\}$；

（2）$P\{B(t) \leq 0, t = 0, 1, 2\}$.

解：（1）$B(t) \sim N(0, t)$，故由对称性 $P\{B(2) \leq 0\} = \frac{1}{2}$.

（2）记 $\varphi(x) = \frac{1}{\sqrt{2\pi}} e^{\frac{x^2}{2}}$，$\Phi(x) = \int_{-\infty}^{x} \frac{1}{\sqrt{2\pi}} e^{\frac{t^2}{2}} dt$，分别为标准正态分布的概率密度和分布函数，则由 $B(2) - B(1)$ 与 $B(1)$ 独立同分布且都服从 $N(0,1)$ 知

$$P\{B(t) \leq 0, t = 0, 1, 2\} = P\{B(0) \leq 0, B(1) \leq 0, B(2) \leq 0\}$$
$$= P\{B(1) \leq 0, B(2) - B(1) + B(1) \leq 0\}$$
$$= \int_{-\infty}^{0} P\{B(2) - B(1) \leq -x\} \varphi(x) dx = \int_{-\infty}^{0} \Phi(-x) \varphi(x) dx$$
$$= \int_{-\infty}^{0} [1 - \Phi(x)] d\Phi(x) = \int_{0}^{1/2} (1-y) dy = \frac{3}{8}.$$

定理 9.1 布朗运动 $\{B(t), t \geq 0\}$ 是均值为 0、协方差函数为 $C(s,t) = \min\{s, t\}$ 的高斯过程. 反之，如果 $\{B(t), t \geq 0\}$ 是一高斯过程，且满足

$$E[B(t)] = 0, \quad E[B(t)B(s)] = \min\{t, s\},$$

则 $\{B(t), t \ge 0\}$ 是布朗运动.

证明：（1）显然布朗运动 $B(t)$ 是高斯过程，且均值为 0. 协方差函数为

$$C(s,t) = E[B(s)B(t)].$$

若 $s < t$，则

$$C(s,t) = E[B(s)B(t)] = E[B(s)(B(t) - B(s)) + B^2(s)] = E[B^2(s)] = s,$$

同理，若 $s \ge t$，则 $C(s,t) = t$，因此

$$C(s,t) = \min\{s,t\}.$$

（2）如果 $\{B(t), t \ge 0\}$ 是一高斯过程，且满足

$$E[B(t)] = 0, \quad E[B(t)B(s)] = \min\{t,s\},$$

则由定义，只需验证 $\{B(t), t \ge 0\}$ 是一平稳独立增量过程，且

$$B(t) - B(s) \sim N(0, |t-s|).$$

由于 $\forall s, t > 0$，

$$E[B(t) - B(s)] = E[B(t)] - E[B(s)] = 0,$$

$$E[B(t) - B(s)]^2 = E[B^2(t)] + E[B^2(s)] - 2E[B(t)B(s)]$$

$$= t + s - 2\min\{t,s\} = |t-s|$$

与起始时刻无关，且对 $\forall s < t \le u < v$，都有

$$E[B(t) - B(s)][B(v) - B(u)] = E[B(t)B(v)] - E[B(t)B(u)] - E[B(s)B(v)] + E[B(s)B(u)]$$

$$= t - t - s + s = 0,$$

故 $B(t) - B(s)$ 与 $B(v) - B(u)$ 不相关，从而相互独立，得证.

【**例 9.2**】 $\{B(t), t \ge 0\}$ 是标准布朗运动，求：

（1） $B(1) + B(2) + B(3) + B(4)$ 的分布；

（2） $B\left(\dfrac{1}{4}\right) + B\left(\dfrac{1}{2}\right) + B\left(\dfrac{3}{4}\right) + B(1)$ 的分布；

（3） $P\left\{\displaystyle\int_0^1 B(t)\mathrm{d}t > \dfrac{2}{\sqrt{3}}\right\}$.

解：（1） $B(1) + B(2) + B(3) + B(4)$ 服从正态分布，故

$$E[B(1) + B(2) + B(3) + B(4)] = E[B(1)] + E[B(2)] + E[B(3)] + E[B(4)] = 0,$$

$$\mathrm{Var}[B(1) + B(2) + B(3) + B(4)] = \mathrm{Var}[4B(1) + 3(B(2) - B(1)) + 2(B(3) - B(2)) + (B(4) - B(3))]$$

$$= 16\mathrm{Var}[B(1)] + 9\mathrm{Var}[B(2) - B(1)] + 4\mathrm{Var}[B(3) - B(2)] + \mathrm{Var}[B(4) - B(3)]$$

$$= 16 + 9 + 4 + 1 = 30,$$

故 $B(1) + B(2) + B(3) + B(4)$ 服从 $N(0,30)$.

（2）同（1）可知， $B\left(\dfrac{1}{4}\right) + B\left(\dfrac{1}{2}\right) + B\left(\dfrac{3}{4}\right) + B(1)$ 服从 $N\left(0, \dfrac{15}{2}\right)$.

（3）由例 7.5 可知，$Y = \int_0^1 B(t)\mathrm{d}t$ 服从正态分布，且

$$E(Y) = E\left[\int_0^1 B(t)\mathrm{d}t\right] = \int_0^1 E[B(t)]\mathrm{d}t = 0 ,$$

$$\mathrm{Var}(Y) = E\left[\int_0^1 B(t)\mathrm{d}t\right]^2 = E\left[\int_0^1 \int_0^1 B(s)B(t)\mathrm{d}s\mathrm{d}t\right] = \int_0^1 \int_0^1 E[B(s)B(t)]\mathrm{d}s\mathrm{d}t$$

$$= \int_0^1 \int_0^1 \min\{s,t\}\mathrm{d}s\mathrm{d}t = 2\int_0^1 \mathrm{d}t \int_0^t s\mathrm{d}s = \frac{1}{3} ,$$

故 $Y \sim N\left(0, \dfrac{1}{3}\right)$，$\sqrt{3}Y \sim N(0,1)$，

$$P\left\{\int_0^1 B(t)\mathrm{d}t > \frac{2}{\sqrt{3}}\right\} = P\{\sqrt{3}Y > 2\} = 1 - \varPhi(2) = 1 - 97725 = 0.02275 .$$

注意到，布朗运动过程 $\{B(t), t \geq 0\}$ 是连续时间、连续状态的马尔可夫过程，这由布朗运动的独立增量性可看出.

【例 9.3】 $\{B(t), t \geq 0\}$ 是布朗运动，则：

（1）$\{B(t+\tau) - B(\tau), t \geq 0\}$，$\forall \tau \geq 0$；

（2）$\left\{\dfrac{1}{\sqrt{\lambda}} B(\lambda t), t \geq 0\right\}$，$\lambda > 0$；

（3）$\left\{tB\left(\dfrac{1}{t}\right), t \geq 0\right\}$，其中 $tB\left(\dfrac{1}{t}\right)\bigg|_{t=0} = 0$；

都是布朗运动.

证明：$\{B(t+\tau) - B(\tau), t \geq 0\}$ 是高斯过程，由定理 9.1，只需验证

$$E[B(t+\tau) - B(\tau)] = 0 ,$$

$$E[B(t+\tau) - B(\tau)][B(s+\tau) - B(\tau)] = \min\{t,s\} .$$

第一个等式是显然的，而当 $s < t$ 时，

$$E[B(t+\tau) - B(\tau)][B(s+\tau) - B(\tau)]$$

$$= E[B(t+\tau)B(s+\tau)] - E[B(t+\tau)B(\tau)] - E[B(\tau)B(s+\tau)] + E[B^2(\tau)]$$

$$= (s+\tau) - \tau - \tau + \tau = s ,$$

故有

$$E[B(t+\tau) - B(\tau)][B(s+\tau) - B(\tau)] = \min\{t,s\} .$$

同理可证（2）和（3），留为习题.

9.2 击中时刻、最大值变量和反正弦律

9.2.1 击中时刻

记 T_x 为布朗运动首次击中 x 的时刻（Hitting time），即 $T_x = \inf\{t > 0: B(t) = x\}$，当 $x > 0$ 时，由于

$$P\{B(t) \geqslant x\} = P\{T_x \leqslant t\}P\{B(t) \geqslant x \mid T_x \leqslant t\} + P\{T_x > t\}P\{B(t) \geqslant x \mid T_x > t\},$$

如果 $T_x > t$，这说明首次击中 x 的时刻在 t 时刻之后，$B(t)$ 不可能超过 x，第二项为 0；如果 $T_x \leqslant t$，$B(t)$ 在 $[0,t]$ 中的某个时刻 s 首次击中 x，由对称性，在时刻 t，$B(t)$ 等可能地在 x 的上方或下方，则

$$P\{B(t) \geqslant x \mid T_x \leqslant t\} = \frac{1}{2}.$$

可以计算出

$$P\{T_x \leqslant t\} = 2P\{B(t) \geqslant x\} = 2\int_x^\infty \frac{1}{\sqrt{2\pi t}} e^{-\frac{z^2}{2t}} dz = \frac{2}{\sqrt{2\pi}} \int_{x/\sqrt{t}}^\infty e^{-\frac{y^2}{2}} dy, \tag{9.2}$$

从而 $P\{T_x < \infty\} = \lim\limits_{t \to \infty} P\{T_x \leqslant t\} = 1$，但是

$$E(T_x) = \int_0^\infty P\{T_x > t\} dt = \frac{2}{\sqrt{2\pi}} \int_0^\infty \int_0^{x/\sqrt{t}} e^{-\frac{y^2}{2}} dy dt$$

$$= \frac{2}{\sqrt{2\pi}} \int_0^\infty e^{-\frac{y^2}{2}} dy \int_0^{x^2/y^2} dt = \frac{2x^2}{\sqrt{2\pi}} \int_0^\infty \frac{1}{y^2} e^{-\frac{y^2}{2}} dy$$

$$\geqslant \frac{2x^2 e^{-1/2}}{\sqrt{2\pi}} \int_0^1 \frac{1}{y^2} dy = \infty,$$

则 T_x 为概率有限的，但是有无穷的期望。直观地看，布朗运动以概率 1 击中 x，但它的平均时间是无穷的.

同样当 $x < 0$ 时，由对称性，T_{-x} 的分布与 T_x 的分布相同，故

$$P\{T_x \leqslant t\} = \frac{2}{\sqrt{2\pi}} \int_{-x/\sqrt{t}}^\infty e^{-\frac{y^2}{2}} dy, \tag{9.3}$$

故 T_x 的概率密度为

$$p_{T_x}(t) = \begin{cases} \dfrac{|x|}{\sqrt{2\pi}} t^{-\frac{3}{2}} e^{-\frac{x^2}{2t}}, & t > 0, \\ 0, & t \leqslant 0 \end{cases}$$

T_x 服从参数分别为 $\dfrac{1}{2}$ 和 $\dfrac{x^2}{2}$ 的逆伽玛分布，即 $T_x \sim \mathrm{IG}\left(\dfrac{1}{2}, \dfrac{x^2}{2}\right)$.

9.2.2　最大值变量和反正弦律

记 $M(t)$ 为布朗运动在 $[0,t]$ 中达到的最大值，即 $M(t) = \max\limits_{0 \leqslant s \leqslant t} B(s)$，可以计算出当 $x > 0$ 时，有

$$P\{M(t) \geqslant x\} = P\{\max_{0 \leqslant s \leqslant t} B(s) \geqslant x\} = P\{T_x \leqslant t\} = 2P\{B(t) \geqslant x\} = \frac{2}{\sqrt{2\pi}} \int_{x/\sqrt{t}}^\infty e^{-\frac{y^2}{2}} dy.$$

如果时间 τ 使得 $B(\tau) = 0$，则称 τ 为布朗运动的**零点**.

定理 9.2 设 $\{B^x(t)\}$ 为始于 x 的布朗运动，则 $\{B^x(t)\}$ 在 $(0,t)$ 中至少有一个零点的概率为

$$\frac{|x|}{\sqrt{2\pi}}\int_0^t u^{-\frac{3}{2}}\mathrm{e}^{\frac{x^2}{2u}}\mathrm{d}u . \tag{9.4}$$

证明： $P\{B^x(t)$ 在 $(0,t)$ 中至少有一个零点 $\} = P\{\max_{0\le s\le t} B^x(s)\ge 0\}$

$$= P\{\max_{0\le s\le t} B(s)+x\ge 0\} = P\{M(t)\ge -x\} = P\{T_{-x}\le t\} = P\{T_x\le t\}$$

$$= \int_0^t f_{T_x}(u)\mathrm{d}u = \frac{|x|}{\sqrt{2\pi}}\int_0^t u^{-\frac{3}{2}}\mathrm{e}^{\frac{x^2}{2u}}\mathrm{d}u .$$

记 $0(a,b)$ 表示布朗运动在区间 (a,b) 中至少有一个零点，则对 $B(a)$ 取条件期望，有

$$P\{0(a,b)\} = P\{B(t)\ \text{在}\ (a,b)\ \text{中至少有一个零点}\},$$

$$= \int_{-\infty}^{\infty} P\{0(a,b)\,|\,B(a)=x\}\frac{1}{\sqrt{2\pi a}}\mathrm{e}^{\frac{x^2}{2a}}\mathrm{d}x ,$$

$$P\{0(a,b)\,|\,B(a)=x\} = P\{T_{|x|}\le b-a\} = \int_0^{b-a}\frac{|x|}{\sqrt{2\pi}}u^{-\frac{3}{2}}\mathrm{e}^{\frac{x^2}{2u}}\mathrm{d}u ,$$

故由布朗运动关于原点对称和路径的连续性可知

$$P\{0(a,b)\} = \int_{-\infty}^{\infty}\frac{1}{\sqrt{2\pi a}}\mathrm{e}^{\frac{x^2}{2a}}\mathrm{d}x \int_0^{b-a}\frac{|x|}{\sqrt{2\pi}}u^{-\frac{3}{2}}\mathrm{e}^{\frac{x^2}{2u}}\mathrm{d}u$$

$$= \frac{1}{\pi\sqrt{a}}\int_0^{b-a} u^{-\frac{3}{2}}\mathrm{d}u \int_0^{\infty} x\mathrm{e}^{-\frac{x^2}{2}\left(\frac{1}{u}+\frac{1}{a}\right)}\mathrm{d}x = \frac{1}{\pi\sqrt{a}}\int_0^{b-a} u^{-\frac{3}{2}}\frac{ua}{u+a}\mathrm{d}u$$

$$= \frac{2\sqrt{a}}{\pi}\int_0^{b-a}\frac{a}{u+a}\mathrm{d}\sqrt{u} = \frac{2}{\pi}\arctan\frac{\sqrt{b-a}}{\sqrt{a}} = \frac{2}{\pi}\arccos\frac{\sqrt{a}}{\sqrt{b}} ,$$

因此 $B(t)$ 在区间 (a,b) 中至少有一个零点的概率为

$$\frac{2}{\pi}\arccos\frac{\sqrt{a}}{\sqrt{b}} .$$

于是得到了布朗运动的**反正弦律**（Arc sine law）如下.

定理 9.3 设 $\{B(t),t\ge 0\}$ 是布朗运动，则

$$P\{B(t)\ \text{在}\ (a,b)\ \text{中没有零点}\} = \frac{2}{\pi}\arcsin\frac{\sqrt{a}}{\sqrt{b}} . \tag{9.5}$$

反正弦律也可以叙述为，对 $0<x<1$，则

$$P\{B(t)\ \text{在}\ (xt,t)\ \text{中没有零点}\} = \frac{2}{\pi}\arcsin\sqrt{x} .$$

由于布朗运动是对称随机游动的单位时间越来越小，步伐越来越小的极限形式，这个结果是对称随机游动"在 (nx,n) 中没有零点"的概率的极限情形.

9.3　布朗运动的几种变化

9.3.1　布朗桥

设 $\{B(t), t \geq 0\}$ 是一个布朗运动，令

$$B^*(t) = B(t) - tB(1), \quad 0 \leq t \leq 1 , \tag{9.6}$$

则称随机过程 $B^* = \{B^*(t), 0 \leq t \leq 1\}$ 为**布朗桥**（Brown Bridge）.

布朗桥是高斯过程，且对任何 $0 \leq s \leq t \leq 1$，有

$$E[B^*(t)] = 0 ,$$

$$E[B^*(s)B^*(t)] = s(1-t) .$$

事实上，

$$E[B^*(s)B^*(t)] = E[B(s) - sB(1)][B(t) - tB(1)]$$
$$= E[B(s)B(t)] - tE[B(s)B(1)] - sE[B(1)B(t)] + stE[B^2(1)]$$
$$= s - ts - st + st = s(1-t) .$$

此外，由定义可知，$B^*(0) = B^*(1) = 0$. 布朗桥的起始点是固定的，就像桥一样，布朗桥因此得名.

9.3.2　有吸收值的布朗运动

设 $\{B(t), t \geq 0\}$ 是一个布朗运动，T_x 为 $B(t)$ 首次击中 x 的时刻，令

$$Z(t) = \begin{cases} B(t), & t < T_x \\ x, & t \geq T_x \end{cases} , \tag{9.7}$$

则 $\{Z(t), t \geq 0\}$ 是击中 x 后，永远停留在那里的布朗运动，即**带有吸收值 x 的布朗运动**.

随机变量 $Z(t)$ 的分布是具有离散和连续两部分的分布，$\forall t \geq 0$，离散部分的分布是

$$P\{Z(t) = x\} = P\{T_x \leq t\} = \frac{2}{\sqrt{2\pi t}} \int_x^\infty e^{-\frac{u^2}{2t}} du ,$$

对于连续部分，当 $y < x$ 时，

$$P\{Z(t) \leq y\} = P\{B(t) \leq y, T_x > t\} = P\{B(t) \leq y, \max_{0 \leq s \leq t} B(s) < x\}$$

$$= P\{B(t) \leq y\} - P\{B(t) \leq y, \max_{0 \leq s \leq t} B(s) \geq x\} ,$$

其中

$$P\{B(t) \leq y, \max_{0 \leq s \leq t} B(s) \geq x\} = P\{B(t) \leq y, T_x \leq t\} ,$$

如果在时刻 $T_x = s$（$s \leq t$）首次击中 x，这时 $B(s) = x$. 则在 $t - s$ 时刻必须减小 $x - y$.

由正态分布的对称性

$$P\{B(t) - B(s) \leqslant y - x\} = P\{B(t) - B(s) \geqslant x - y\} ,$$

故

$$P\{B(t) \leqslant y, T_x \leqslant t\} = P\{B(t) \geqslant 2x - y, T_x \leqslant t\}$$
$$= P\{B(t) \geqslant 2x - y, \max_{0 \leqslant s \leqslant t} B(s) \geqslant x\}$$
$$= P\{B(t) \geqslant 2x - y\} ,$$

最后一个等式成立是因为 $y < x$，故有 $\{B(t) \geqslant 2x - y\} \subset \{\max_{0 \leqslant s \leqslant t} B(s) \geqslant x\}$，因此

$$P\{Z(t) \leqslant y\} = P\{B(t) \leqslant y\} - P\{B(t) \geqslant 2x - y\}$$
$$= P\{B(t) \leqslant y\} - P\{B(t) \leqslant y - 2x\}$$

即

$$P\{Z(t) \leqslant y\} = \frac{2}{\sqrt{2\pi t}} \int_{y-2x}^{x} \mathrm{e}^{-\frac{u^2}{2t}} \mathrm{d}u, \quad y < x .$$

9.3.3 在原点反射的布朗运动

设 $\{B(t), t \geqslant 0\}$ 是一个布朗运动，令

$$X(t) = |B(t)|, \quad t \geqslant 0 \tag{9.8}$$

则称 $\{X(t), t \geqslant 0\}$ 是在原点反射的布朗运动.

$X(t)$ 的分布函数

$$P\{X(t) \leqslant x\} = P\{|B(t)| \leqslant x\} = 2P\{B(t) \leqslant x\} - 1$$
$$= \frac{2}{\sqrt{2\pi t}} \int_{-\infty}^{x} \mathrm{e}^{-\frac{u^2}{2t}} \mathrm{d}u - 1, \quad x > 0 .$$

密度函数

$$p(x) = \sqrt{\frac{2}{\pi t}} \mathrm{e}^{-\frac{x^2}{2t}}, x > 0 .$$

$\{B(t), t \geqslant 0\}$ 的均值

$$E[X(t)] = \sqrt{\frac{2}{\pi t}} \int_{0}^{\infty} x \mathrm{e}^{-\frac{x^2}{2t}} \mathrm{d}x = \sqrt{\frac{2t}{\pi}} ,$$

方差

$$\mathrm{Var}[X(t)] = \sqrt{\frac{2}{\pi t}} \int_{0}^{\infty} x^2 \mathrm{e}^{-\frac{x^2}{2t}} \mathrm{d}x - \frac{2t}{\pi} = t\left(1 - \frac{2}{\pi}\right) .$$

9.3.4 几何布朗运动

设 $\{B(t), t \geqslant 0\}$ 是一个布朗运动，令

$$X(t) = \mathrm{e}^{B(t)}, t \geqslant 0 \tag{9.9}$$

则称 $\{X(t), t \geqslant 0\}$ 为几何布朗运动（Geometric Brownian motion）.

$B(t)$ 是一个均值为 0、方差为 t 的正态随机变量，矩母函数为

$$G_B(s) = E[e^{sB(t)}] = e^{ts^2/2},$$

$E[X(t)] = G_B(1)$，$E[X^2(t)] = G_B(2)$，因此 $X(t)$ 的均值函数和方差函数分别为

$$E[X(t)] = G_B(1) = e^{\frac{t}{2}}$$

$$\mathrm{Var}[X(t)] = G_B(2) - G_B^2(1) = e^{2t} - e^t.$$

几何布朗运动在股票价格关于时间变化的建模中十分有用.

【例 9.4】 ［股票期权（Stock option）的价值］设某人拥有某种股票的交割时刻为 T，交割价格为 K 的欧式看涨期权，即他具有在时刻 T 固定的价格 K 购买一股这种股票的权利. 假定这种股票目前的价格为 y，并按几何布朗运动变化，计算拥有这个期权的平均价值.

解：设 $X(T)$ 为时刻 T 股票的价格，当 $X(T)$ 高于 K 时，期权将被行使，它的期权平均价值是

$$E[\max\{X(T) - K, 0\}] = \int_0^\infty P\{X(T) - K > x\}\mathrm{d}x$$

$$= \int_0^\infty P\{ye^{B(T)} - K > x\}\mathrm{d}x = \int_0^\infty P\left\{B(T) > \ln\frac{K+x}{y}\right\}\mathrm{d}x$$

$$= \sqrt{\frac{1}{2\pi T}} \int_0^\infty \int_{\ln\frac{K+x}{y}}^\infty e^{-\frac{u^2}{2T}}\mathrm{d}u\mathrm{d}x.$$

9.3.5　积分布朗运动

设 $\{B(t), t \geqslant 0\}$ 是一个布朗运动，令

$$X(t) = \int_0^t B(s)\mathrm{d}s, t \geqslant 0, \tag{9.10}$$

则称 $\{X(t), t \geqslant 0\}$ 为**积分布朗运动**.

由布朗运动是高斯过程知，$\{X(t), t \geqslant 0\}$ 也是高斯过程. 因此

$$E[X(t)] = \int_0^t E[B(s)]\mathrm{d}s = 0,$$

$$\mathrm{Var}[X(t)] = E[X^2(t)] = E\left[\int_0^t \int_0^t B(s)B(u)\mathrm{d}s\mathrm{d}u\right]$$

$$= \int_0^t \int_0^t \min\{s, u\}\mathrm{d}s\mathrm{d}u = 2\int_0^t \mathrm{d}u \int_0^u s\mathrm{d}s = \frac{1}{3}t^3.$$

同样的方法可以推出，当 $s \leqslant t$ 时，$\mathrm{Cov}(X(s), X(t)) = s^2\left(\dfrac{t}{2} - \dfrac{s}{6}\right)$，证明留为习题.

9.3.6　有漂移的布朗运动

设 $\{B(t), t \geqslant 0\}$ 是一个标准布朗运动

$$X(t) = B(t) + \mu t, t \geqslant 0, \tag{9.11}$$

则称 $\{X(t), t \geq 0\}$ 为**有漂移的布朗运动**（Brownian motion with drift）. 常数 μ 称为漂移系数.

有漂移的布朗运动是一个以速率 μ 漂移离去的过程, 它也可定义为随机游动的极限, 向左和向右的概率分别为 p 和 $1-p$. 设

$$X_i = \begin{cases} 1, & \text{第 } i \text{ 步向右} \\ -1, & \text{第 } i \text{ 步向左} \end{cases}.$$

假设每 Δt 个时间单位质点向左或向右移动大小为 Δx 的步伐, 记 $X(t)$ 为 t 时刻质点的位置, 则有

$$X(t) = \Delta x(X_1 + X_2 + \cdots + X_{[t/\Delta t]}).$$

这里 $[t/\Delta t]$ 表示取整. 由于 $P\{X_i = 1\} = p$, $P\{X_i = -1\} = 1 - p$, 故

$$E(X_i) = 2p - 1, \quad E(X_i^2) = 1,$$

从而

$$E[X(t)] = \Delta x[t/\Delta t](2p-1), \quad \text{Var}[X(t)] = (\Delta x)^2[t/\Delta t][1-(2p-1)^2].$$

令 $\Delta x = \sqrt{\Delta t}$, $p = \dfrac{1}{2}(1 + \mu\sqrt{\Delta t})$, 并令 $\Delta t \to 0$, 则

$$E[X(t)] \to \mu t, \quad \text{Var}[X(t)] \to t.$$

即 $\{X(t), t \geq 0\}$ 收敛到有漂移系数 μ 的布朗运动.

如果 $\{X(t), t \geq 0\}$ 是有漂移的布朗运动, 则 $Y(t) = e^{X(t)}$, $t \geq 0$ 仍为几何布朗运动.

习 题 九

9.1 $\{B(t), t \geq 0\}$ 是标准布朗运动, 求:

（1） $B(1) + B(2) + \cdots + B(n)$ 的分布;

（2） $B(s) + B(t)$ 的分布;

（3）对 $0 \leq t_1 \leq t_2 \leq t_3$, 计算 $E[B(t_1)B(t_2)B(t_3)]$.

9.2 $\{B(t), t \geq 0\}$ 是标准布朗运动, 证明:

（1） $\left\{\dfrac{1}{\sqrt{\lambda}}B(\lambda t), t \geq 0\right\}, \lambda > 0$ 是布朗运动;

（2） $X(t) = tB\left(\dfrac{1}{t}\right)$ 是布朗运动, 其中 $tB\left(\dfrac{1}{t}\right)\Big|_{t=0} = 0$;

（3） $X(t) = (1-t)B\left(\dfrac{t}{1-t}\right)$, $0 \leq t \leq 1$ 是布朗桥.

9.3 $\{B(t), t \geq 0\}$ 是标准布朗运动, 求:

（1） $P\{B(2) > 0 \mid B(1) > 0\}$;

（2）给定 $B(t) = a$ 时 $B(s)$ 的条件分布, 其中 $0 < s < t$.

9.4 $\{B_1(t), t \geq 0\}$ 和 $\{B_2(t), t \geq 0\}$ 是两个相互独立的标准布朗运动, 证明: $X(t) = B_1(t) - B_2(t)$ 是布朗运动.

9.5 T_x 为布朗运动首次击中 x 的时刻, 求 $E(T_x)$.

9.6 $\{B(t), t \geq 0\}$ 是标准布朗运动，证明当 $x > 0$ 时，$M(t) = \max_{0 \leq s \leq t} B(s)$，$|B(t)|$ 和 $M(t) - B(t)$ 具有相同的分布密度 $p(x)$.

9.7 $\{B(t), t \geq 0\}$ 是标准布朗运动，试求 $m(t) = \min_{0 \leq s \leq t} B(s)$ 的分布.

9.8 设 $\{B(t), t \geq 0\}$ 是一个布朗运动，令 $X(t) = \int_0^t B(s)\mathrm{d}s$，$t \geq 0$，证明当 $s \leq t$ 时，$\mathrm{Cov}(X(s), X(t)) = s^2\left(\dfrac{t}{2} - \dfrac{s}{6}\right)$.

9.9 $\{X(t), t \geq 0\}$ 为漂移参数为 μ 和 σ^2 的布朗运动，求：

（1）当 $s < t$ 时，$(X(s), X(t))$ 的联合分布；

（2）给定 $X(s) = c$, $s < t$ 时，$X(t)$ 的条件分布.

第 10 章 平稳过程

10.1 平稳过程的定义与性质

在第 2 章中给出了严平稳过程和弱平稳过程的概念. 本章主要研究弱平稳过程, 这里简称平稳过程, 这类过程在工业生产、电子技术、自动控制、经济管理等领域有着广泛的应用.

如果随机过程 $\{X(t), t \in T\}$ 是弱平稳过程, 它不一定是严平稳过程, 但是如果过程是高斯过程, 则弱平稳和严平稳是等价的.

下面给出一些例子.

【例 10.1】 设随机过程 $X(t) = At$, A 是服从 $[0, 1]$ 区间上的均匀分布的随机变量, 问 $X(t)$ 是否平稳?

解: A 的概率密度函数为 $p_A(x) = \begin{cases} 1, & 0 \le x \le 1 \\ 0, & \text{其他} \end{cases}$, 则

$$\mu_X(t) = E(At) = t \int_0^1 x \mathrm{d}x = \frac{t}{2},$$

由于 $X(t)$ 的均值函数与时间有关, 故此过程不是平稳的.

【例 10.2】 随机相位过程 $X(t) = a\sin(\omega t + \Theta)$, 其中 $a > 0$, ω 为常数, Θ 为在 $(-\pi, \pi)$ 内均匀分布的随机变量. 可以求出均值函数为 $\mu_X(t) = 0$, 相关函数 $R_X(s, t) = \frac{a^2}{2}\cos(\omega(s-t))$, 因此随机过程 $\{X(t), t \in (0, \infty)\}$ 是平稳的.

【例 10.3】 有一随机游动过程 $\{Y_n, n=0,1,2, \cdots\}$, 其中 $Y_0 = 0$, $Y_n = \sum_{k=1}^{n} X_k$, 而 $X_1, X_2, \cdots, X_n$, 是相互独立同分布的随机变量, 且

$$P\{X_1 = 1\} = p, \quad P\{X_1 = -1\} = q, \quad q = 1 - p.$$

试求 $P\{Y_n = m\}$, 并讨论当 $p \neq q$ 时 $\{Y_n, n=0, 1, 2, \cdots\}$ 是否平稳.

解: 用特征函数求 Y_n 的分布. 由于 $X_1, X_2, \cdots, X_n$ 是相互独立同分布的随机变量, 故由特征函数的性质知, Y_n 的特征函数

$$\phi_{Y_n}(t) = [\phi_{X_1}(t)]^n$$

这里 $\phi_{X_1}(t)$ 是 X_1 的特征函数. 由于

$$\phi_{X_1}(t) = E(\mathrm{e}^{\mathrm{i}tX_1}) = p\mathrm{e}^{\mathrm{i}t} + q\mathrm{e}^{-\mathrm{i}t}$$

故

$$\phi_{Y_n}(t) = (pe^{it} + qe^{-it})^n = \sum_{k=0}^{n} C_n^k q^k p^{n-k} e^{it(n-2k)} .$$

由定义知

$$\phi_{Y_n}(t) = E(e^{itY_n}) = \sum_m e^{itm} P\{Y = m\} ,$$

故有

$$P\{Y_n = n - 2k\} = C_n^k p^{n-k} q^k , \quad k = 0, 1, \cdots, n,$$

令 $m = n - 2k$,有

$$P\{Y_n = m\} = \frac{n!}{[(n-m)/2]![(n+m)/2]!} p^{(n+m)/2} q^{(n-m)/2} , \quad m = -n, -n+2, \cdots, n-2, n .$$

下面求 Y_n 的数字特征:

$$E(X_1) = p - q , \quad E(X_1^2) = p + q = 1 , \quad D(X_1) = 1 - (p-q)^2 ,$$

因此

$$E(Y_n) = \sum_{k=1}^{n} E(X_k) = n(p-q)$$

是 n 的线性函数,与 n 有关,Y_n 是非平稳的.

如果 $\{X(t), t \in T\}$ 是复二阶矩过程,满足:

(1) 均值函数 $\mu_X(t) = E[X(t)] = \mu$;(复常数)

(2) 相关函数 $R_X(s,t) = E[X(s)\overline{X(t)}] = R_X(s-t)$.(只与时间间隔有关)

则称复随机过程 $\{X(t), t \in T\}$ 为**平稳过程**.

平稳过程的相关函数有如下性质.

定理 10.1 设 $\{X(t), t \in T\}$ 是复平稳过程,则其相关函数 $R_X(\tau)$ 具有下列性质:

(1) $R_X(0) \geqslant 0$; (10.1)

(2) $R_X(-\tau) = \overline{R_X(\tau)}$.如果是实平稳过程,则有

$$R_X(-\tau) = R_X(\tau) , \tag{10.2}$$

即相关函数是偶函数;

(3) $|R_X(\tau)| \leqslant R_X(0)$; (10.3)

(4) $R_X(\tau)$ 是非负定的,即对任意正整数 n,任取 $t_1, t_2, \cdots, t_n \in T$ 及复数 $a_1, a_2, \cdots, a_n$,有

$$\sum_{i,j=1}^{n} R_X(t_i, t_j) a_i \overline{a_j} \geqslant 0 ; \tag{10.4}$$

证明是简单的,请感兴趣的读者自己证明.

定理 10.2 设 $R_X(\tau)$ 是平稳过程 $\{X(t), t \in \mathbf{R}\}$ 的相关函数,则下列各式等价:

(1) $X(t)$ 在 $\mathbf{R}$ 上均方连续;

（2）$X(t)$在 $t=0$ 点均方连续；

（3）$R_X(\tau)$ 在 **R** 上连续；

（4）$R_X(\tau)$ 在 $\tau=0$ 点连续.

证明：（1）$\Leftrightarrow$（2）：对任意的 $t\in\mathbf{R}$，

$$E\left|X(t+\tau)-X(t)\right|^2$$

$$=E[(X(t+\tau)-X(t))(\overline{X(t+\tau)-X(t)})]$$

$$=E[(X(t+\tau)\overline{X(t+\tau)}]-E[X(t)\overline{X(t+\tau)}]-E[(X(t+\tau)\overline{X(t)}]+E[X(t)\overline{X(t)}]$$

$$=E[(X(\tau)\overline{X(\tau)}]-E[X(0)\overline{X(\tau)}]-E[(X(\tau)\overline{X(0)}]+E[X(0)\overline{X(0)}]\quad（平稳性）$$

$$=E[(X(\tau)-X(0))(\overline{X(\tau)-X(0)})]$$

$$=E\left|X(\tau)-X(0)\right|^2.$$

（1）$\Rightarrow$（3）：对任意的 $t\in\mathbf{R}$，由

$$\left|R_X(t+\tau)-R_X(t)\right|=\left|E[X(t+\tau)\overline{X(0)}]-E[(X(t)\overline{X(0)}]\right|$$

$$=\left|E[(X(t+\tau)-X(t))\overline{X(0)}]\right|$$

$$\leqslant[E\,|\,X(t+\tau)-X(t)\,|^2]^{1/2}[E\,|\,X(0)\,|^2]^{1/2}\quad（施瓦兹不等式）$$

$$=[E\,|\,X(t+\tau)-X(t)\,|^2]^{1/2}[R_X(0)]^{1/2}$$

可知（1）$\Rightarrow$（3）成立.

（3）$\Rightarrow$（4）显然. 下面证（4）$\Rightarrow$（1）：

$$E\left|X(t+\tau)-X(t)\right|^2=E[(X(t+\tau)\overline{X(t+\tau)}]-E[X(t)\overline{X(t+\tau)}]-E[(X(t+\tau)\overline{X(t)}]+E[X(t)\overline{X(t)}]$$

$$=2R_X(0)-\overline{R_X(\tau)}-R_X(\tau),$$

取 $\tau\to0$，得证.

不加证明地给出下面的定理.

定理 10.3　设 $R_X(t)$ 是平稳过程 $\{X(t),\ t\in\mathbf{R}\}$ 的相关函数，则 $X(t)$ 均方可微的充要条件为 $R_X(t)$ 在 $\tau=0$ 点二次可微，此时 $R_X(t)$ 处处二次可微.

定理 10.4　设 $\{X(t),\ t\in\mathbf{R}\}$ 是零均值均方连续的平稳过程，$f(t)$ 是分段连续函数，则在任何有限区间 $[a, b]$ 上均方积分

$$\int_a^b f(t)X(t)\mathrm{d}t$$

存在，且对任一分段连续函数 $g(t)$，有

$$\mathrm{Cov}\left(\int_a^b f(t)X(t)\mathrm{d}t,\ \int_a^b g(s)X(s)\mathrm{d}s\right)=\int_a^b\int_a^b f(t)g(s)R_X(t-s)\mathrm{d}s\mathrm{d}t,\qquad（10.5）$$

对任一二阶矩的随机变量 Y，有

$$E\left[\int_a^b f(t)X(t)\mathrm{d}t\cdot\overline{Y}\right]=\int_a^b f(t)E[X(t)\overline{Y}]\mathrm{d}t.\qquad（10.6）$$

定理 10.5 设 $\{X(t), t \in T\}$ 是均方可微的实平稳过程，则

$$E[X(t)X'(t)] = 0 . \qquad (10.7)$$

如果平稳过程 $\{X(t), t \in T\}$ 满足 $X(t) = X(t+L)$，则称之为**周期平稳过程**，L 称为过程的周期. 这时相关函数 $R_X(t)$ 也是周期函数，且与平稳过程有相同的周期，即 $R_X(\tau) = R_X(\tau+L)$.

【例 10.4】（随机相位周期过程）设 $S(t)$ 是一周期为 T 的函数，Θ 是在（0，T）上服从均匀分布的随机变量，则称 $X(t) = S(t+\Theta)$ 是随机相位周期过程，讨论 $X(t)$ 是否平稳过程.

解： Θ 的密度为

$$p_\Theta(\theta) = \begin{cases} \dfrac{1}{T}, & 0 < \theta \le T, \\ 0, & \text{其他}. \end{cases}$$

则

$$E[X(t)] = E[S(t+\Theta)] = \int_0^T \frac{1}{T} S(t+\theta)\mathrm{d}\theta = \frac{1}{T} \int_t^{t+T} S(u)\mathrm{d}u \qquad \text{（换元）}$$

$$= \frac{1}{T} \int_t^T S(u)\mathrm{d}u + \frac{1}{T} \int_T^{t+T} S(u)\mathrm{d}u$$

$$= \frac{1}{T} \int_t^T S(u)\mathrm{d}u + \frac{1}{T} \int_T^{t+T} S(u-T)\mathrm{d}u$$

$$= \frac{1}{T} \int_t^T S(u)\mathrm{d}u + \frac{1}{T} \int_0^t S(v)\mathrm{d}v \qquad \text{（换元）}$$

$$= \frac{1}{T} \int_0^T S(u)\mathrm{d}u .$$

因此 $E[X(t)]$ 与时间 t 无关. 相关函数

$$R_X(t, t-\tau) = E[X(t)X(t-\tau)] = \int_0^T \frac{1}{T} S(t+\theta)S(t-\tau+\theta)\mathrm{d}\theta$$

$$= \frac{1}{T} \int_t^{t+T} S(u)S(u-\tau)\mathrm{d}u \qquad \text{（换元）}$$

$$= \frac{1}{T} \int_t^T S(u)S(u-\tau)\mathrm{d}u + \frac{1}{T} \int_T^{t+T} S(u-T)S(u-\tau-T)\mathrm{d}u$$

$$= \frac{1}{T} \int_t^T S(u)S(u-\tau)\mathrm{d}u + \frac{1}{T} \int_0^t S(v)S(v-\tau)\mathrm{d}v \qquad \text{（换元）}$$

$$= \frac{1}{T} \int_0^T S(u)S(u-\tau)\mathrm{d}u = R_X(\tau) .$$

所以相关函数也与时间 t 无关. $X(t)$ 是平稳过程.

定义 10.1 设 $\{X(t), t \in T\}$ 和 $\{Y(t), t \in T\}$ 是两个平稳过程，若它们的互相关函数 $R_{XY}(t, t-\tau)$ 及 $R_{YX}(t, t-\tau)$ 仅与 τ 有关，而与 t 无关，则称 $X(t)$ 和 $Y(t)$ 是**联合平稳随机过程**. 这时记

$$R_{XY}(t, t-\tau) = E[X(t)\overline{Y(t-\tau)}] = R_{XY}(\tau) , \qquad (10.8)$$

$$R_{YX}(t, t-\tau) = E[Y(t)\overline{X(t-\tau)}] = R_{YX}(\tau) , \qquad (10.9)$$

当 $X(t)$ 和 $Y(t)$ 是两个平稳过程时，则它们的和 $W(t)=X(t)+Y(t)$ 是平稳过程，且均值函数和相关函数分别为

$$\mu_W(t)=E[X(t)+Y(t)]=\mu_X+\mu_Y,$$

$$R_W(\tau)=R_X(\tau)+R_Y(\tau)+R_{XY}(\tau)+R_{YX}(\tau).$$

联合平稳过程的互相关函数有如下性质.

定理 10.6 设 $\{X(t),t\in T\}$ 和 $\{Y(t),t\in T\}$ 是联合平稳过程，它们的互相关函数满足：

（1） $\left|R_{XY}(\tau)\right|^2\leqslant R_X(0)R_Y(0)$， $\left|R_{YX}(\tau)\right|^2\leqslant R_X(0)R_Y(0)$；

（2） $R_{XY}(-\tau)=\overline{R_{YX}(\tau)}$. 对实平稳过程，有 $R_{XY}(-\tau)=R_{YX}(\tau)$.

证明：（1）由施瓦兹不等式，有

$$\left|R_{XY}(\tau)\right|^2=|E[X(t)\overline{Y(t-\tau)}]|^2\leqslant[E|X(t)\overline{Y(t-\tau)}|]^2$$

$$\leqslant E|X(t)|^2\,E|Y(t-\tau)|^2\leqslant R_X(0)R_Y(0);$$

（2）
$$R_{XY}(-\tau)=E[X(t)\overline{Y(t+\tau)}]=E[\overline{Y(t+\tau)}X(t+\tau-\tau)]$$

$$=\overline{E[Y(t+\tau)\overline{X(t+\tau-\tau)}]}=\overline{R_{YX}(\tau)}.$$

【**例 10.5**】 如图 10.1 所示 $X(t)$ 是平稳过程，分析随机过程 $Y(t)$ 的平稳性.

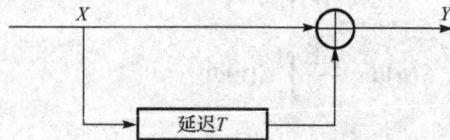

图 10.1

解：
$$Y(t)=X(t)+X(t-T).$$

$$E[Y(t)]=E[X(t)]+E[X(t-T)]=2\mu_X,$$

$$R_Y(t,t-\tau)=E[Y(t)\overline{Y(t-\tau)}]$$

$$=E\{[X(t)+X(t-T)][\overline{X(t-\tau)+X(t-\tau-T)}]\}$$

$$=E[X(t)\overline{X(t-\tau)}]+E[X(t-T)\overline{X(t-\tau)}]+$$

$$E[X(t)\overline{X(t-\tau-T)}]+E[X(t-T)\overline{X(t-\tau-T)}]$$

$$=2R_X(\tau)+R_X(\tau-T)+R_X(\tau+T),$$

故随机过程 $Y(t)$ 是平稳的.

【**例 10.6**】 设 $X(t)=a\sin(\omega t+\Theta)$， $Y(t)=b\sin(\omega t+\Theta-\varphi)$ 为两个平稳过程，其中 a、b、ω、φ 为常数，Θ 为在 $(0,2\pi)$ 内均匀分布的随机变量. 求 $R_{XY}(t,t-\tau)$ 及 $R_{YX}(t,t-\tau)$，并判断 $X(t)$ 和 $Y(t)$ 是否联合平稳.

解：Θ 的概率密度函数为

$$p(\theta)=\begin{cases}\dfrac{1}{2\pi}, & 0<\theta<2\pi\\ 0, & 其他\end{cases}$$

故

$$R_{XY}(t, t-\tau) = E[X(t)Y(t-\tau)] = abE[\sin(\omega t + \Theta)\sin(\omega t - \omega\tau + \Theta - \varphi)]$$

$$= -\frac{ab}{2}E[\cos(2\omega t - \omega\tau + 2\Theta - \varphi) - \cos(\omega\tau + \varphi)]$$

$$= \frac{ab}{2}\int_0^{2\pi} \cos(2\omega t - \omega\tau + 2\Theta - \varphi)\frac{1}{2\pi}d\theta + \frac{ab}{2}\cos(\omega\tau + \varphi)$$

$$= \frac{ab}{2}\cos(\omega\tau + \varphi).$$

同理可得

$$R_{YX}(t, t-\tau) = E[Y(t)X(t-\tau)] = \frac{ab}{2}\cos(\omega\tau - \varphi).$$

显然，$R_{YX}(t, t-\tau)$ 与 t 无关，$X(t)$ 和 $Y(t)$ 是联合平稳的.

注意到对实平稳过程，$R_X(\tau)$ 是偶函数，因此不予区分 $R_X(t, t+\tau)$ 和 $R_X(t, t-\tau)$.

10.2 平稳过程的各态历经性

相互独立同分布的随机变量序列 $\{X_n, n \geqslant 1\}$，如果 $E(X_1) = \mu$，则服从强大数定律，即

$$P\left\{\lim_{n \to \infty} \frac{1}{n}\sum_{k=1}^n X_k = \mu\right\} = 1.$$

强大数定律指出，为寻求 X_n 的统计平均值 μ，只需进行一次较长时间的观测，再对所求的观测值求算术平均即可用它代替实际值 μ. 也就是说，只要观测的时间足够长，则随机过程的每个样本函数都能够"遍历"各种可能的状态. 随机过程的这种性质称为**遍历性**或**各态历经性**（Ergodicity）.

根据随机过程 $\{X(t), t \in T\}$ 的定义，固定时刻 $t \in T$，$X(t)$ 是一个随机变量，其均值 $E[X(t)] = \mu_X(t)$ 称为集平均或统计平均；对固定样本点 ω，$X(t)$ 是定义在 T 上的普通时间函数，如果在 T 上对 t 取平均，即得时间平均. 比如对有限区间上的随机过程 $\{X(t), t \in [0, T]\}$，则时间平均为 $\frac{1}{T}\int_0^T X(t)dt$，它是一个随机变量.

定义 10.2 设 $\{X(t), -\infty < t < \infty\}$ 为均方连续的平稳过程，则称

$$\langle X(t) \rangle = \lim_{T \to \infty} \frac{1}{2T}\int_{-T}^T X(t)dt \tag{10.10}$$

为具有均方连续的平稳过程的**时间均值**；称

$$\langle X(t)\overline{X(t-\tau)} \rangle = \lim_{T \to \infty} \frac{1}{2T}\int_{-T}^T X(t)\overline{X(t-\tau)}dt \tag{10.11}$$

为具有均方连续的平稳过程的**时间相关函数**.

注意这里的极限均指均方意义下的极限，下面各式相同. 显然时间均值和时间相关函数都是随机变量.

定义 10.3 设 $\{X(t), -\infty < t < \infty\}$ 为均方连续的平稳过程，$E[X(t)] = \mu_X$，若

$$\langle X(t) \rangle = E[X(t)] \ , \ (a.s.)$$

即

$$\lim_{T \to \infty} \frac{1}{2T} \int_{-T}^{T} X(t)\mathrm{d}t = \mu_X, \tag{10.12}$$

以概率 1 成立，则称该平稳过程的**均值具有各态历经性**. 若

$$\left\langle X(t)\overline{X(t-\tau)} \right\rangle = E[X(t)\overline{X(t-\tau)}] \ , \ (a.s.)$$

即

$$\lim_{T \to \infty} \frac{1}{2T} \int_{-T}^{T} X(t)\overline{X(t-\tau)}\mathrm{d}t = R_X(\tau), \tag{10.13}$$

以概率 1 成立，则称该平稳过程的**相关函数具有各态历经性**.

定义 10.4 如果均方连续的平稳过程 $\{X(t), t \in T\}$ 的均值和相关函数都具有各态历经性，则称该平稳过程具有各态历经性或遍历性.

【例 10.7】 设 $X(t) = a\sin(\omega t + \Theta)$，其中 a、ω 为常数，Θ 为在 $(0, 2\pi)$ 内均匀分布的随机变量，问 $X(t)$ 是否为各态历经过程？

解： Θ 的概率密度函数为

$$p(\Theta) = \begin{cases} \dfrac{1}{2\pi}, & 0 < \theta < 2\pi, \\ 0, & \text{其他}. \end{cases}$$

故 $X(t)$ 的均值函数

$$\mu_X(t) = E[X(t)] = aE[\sin(\omega t + \Theta)] = a\int_0^{2\pi} \sin(\omega t + \theta)\frac{1}{2\pi}\mathrm{d}\theta$$

$$= -\frac{a}{2\pi}\cos(\omega t + \theta)\Big|_0^{2\pi} = 0;$$

相关函数

$$R_X(t, t-\tau) = E[X(t)X(t-\tau)] = a^2 E[\sin(\omega t + \Theta)\sin(\omega(t-\tau) + \Theta)]$$

$$= \frac{a^2}{2}E[\cos(\omega\tau) - \cos(2\omega t - \omega\tau + 2\Theta)] = \frac{a^2}{2}\cos(\omega\tau).$$

时间均值

$$\langle X(t) \rangle = \lim_{T \to \infty} \frac{1}{2T}\int_{-T}^{T} a\sin(\omega t + \Theta)\mathrm{d}t$$

$$= \lim_{T \to \infty} \frac{a}{2T\omega}\big[-\cos(\omega T + \Theta) + \cos(-\omega T + \Theta)\big] = 0,$$

时间相关函数

$$\langle X(t)X(t-\tau) \rangle = \lim_{T \to \infty} \frac{1}{2T}\int_{-T}^{T} a^2 \sin(\omega t + \Theta)\sin(\omega(t-\tau) + \Theta)\mathrm{d}t$$

$$= \lim_{T \to \infty} \frac{a^2}{4T} \int_{-T}^{T} [\cos(\omega\tau) - \cos(2\omega t - \omega\tau + 2\theta)] \mathrm{d}t$$

$$= \frac{a^2}{2} \cos(\omega\tau) .$$

故有

$$\langle X(t) \rangle = \mu_X(t) = 0 ,$$

$$\langle X(t)X(t-\tau) \rangle = R_X(t, t-\tau) = \frac{a^2}{2} \cos(\omega\tau)$$

以概率 1 成立，$X(t)$ 是各态历经过程.

【例 10.8】 设 Y 是均值为零、方差为 σ^2 的随机变量，定义随机过程 $X(t) = Y$，则 $X(t)$ 是严平稳过程，讨论 $X(t)$ 的各态历经性.

解： $E[X(t)] = E(Y) = 0$ ，$R_X(\tau) = E[X(t)X(t-\tau)] = E(Y^2) = \sigma^2$.

但是 $X(t)$ 的时间相关函数

$$\langle X(t) \rangle = \lim_{T \to \infty} \frac{1}{2T} \int_{-T}^{T} Y \mathrm{d}t = Y \neq 0,$$

随机过程 $X(t)$ 的均值不具有各态历经性，因此随机过程 $X(t)$ 不是各态历经的.

由于平稳过程不一定都是各态历经的，即过程的任一个样本函数所求得的时间平均，与对过程的集合所求的统计平均不一定相等，因此，引入均值和相关函数的各态历经定理，给出平稳随机过程的均值和相关函数满足各态历经性的充要条件.

定理 10.7 设 $\{X(t), -\infty < t < \infty\}$ 是均方连续的平稳过程，则它的均值具有各态历经性的充要条件为

$$\lim_{T \to \infty} \frac{1}{2T} \int_{-2T}^{2T} \left(1 - \frac{|\tau|}{2T}\right) [R_X(\tau) - |\mu_X|^2] \mathrm{d}\tau = 0 . \tag{10.14}$$

当 $X(t)$ 是实均方连续平稳过程时，充要条件为

$$\lim_{T \to \infty} \frac{1}{T} \int_{0}^{2T} \left(1 - \frac{\tau}{2T}\right) [R_X(\tau) - \mu_X^2] \mathrm{d}\tau = 0 . \tag{10.15}$$

证明： $\langle X(t) \rangle$ 是个随机变量，先求其均值和方差. 由定理 7.2 和定理 7.8 知

$$E\langle X(t) \rangle = E\left[\lim_{T \to \infty} \frac{1}{2T} \int_{-T}^{T} X(t) \mathrm{d}t \right] = \lim_{T \to \infty} \frac{1}{2T} \int_{-T}^{T} E\{X(t)\} \mathrm{d}t = \mu_X ,$$

而

$$E\left|\langle X(t) \rangle\right|^2 = E\left| \lim_{T \to \infty} \frac{1}{2T} \int_{-T}^{T} X(t) \mathrm{d}t \right|^2 = \lim_{T \to \infty} E\left[\frac{1}{4T^2} \int_{-T}^{T} X(t) \mathrm{d}t \int_{-T}^{T} \overline{X(s)} \mathrm{d}s \right]$$

$$= \lim_{T \to \infty} \frac{1}{4T^2} \int_{-T}^{T} \int_{-T}^{T} E[X(t)\overline{X(s)}] \mathrm{d}s \mathrm{d}t$$

$$= \lim_{T \to \infty} \frac{1}{4T^2} \int_{-T}^{T} \int_{-T}^{T} R_X(t-s) \mathrm{d}s \mathrm{d}t ,$$

作变换，令 $\tau = t - s$，$w = t + s$，则雅克比行列式

$$\frac{\partial(s,t)}{\partial(w,\tau)} = \begin{vmatrix} 1/2 & -1/2 \\ 1/2 & 1/2 \end{vmatrix} = \frac{1}{2},$$

则有（变换区间如图 10.2 所示）

$$E\left|\langle X(t)\rangle\right|^2 = \lim_{T\to\infty} \frac{1}{4T^2} \int_{-2T}^{2T} \int_{-2T+|\tau|}^{2T-|\tau|} \frac{1}{2} R_X(\tau)\,\mathrm{d}w\,\mathrm{d}\tau$$

$$= \lim_{T\to\infty} \frac{1}{4T^2} \int_{-2T}^{2T} \frac{1}{2}(4T - 2|\tau|) R_X(\tau)\,\mathrm{d}\tau$$

$$= \lim_{T\to\infty} \frac{1}{2T} \int_{-2T}^{2T} \left(1 - \frac{|\tau|}{2T}\right) R_X(\tau)\,\mathrm{d}\tau, \tag{10.16}$$

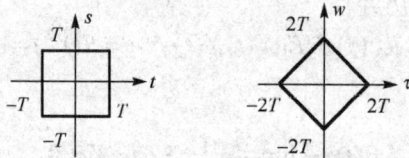

图 10.2　$\tau = t - s$ 和 $w = t + s$ 的变换范围

又因为

$$|\mu_X|^2 = |\mu_X|^2 \frac{1}{2T}\int_{-2T}^{2T}\left(1 - \frac{|\tau|}{2T}\right)\mathrm{d}\tau = \frac{1}{2T}\int_{-2T}^{2T}\left(1 - \frac{|\tau|}{2T}\right)|\mu_X|^2\,\mathrm{d}\tau,$$

故有

$$D\langle X(t)\rangle = \lim_{T\to\infty}\frac{1}{2T}\int_{-2T}^{2T}\left(1 - \frac{|\tau|}{2T}\right)\left[R_X(\tau) - |\mu_X|^2\right]\mathrm{d}\tau \tag{10.17}$$

$\langle X(t)\rangle$ 概率 1 地等于 μ_X 的充要条件为 $D\langle X(t)\rangle = 0$．式（10.14）得证．

式（10.15）成立是因为当 $X(t)$ 是实均方连续平稳过程时，$R_X(\tau)$ 为偶函数．定理得证．

定理 10.8　设 $\{X(t), -\infty < t < \infty\}$ 是均方连续的平稳过程，则其相关函数具有各态历经性的充要条件为

$$\lim_{T\to\infty}\frac{1}{2T}\int_{-2T}^{2T}\left(1 - \frac{|\tau_1|}{2T}\right)\left[B(\tau_1) - |R_X(\tau)|^2\right]\mathrm{d}\tau_1 = 0, \tag{10.18}$$

其中　$B(\tau_1) = E[X(t)\overline{X(t-\tau)}\,\overline{X(t-\tau_1)}\,\overline{X(t-\tau-\tau_1)}]$．当 $X(t)$ 是实均方连续平稳过程时，充要条件为

$$\lim_{T\to\infty}\frac{1}{T}\int_0^{2T}\left(1 - \frac{\tau_1}{2T}\right)\left[B(\tau_1) - R_X^2(\tau)\right]\mathrm{d}\tau_1 = 0. \tag{10.19}$$

证明：令 $Y(t) = X(t)\overline{X(t-\tau)}$，则 $Y(t)$ 为均方连续的平稳过程，且

$$E[Y(t)] = E[X(t)\overline{X(t-\tau)}] = R_X(\tau),$$

因此 $X(t)$ 的相关函数的各态历经性就是 $Y(t)$ 的均值的各态历经性，又

$$R_Y(\tau_1) = E_Y[Y(t)\overline{Y(t-\tau_1)}] = E[X(t)\overline{X(t-\tau)}\,\overline{X(t-\tau_1)\overline{X(t-\tau-\tau_1)}}] = B(\tau_1)$$

$Y(t) = X(t)\overline{X(t-\tau)}$，则 $Y(t)$ 为均方连续的平稳过程，且

$$E[Y(t)] = E[X(t)\overline{X(t-\tau)}] = R_X(\tau)，$$

因此 $X(t)$ 的相关函数的各态历经性就是 $Y(t)$ 的均值的各态历经性，又

$$R_Y(\tau_1) = E_Y[Y(t)\overline{Y(t-\tau_1)}] = E[X(t)\overline{X(t-\tau)}\,\overline{X(t-\tau_1)\overline{X(t-\tau-\tau_1)}}] = B(\tau_1)，$$

由定理 10.7 知定理成立.

【例 10.8（续）】 这里给出第二种解法：

由于 $\mu_X(t) = 0$，$R_X(\tau) = \sigma^2$，由定理 10.7 知

$$\lim_{T\to\infty}\frac{1}{2T}\int_{-2T}^{2T}\left(1-\frac{|\tau|}{2T}\right)[R_X(\tau)-|\mu_X|^2]\mathrm{d}\tau = \lim_{T\to\infty}\frac{\sigma^2}{2T}\int_{-2T}^{2T}\left(1-\frac{|\tau|}{2T}\right)\mathrm{d}\tau = \sigma^2 \neq 0，$$

故随机过程 $X(t)$ 的均值不具有各态历经性，因此随机过程 $X(t)$ 不是各态历经的.

在实际应用中经常只考虑在 $0\leqslant t<\infty$ 上的均方连续的平稳过程，因此定理 10.7 和定理 10.8 可相应地写成下面的形式.

定理 10.9 设 $\{X(t), t\geqslant 0\}$ 是均方连续的平稳过程，则时间均值

$$\langle X(t)\rangle = \lim_{T\to\infty}\frac{1}{T}\int_0^T X(t)\mathrm{d}t \tag{10.20}$$

与集均值 $E[X(t)] = \mu_X$ 以概率 1 相等的充要条件为

$$\lim_{T\to\infty}\frac{1}{T}\int_{-T}^{T}\left(1-\frac{|\tau|}{T}\right)[R_X(\tau)-|\mu_X|^2]\mathrm{d}\tau = 0. \tag{10.21}$$

当 $X(t)$ 是实均方连续平稳过程时，充要条件为

$$\lim_{T\to\infty}\frac{1}{T}\int_0^T\left(1-\frac{\tau}{T}\right)[R_X(\tau)-\mu_X^2]\mathrm{d}\tau = 0. \tag{10.22}$$

定理 10.10 设 $\{X(t), t\geqslant 0\}$ 是均方连续的平稳过程，当 $t\geqslant 0$，$t-\tau\geqslant 0$ 时，则其时间相关函数

$$\langle X(t)\overline{X(t-\tau)}\rangle = \lim_{T\to\infty}\frac{1}{T}\int_{-T}^{T} X(t)\overline{X(t-\tau)}\mathrm{d}t$$

与相关函数 $R_X(\tau) = E[X(t)\overline{X(t-\tau)}]$ 以概率 1 相等的充要条件为

$$\lim_{T\to\infty}\frac{1}{T}\int_{-T}^{T}\left(1-\frac{|\tau_1|}{T}\right)[B(\tau_1)-|R_X(\tau)|^2]\mathrm{d}\tau_1 = 0， \tag{10.23}$$

其中 $B(\tau_1) = E[X(t)\overline{X(t-\tau)}\,\overline{X(t-\tau_1)\overline{X(t-\tau-\tau_1)}}]$. 当 $X(t)$ 是实均方连续平稳过程时，充要条件为

$$\lim_{T\to\infty}\frac{1}{T}\int_0^T\left(1-\frac{\tau_1}{T}\right)[B(\tau_1)-R_X^2(\tau)]\mathrm{d}\tau_1 = 0. \tag{10.24}$$

【例 10.9】 （随机电报信号过程）设随机过程$\{X(t), t \geqslant 0\}$满足：

$$X(t) = X(0)(-1)^{N(t)},$$

其中，$P\{X(0)=1\}=\dfrac{1}{2}$，$P\{X(0)=-1\}=\dfrac{1}{2}$，$N(t)$是泊松过程，且$N(t)$与$X(0)$独立. 证明$\{X(t), 0 \leqslant t < \infty\}$是平稳过程，并讨论其均值的各态历经性.

证明：由已知，$P\{X(t)=1\}$的取值为 -1 和 1，且

$$P\{X(t)=1\} = P\{X(0)=1\}P\{X(t)=1 \mid X(0)=1\} + P\{X(0)=-1\}P\{X(t)=1 \mid X(0)=-1\}$$

$$= \frac{1}{2}\Big[P\{N(t)\text{为偶数} \mid X(0)=1\} + P\{N(t)\text{为奇数} \mid X(0)=-1\}\Big]$$

$$= \frac{1}{2}\Big[P\{N(t)\text{为偶数}\} + P\{N(t)\text{为奇数}\}\Big] = \frac{1}{2},$$

从而可求出$P\{X(t)=-1\} = 1 - P\{X(t)=1\} = \dfrac{1}{2}$. 故

$$E[X(t)] = 0.$$

下面求相关函数. 当$\tau > 0$时，由于$X(t)X(t+\tau)$取值-1 和 1，且

$$X(t)X(t+\tau) = X^2(0)(-1)^{2N(t)+N(t+\tau)-N(t)} = (-1)^{N(t+\tau)-N(t)},$$

因此

$$P\{X(t)X(t+\tau)=1\} = P\{N(t+\tau)-N(t)\text{为偶数}\} = P\{N(\tau)\text{为偶数}\}, \quad \text{（平稳性）}$$

从而

$$P\{X(t)X(t+\tau)=-1\} = 1 - P\{X(t)X(t+\tau)=1\} = P\{N(\tau)\text{为奇数}\},$$

$$R_X(t,t+\tau) = E[X(t)X(t+\tau)] = P\{N(\tau)\text{为偶数}\} - P\{N(\tau)\text{为奇数}\}$$

$$= \sum_{k=0}^{\infty} \frac{(\lambda\tau)^{2k}}{(2k)!}\mathrm{e}^{-\lambda\tau} - \sum_{k=0}^{\infty} \frac{(\lambda\tau)^{2k+1}}{(2k+1)!}\mathrm{e}^{-\lambda\tau}$$

$$= \mathrm{e}^{-\lambda\tau}\sum_{k=0}^{\infty}\frac{(-\lambda\tau)^k}{k!} = \mathrm{e}^{-2\lambda\tau}.$$

同理，当$\tau \leqslant 0$时，有$R_X(t,t+\tau) = \mathrm{e}^{2\lambda\tau}$. 因此有

$$R_X(t,t+\tau) = \mathrm{e}^{-2\lambda|\tau|}.$$

$X(t)$的均值$\mu_X = 0$，相关函数$R_X(t,t+\tau) = \mathrm{e}^{-2\lambda|\tau|}$只与时间间隔$|\tau|$有关，故$\{X(t), 0 \leqslant t < \infty\}$是平稳过程.

$X(t)$的相关函数$R_X(t,t+\tau)$在$\lim\limits_{T\to\infty}\dfrac{1}{T}\displaystyle\int_0^T\left(1-\dfrac{\tau}{T}\right)[R_X(\tau)-\mu_X^2]\,\mathrm{d}\tau$处连续，由定理 10.2 知$X(t)$在$t \geqslant 0$上均方连续. 由式（10.22）知

$$\lim_{T\to\infty}\frac{1}{T}\int_0^T\left(1-\frac{\tau}{T}\right)[R_X(\tau)-\mu_X^2]\,\mathrm{d}\tau = \lim_{T\to\infty}\frac{1}{T}\int_0^T\left(1-\frac{\tau}{T}\right)\mathrm{e}^{-2\lambda\tau}\,\mathrm{d}\tau$$

$$= \lim_{T \to \infty} \frac{1}{T} \left[-\frac{1}{2\lambda} \left(1 - \frac{\tau}{T} \right) e^{-2\lambda\tau} + \frac{1}{4\lambda^2 T} e^{-2\lambda\tau} \right]_0^T$$

$$= \lim_{T \to \infty} \frac{1}{2\lambda T} \left(1 - \frac{1 - e^{-2\lambda T}}{2\lambda T} \right) = 0 \ .$$

由定理 10.10 知，$X(t)$ 的均值具有各态历经性.

10.3 平稳过程的谱函数与谱密度的基本概念

在第 2 章例 2.10 中我们看到一个由不同角频率的随机振幅互不相关的随机简谐振动的叠加构成的随机过程，其均值函数为零，协方差函数即相关函数只与时间间隔有关，是一个平稳过程. 反之，是否任一个平稳过程或平稳序列都可以分解为由角频率互不相同、相应的随机振幅互不相关的随机简谐振动的线性叠加呢？其相关函数是否也可以写成相应的形式呢？答案是肯定的.

10.3.1 平稳过程的谱函数与谱密度

谱密度在平稳过程的理论与应用中都很重要，从数学上看，谱密度是相关函数的傅里叶变换，而在通信、雷达和其他无线电技术的应用中，经常要用到功率谱密度的概念，是一个重要的物理量. 下面先从数学的角度引进谱函数与谱密度.

定理 10.11 设均方连续的平稳过程 $\{X(t), -\infty < t < \infty\}$ 的相关函数是 $R_X(\tau)$，则 $R_X(\tau)$ 可以表示为

$$R_X(\tau) = \frac{1}{2\pi} \int_{-\infty}^{\infty} e^{i\tau\omega} dF_X(\omega), \quad -\infty < \tau < \infty, \qquad (10.25)$$

式中，$F_X(\omega)$ 是单调不减的有界函数，且

$$F_X(-\infty) = 0, \quad F_X(\infty) = 2\pi R_X(0) \ .$$

证明： $R_X(0) = 0$ 时，式（10.25）显然成立. 当 $R_X(0) > 0$ 时，记 $\tilde{R}_X(\tau) = \dfrac{R_X(\tau)}{R_X(0)}$，则 $\tilde{R}_X(0) = 1$，且由 $R_X(\tau)$ 的连续性知 $\tilde{R}_X(\tau)$ 在 $\tau \in (-\infty, \infty)$ 上连续. 由于相关函数 $R_X(\tau)$ 是非负定的，因此 $\tilde{R}_X(\tau)$ 也是非负定的，由定理 1.2 知，$\tilde{R}_X(\tau)$ 是一个特征函数，可以表示为

$$\tilde{R}_X(\tau) = \int_{-\infty}^{\infty} e^{i\tau\omega} dF(\omega)$$

这里 $F(\omega)$ 是一个分布函数. 记 $F_X(\omega) = 2\pi R_X(0)F(\omega)$，则有 $F_X(-\infty) = 0$，$F_X(\infty) = 2\pi R_X(0)$，且

$$R_X(\tau) = \tilde{R}_X(\tau) R_X(0) = \frac{1}{2\pi} \int_{-\infty}^{\infty} e^{i\tau\omega} d[2\pi R_X(0)F(\omega)] = \frac{1}{2\pi} \int_{-\infty}^{\infty} e^{i\tau\omega} dF_X(\omega) \ .$$

式（10.25）称为**维纳-辛钦公式**（Wiener–Khintchine）. 式中的 $F_X(\omega)$ 称为平稳过程 $\{X(t), -\infty < t < \infty\}$ 的**谱函数**.

如果 $F_X(\omega)$ 可微，且 $F_X'(\omega) = S_X(\omega)$，则称 $S_X(\omega)$ 为平稳过程 $X(t)$ 的**谱密度**. 其物理意义将在后面给出.

如果 $R_X(\tau)$ 绝对可积，即 $\int_{-\infty}^{\infty}|R_X(\tau)|\mathrm{d}\tau<\infty$，则 $F_X'(\omega)=S_X(\omega)$ 存在，式（10.25）变为

$$R_X(\tau)=\frac{1}{2\pi}\int_{-\infty}^{\infty}\mathrm{e}^{\mathrm{i}\tau\omega}S_X(\omega)\mathrm{d}\omega,\ -\infty<\tau<\infty. \tag{10.26}$$

相关函数 $R_X(\tau)$ 是谱密度 $S_X(\omega)$ 的傅里叶逆变换. 谱密度 $S_X(\omega)$ 是相关函数 $R_X(\tau)$ 的傅里叶变换，即

$$S_X(\omega)=\int_{-\infty}^{\infty}\mathrm{e}^{-\mathrm{i}\tau\omega}R_X(\tau)\mathrm{d}\tau,\ -\infty<\omega<\infty. \tag{10.27}$$

式（10.26）和式（10.27）也统称为**维纳-辛钦公式**.

对于平稳序列也有类似的结论.

定理 10.12 设平稳序列 $\{X(n),n=0,\pm1,\pm2,\cdots\}$ 的相关函数是 $R_X(n)$，则 $R_X(n)$ 可以表示为 $R_X(n)=\frac{1}{2\pi}\int_{-\pi}^{\pi}\mathrm{e}^{\mathrm{i}n\omega}\mathrm{d}F_X(\omega)$ $R_X(n)$，则 $R_X(n)$ 可以表示为

$$R_X(n)=\frac{1}{2\pi}\int_{-\pi}^{\pi}\mathrm{e}^{\mathrm{i}n\omega}\mathrm{d}F_X(\omega),\ n=0,\pm1,\pm2,\cdots, \tag{10.28}$$

其中 $F_X(\omega)$ 是一个在 $[-\pi,\pi]$ 上单调不减的有界函数，且有

$$F_X(-\pi)=0,\quad F_X(\pi)=2\pi R_X(0).$$

式（10.28）中的 $F_X(\omega)$ 称为平稳序列 $\{X(n),n=0,\pm1,\pm2,\cdots\}$ 的**谱函数**. $F_X(\omega)$ 可微，且 $F_X'(\omega)=S_X(\omega)$，则称 $S_X(\omega)$ 为平稳序列 $X(n)$ 的**谱密度**.

如果 $R_X(n)$ 满足 $\sum_{n=-\infty}^{\infty}|R_X(n)|<\infty$，则可以证明 $F_X(\omega)$ 可微，且 $F_X'(\omega)=S_X(\omega)$，$-\pi\leqslant\omega\leqslant\pi$，式（10.28）变为

$$R_X(n)=\frac{1}{2\pi}\int_{-\pi}^{\pi}\mathrm{e}^{\mathrm{i}n\omega}S_X(\omega)\mathrm{d}\omega,\ n=0,\pm1,\pm2,\cdots, \tag{10.29}$$

$R_X(n)$ 是 $S_X(\omega)$ 的傅里叶逆变换. $S_X(\omega)$ 是 $R_X(\tau)$ 的傅里叶变换，即

$$S_X(\omega)=\sum_{n=-\infty}^{\infty}\mathrm{e}^{-\mathrm{i}n\omega}R_X(n),\ -\pi\leqslant\omega\leqslant\pi. \tag{10.30}$$

【例 10.10】 设 $\{X_n,n=0,1,2,\cdots\}$ 为一白噪声序列，相关函数满足

$$R_X(n)=\begin{cases}\sigma^2,&n=0\\0,&n\neq0\end{cases},$$

则由式（10.30）知，谱密度为

$$S_X(\omega)=\sum_{n=-\infty}^{\infty}\mathrm{e}^{-\mathrm{i}n\omega}R_X(n)=R_X(0)=\sigma^2,\ -\pi\leqslant\omega\leqslant\pi,$$

即白噪声序列的谱密度为常数，这个性质与光学中的白光的性质相同，这就是"白噪声"的由来. 这个性质说明了白噪声是由角频率在 $[-\pi,\pi]$ 上均匀分布的不相关的简谐振动叠加而成的，即不同频率的平均功率是均匀的.

下面不加证明地给出以下两个谱分解定理.

定理 10.13 （平稳序列的谱分解定理）　设 $\{X(n), n = 0, \pm 1, \pm 2, \cdots\}$ 是平稳随机序列，且 $E[X(t)] = 0$ ，则必存在一个正交增量过程 $\{Y(\omega), -\pi \leqslant \omega \leqslant \pi\}$ ，

$$X(n) = \int_{-\pi}^{\pi} e^{in\omega} dY(\omega) ,$$

且相关函数

$$R_X(n) = \frac{1}{2\pi} \int_{-\pi}^{\pi} e^{in\omega} dF_X(\omega) ,$$

其中

（1）　$Y(\omega) = \dfrac{1}{2\pi} \left[\omega X(0) - \displaystyle\sum_{n \neq 0} \dfrac{e^{-in\omega}}{in} X(n) \right]$ ，　$-\pi \leqslant \omega \leqslant \pi$ ；　$E[Y(\omega)] = 0$ ；

（2）　$E|Y(\omega_2) - Y(\omega_1)|^2 = \dfrac{1}{2\pi}[F_X(\omega_2) - F_X(\omega_1)]$ ，　$-\pi \leqslant \omega_1 \leqslant \omega_2 \leqslant \pi$ ，　$F_X(\omega)$ 是 $X(n)$ 的谱函数.

定理 10.14 （平稳过程的谱分解定理）

设 $\{X(t), -\infty < t < \infty\}$ 是均方连续的平稳过程，且 $E[X(t)] = 0$ ，则必存在一个正交增量过程 $\{Y(\omega), -\infty < \omega < \infty\}$ ，使得

$$X(t) = \int_{-\infty}^{\infty} e^{it\omega} dY(\omega) ,$$

且相关函数

$$R_X(\tau) = \frac{1}{2\pi} \int_{-\infty}^{\infty} e^{i\tau\omega} dF_X(\omega) ,$$

其中

（1）　$Y(\omega) = \displaystyle\lim_{T \to \infty} \dfrac{1}{2\pi} \int_{-T}^{T} \dfrac{e^{-i\omega t} - 1}{-it} X(t) dt$ ，　$-\infty < \omega < \infty$ ；　$E[Y(\omega)] = 0$ ；

（2）　$E|Y(\omega_2) - Y(\omega_1)|^2 = \dfrac{1}{2\pi}[F_X(\omega_2) - F_X(\omega_1)]$ ，　$-\infty < \omega_1 \leqslant \omega_2 < \infty$ ，　$F_X(\omega)$ 是 $X(t)$ 的谱函数.

10.3.2　谱密度的物理意义

以上从数学的观点定义了平稳过程的谱密度，而这个名称来自无线电技术，在物理中它表示功率谱密度. 下面利用频谱分析方法定义平稳过程的功率谱密度. 先来考虑确定性信号 $x(t)$ 的功率谱密度.

对确定性信号 $x(t)$ ，$-\infty < t < \infty$ 做频谱分析. $x(t)$ 可表示 t 时刻的电流强度或电压，电学中电功率公式：$W = I^2 R = U^2 / R$ ，如果取电阻 $R = 1\Omega$ ，则 $x^2(t)$ 表示信号在 t 时刻的功率. 如果 $x(t)$ 绝对可积，即 $\displaystyle\int_{-\infty}^{\infty} |x(t)| dt < \infty$ ，且满足狄利克雷（Dirichlet）条件，则 $x(t)$ 的傅里叶变换存在，即

$$F_x(\omega) = \int_{-\infty}^{\infty} x(t) e^{-i\omega t} dt ,$$

傅里叶逆变换为

$$x(t) = \frac{1}{2\pi} \int_{-\infty}^{\infty} F_x(\omega) \mathrm{e}^{\mathrm{i}\omega t} \mathrm{d}\omega, \tag{10.31}$$

它说明信号 $x(t)$ 可以表示成谐波分量 $\frac{1}{2\pi} F_x(\omega) \mathrm{e}^{\mathrm{i}\omega t} \mathrm{d}\omega$ 的无限叠加,其中 ω 为角频率,$F_x(\omega)$ 称为信号 $x(t)$ 的频谱,$\frac{1}{2\pi} |F_x(\omega)| \mathrm{d}\omega$ 是角频率为 ω 谐波分量的振幅. 若用 f 表示频率,$\omega = 2\pi f$,振幅变为 $|F_x(2\pi f)| \mathrm{d}f$,谐波分量变为 $F_x(2\pi f) \mathrm{d}f \mathrm{e}^{\mathrm{i}2\pi ft}$. 由频谱分析理论,谐波分量在频带 $[f, f + \mathrm{d}f]$ 中的能量为 $|F_x(2\pi f)|^2 \mathrm{d}f$.

　　一般地 $F_x(\omega)$ 为复值函数,且有

$$F_x(-\omega) = \int_{-\infty}^{\infty} x(t) \mathrm{e}^{\mathrm{i}\omega t} \mathrm{d}t = \overline{F_x(\omega)}.$$

　　如果 $\int_{-\infty}^{\infty} x^2(t) \mathrm{d}t < \infty$,则由式(10.31)可推得

$$\int_{-\infty}^{\infty} x^2(t) \mathrm{d}t = \frac{1}{2\pi} \int_{-\infty}^{\infty} |F_x(\omega)|^2 \mathrm{d}\omega \tag{10.32}$$

称式(10.32)为**帕赛瓦(Parseval)公式**. 左端表示信号的**总能量**,右端可改写为 $\int_{-\infty}^{\infty} |F_x(2\pi f)|^2 \mathrm{d}f$. 帕赛瓦公式表明信号的总能量等于各谐波分量能量的叠加. 在频域中,$|F_x(2\pi f)|^2$ 表示在频率 f 处的能量谱密度,即 $|F_x(\omega)|^2$ 表示在角频率 ω 处的**能量谱密度**.

　　但是,通常总能量 $\int_{-\infty}^{\infty} x^2(t) \mathrm{d}t = \infty$,如周期性信号就是这样的. 这时**平均功率**

$$\lim_{T \to \infty} \frac{1}{2T} \int_{-T}^{T} x^2(t) \mathrm{d}t$$

往往是有限的. 采用截尾的方法,令

$$x_T(t) = \begin{cases} x(t), & |t| \leqslant T \\ 0, & |t| > T \end{cases},$$

则 $x_T(t)$ 在 $-\infty < t < \infty$ 上绝对可积,其傅里叶变换

$$F_x(\omega, T) = \int_{-\infty}^{\infty} x_T(t) \mathrm{e}^{-\mathrm{i}\omega t} \mathrm{d}t = \int_{-T}^{T} x(t) \mathrm{e}^{-\mathrm{i}\omega t} \mathrm{d}t,$$

$F_x(\omega, T)$ 的傅里叶逆变换为

$$x_T(t) = \frac{1}{2\pi} \int_{-\infty}^{\infty} F_x(\omega, T) \mathrm{e}^{\mathrm{i}\omega t} \mathrm{d}\omega.$$

由帕赛瓦公式,有

$$\int_{-\infty}^{\infty} x_T^2(t) \mathrm{d}t = \int_{-T}^{T} x^2(t) \mathrm{d}t = \frac{1}{2\pi} \int_{-\infty}^{\infty} |F_x(\omega, T)|^2 \mathrm{d}\omega,$$

两边除以 $2T$,再令 $T \to \infty$,得

$$\lim_{T \to \infty} \frac{1}{2T} \int_{-T}^{T} x^2(t)\mathrm{d}t = \frac{1}{2\pi} \int_{-\infty}^{\infty} \lim_{T \to \infty} \frac{1}{2T} \left| F_x(\omega,T) \right|^2 \mathrm{d}\omega , \qquad (10.33)$$

式（10.33）称为平均功率的**谱表示**. 称右端被积函数

$$\lim_{T \to \infty} \frac{1}{2T} \left| F_x(\omega,T) \right|^2$$

为信号 $x(t)$ 在 ω 处的平均功率谱密度，简称功率谱密度.

当 $X(t)$, $-\infty < t < \infty$ 是均方连续的随机信号时，上面的 $x(t)$ 可以视为它的样本函数. 同样可得

$$F_X(\omega,T) = \int_{-T}^{T} X(t)\mathrm{e}^{-\mathrm{i}\omega t}\mathrm{d}t ,$$

$$\frac{1}{2T} \int_{-T}^{T} X^2(t)\mathrm{d}t = \frac{1}{2\pi} \int_{-\infty}^{\infty} \frac{1}{2T} \left| F_X(\omega,T) \right|^2 \mathrm{d}\omega .$$

因为 $X(t)$ 是随机信号，故上式两边都是随机变量，先求统计平均，再求 $T \to \infty$ 的时间平均，得

$$\lim_{T \to \infty} E\left[\frac{1}{2T} \int_{-T}^{T} X^2(t)\mathrm{d}t \right] = \frac{1}{2\pi} \int_{-\infty}^{\infty} \lim_{T \to \infty} \frac{1}{2T} E\left[\left| F_X(\omega,T) \right|^2 \right] \mathrm{d}\omega . \qquad (10.34)$$

等式左边是随机信号 $X(t)$ 在时间 $(-\infty, \infty)$ 中的**平均功率**，记为

$$\psi^2 = \lim_{T \to \infty} E\left[\frac{1}{2T} \int_{-T}^{T} X^2(t)\mathrm{d}t \right]. \qquad (10.35)$$

显然，当 $X(t)$ 是均方连续的平稳随机信号时，

$$\psi^2 = \lim_{T \to \infty} \frac{1}{2T} \int_{-T}^{T} E[X^2(t)]\mathrm{d}t = E[X^2(t)] = R_X(0)$$

记

$$S_X(\omega) = \lim_{T \to \infty} \frac{1}{2T} E\left[\left| F_X(\omega,T) \right|^2 \right], \qquad (10.36)$$

称之为平稳随机信号 $X(t)$ 在 ω 处的平均功率谱密度，简称功率谱密度. 这时式（10.34）可写为

$$R_X(0) = \frac{1}{2\pi} \int_{-\infty}^{\infty} S_X(\omega)\mathrm{d}\omega \qquad (10.37)$$

即平稳随机信号的相关函数 $R_X(0)$ 表示平均功率.

【例 10.11】 设有随机过程 $X(t) = a\cos(\omega_0 t + \Theta)$，其中 a、ω_0 为常数，在下列情况下，求 $X(t)$ 的平均功率.

（1）Θ 是在 $(0, 2\pi)$ 上服从均匀分布的随机变量；

（2）Θ 是在 $(0, \pi/2)$ 上服从均匀分布的随机变量.

解：（1）由第 2 章的例 2.8 知，随机过程 $X(t)$ 是平稳过程，且相关函数：

$$R_X(\tau) = \frac{a^2}{2}\cos(\omega_0 \tau) ,$$

平均功率：

$$\psi^2 = R_X(0) = a^2/2 .$$

（2）　　$E[X^2(t)] = E[a^2\cos^2(\omega_0 t + \Theta)] = \dfrac{a^2}{2}E[1 + \cos(2\omega_0 t + 2\Theta)]$

$$= \dfrac{a^2}{2}\left[1 + \dfrac{2}{\pi}\int_0^{\frac{\pi}{2}}\cos(2\omega_0 t + 2\theta)\mathrm{d}\theta\right] = \dfrac{a^2}{2} - \dfrac{a^2}{\pi}\sin(2\omega_0 t) ,$$

$X(t)$是非平稳过程，平均功率：

$$\psi^2 = \lim_{T\to\infty}\dfrac{1}{2T}\int_{-T}^T E[X^2(t)]\mathrm{d}t = a^2/2 .$$

10.3.3　谱密度的性质

设$\{X(t), -\infty < t < \infty\}$是均方连续的平稳过程，$R_X(\tau)$是它的相关函数，$S_X(\omega)$是它的谱密度，则$S_X(\omega)$有如下性质.

性质 10.1　如果式（10.36）成立，即$S_X(\omega) = \lim_{T\to\infty}\dfrac{1}{2T}E[|F_X(\omega,T)|^2]$，则$S_X(\omega)$是$R_X(\tau)$的傅里叶变换，即式（10.27）成立：

$$S_X(\omega) = \int_{-\infty}^{\infty} R_X(\tau)\mathrm{e}^{-\mathrm{i}\tau\omega}\mathrm{d}\tau , \quad -\infty < \omega < \infty.$$

证明： 由$F_X(\omega,T) = \int_{-T}^T X(t)\mathrm{e}^{-\mathrm{i}\omega t}\mathrm{d}t$ 知

$$S_X(\omega) = \lim_{T\to\infty}\dfrac{1}{2T}E[|F_X(\omega,T)|^2] = \lim_{T\to\infty}\dfrac{1}{2T}E\left[\left|\int_{-T}^T X(t)\mathrm{e}^{-\mathrm{i}\omega t}\mathrm{d}t\right|^2\right] ,$$

由于

$$\dfrac{1}{2T}E\left[\left|\int_{-T}^T X(t)\mathrm{e}^{-\mathrm{i}\omega t}\mathrm{d}t\right|^2\right] = \dfrac{1}{2T}E\left[\int_{-T}^T X(t)\mathrm{e}^{-\mathrm{i}\omega t}\mathrm{d}t\,\overline{\int_{-T}^T X(s)\mathrm{e}^{-\mathrm{i}\omega s}\mathrm{d}s}\right]$$

$$= \dfrac{1}{2T}E\left[\int_{-T}^T\int_{-T}^T X(t)\overline{X(s)}\mathrm{e}^{-\mathrm{i}\omega(t-s)}\mathrm{d}t\mathrm{d}s\right]$$

$$= \dfrac{1}{2T}\int_{-T}^T\int_{-T}^T E[X(t)\overline{X(s)}]\mathrm{e}^{-\mathrm{i}\omega(t-s)}\mathrm{d}t\mathrm{d}s$$

$$= \dfrac{1}{2T}\int_{-T}^T\int_{-T}^T R_X(t-s)]\mathrm{e}^{-\mathrm{i}\omega(t-s)}\mathrm{d}t\mathrm{d}s ,$$

通过换元，令$\tau = t - s$，则有

$$\dfrac{1}{2T}E\left[\left|\int_{-T}^T X(t)\mathrm{e}^{-\mathrm{i}\omega t}\mathrm{d}t\right|^2\right] = \dfrac{1}{2T}\int_{-T}^T\int_{-T-s}^{T-s} R_X(\tau)\mathrm{e}^{-\mathrm{i}\omega\tau}\mathrm{d}\tau\mathrm{d}s$$

$$= \dfrac{1}{2T}\left[\int_{-2T}^0\int_{-T-\tau}^T R_X(\tau)\mathrm{e}^{-\mathrm{i}\omega\tau}\mathrm{d}s\mathrm{d}\tau + \int_0^{2T}\int_{-T}^{T-\tau} R_X(\tau)\mathrm{e}^{-\mathrm{i}\omega\tau}\mathrm{d}s\mathrm{d}\tau\right] \quad （交换积分次序）$$

$$= \dfrac{1}{2T}\left[\int_{-2T}^0 (2T+\tau)R_X(\tau)\mathrm{e}^{-\mathrm{i}\omega\tau}\mathrm{d}\tau + \int_0^{2T}(2T-\tau)R_X(\tau)\mathrm{e}^{-\mathrm{i}\omega\tau}\mathrm{d}\tau\right]$$

$$\qquad = \int_{-2T}^{2T}\left(1-\frac{|\tau|}{2T}\right)R_X(\tau)\mathrm{e}^{-\mathrm{i}\omega\tau}\mathrm{d}\tau\ ,$$

于是有

$$S_X(\omega)=\lim_{T\to\infty}\int_{-2T}^{2T}\left(1-\frac{|\tau|}{2T}\right)R_X(\tau)\mathrm{e}^{-\mathrm{i}\omega\tau}\mathrm{d}\tau=\int_{-\infty}^{\infty}R_X(\tau)\mathrm{e}^{-\mathrm{i}\omega\tau}\mathrm{d}\tau\ .$$

性质 10.1 告诉我们，式（10.27）和式（10.36）都可以作为 $X(t)$ 是均方连续的平稳过程的谱密度的定义. 显然，平稳过程的谱密度总是实函数.

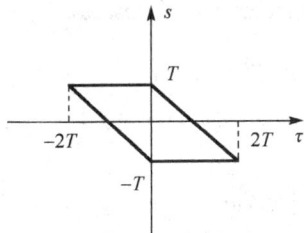

图 10.3　通过换元 $\tau=t-s$ 后 τ 与 s 的关系

【例 10.12】 已知平稳过程 $\{X(t),-\infty<t<\infty\}$ 的谱密度是

$$S_X(\omega)=\frac{\omega^2}{\omega^4+3\omega^2+2}$$

求 $X(t)$ 的均方值.

解：$X(t)$ 的均方值为

$$E[X^2(t)]=R_X(0)=\frac{1}{2\pi}\int_{-\infty}^{\infty}\mathrm{e}^{\mathrm{i}\omega 0}\frac{\omega^2}{\omega^4+3\omega^2+2}\mathrm{d}\omega$$

$$=\frac{1}{2\pi}\int_{-\infty}^{\infty}\left(\frac{2}{\omega^2+2}-\frac{1}{\omega^2+1}\right)\mathrm{d}\omega$$

$$=\frac{1}{2\pi}\left[\sqrt{2}\arctan\left(\frac{\omega}{\sqrt{2}}\right)-\arctan(\omega)\right]_{-\infty}^{\infty}=\frac{1}{2}(\sqrt{2}-1)\ .$$

性质 10.2　如果 $X(t)$ 是均方连续的实平稳过程，则 $S_X(\omega)$ 是实的、非负的偶函数，即 $S_X(-\omega)=S_X(\omega)\geqslant 0$.

证明：由式（10.36）知 $S_X(\omega)$ 是实的、非负的，再由式（10.27）及 $R_X(\tau)$ 是偶函数知 $S_X(\omega)$ 是偶函数.

当 $\{X(t),-\infty<t<\infty\}$ 是均方连续的实平稳过程时，**维纳-辛钦公式**可以写为如下形式，

$$S_X(\omega)=2\int_0^{\infty}R_X(\tau)\cos(\omega\tau)\mathrm{d}\tau\ ,\ -\infty<\omega<\infty.\qquad(10.38)$$

$$R_X(\tau)=\frac{1}{\pi}\int_0^{\infty}S_X(\omega)\cos(\omega\tau)\mathrm{d}\omega\ ,\ -\infty<\tau<\infty.\qquad(10.39)$$

在工程技术中经常会遇到的一类有理谱函数

$$S_X(\omega)=\frac{a_{2n}\omega^{2n}+a_{2n-2}\omega^{2n-2}+\cdots+a_0}{\omega^{2m}+b_{2m-2}\omega^{2m-2}+\cdots+b_0}\ ,\qquad(10.40)$$

其中 a_{2n-i}, b_{2m-j} ($i=0,2,\cdots,2n$, $j=2,4,\cdots,2m$) 为实数，且 $a_{2n}>0$，$m>n$，分母无实根，分子、分母没有相同的根.

注意这里分子、分母只出现偶数项是因为 $S_X(\omega)$ 是偶函数，$m>n$ 是保证

$$\int_{-\infty}^{\infty} S_X(\omega)\mathrm{d}\omega < \infty$$

使得 $S_X(\omega)$ 与 $R_X(\tau)$ 之间有傅里叶变换.

【例 10.13】 已知平稳过程的相关函数为

$$R_X(\tau) = \mathrm{e}^{-a|\tau|}\cos(\omega_0\tau),$$

其中 $a>0$，ω_0 为常数，求谱密度 $S_X(\omega)$.

解：
$$S_X(\omega) = 2\int_0^{\infty} R_X(\tau)\cos(\omega\tau)\mathrm{d}\tau = 2\int_0^{\infty} \mathrm{e}^{-a\tau}\cos(\omega_0\tau)\cos(\omega\tau)\mathrm{d}\tau$$

$$= \int_0^{\infty} \mathrm{e}^{-a\tau}[\cos(\omega_0+\omega)\tau + \cos(\omega_0-\omega)\tau]\mathrm{d}\tau$$

$$= \frac{a}{a^2+(\omega_0+\omega)^2} + \frac{a}{a^2+(\omega_0-\omega)^2}.$$

【例 10.14】 已知平稳过程的谱密度是

$$S_X(\omega) = \frac{\omega^2+4}{\omega^4+10\omega^2+9},$$

求它的相关函数 $R_X(\tau)$ 和平均功率.

解： 由式 (10.26)，

$$R_X(\tau) = \frac{1}{2\pi}\int_{-\infty}^{\infty}\frac{\omega^2+4}{\omega^4+10\omega^2+9}\mathrm{e}^{\mathrm{i}\omega\tau}\mathrm{d}\omega = \frac{1}{2\pi}\int_{-\infty}^{\infty}\frac{\omega^2+4}{(\omega^2+1)(\omega^2+9)}\mathrm{e}^{\mathrm{i}\omega\tau}\mathrm{d}\omega,$$

当 $\tau>0$ 时，$\dfrac{z^2+4}{(z^2+1)(z^2+9)}$ 在上半复平面上有两个极点 $z=\mathrm{i}$，$z=3\mathrm{i}$，应用留数定理可得

$$R_X(\tau) = \frac{1}{2\pi}\cdot 2\pi\mathrm{i}\cdot\left\{\frac{z^2+4}{(z^2+1)(z^2+9)}\mathrm{e}^{\mathrm{i}z\tau}在 z=\mathrm{i}, 3\mathrm{i} 处的留数之和\right\}$$

$$= \mathrm{i}\cdot\left\{\frac{\mathrm{i}^2+4}{(\mathrm{i}+\mathrm{i})(\mathrm{i}^2+9)}\mathrm{e}^{-\tau} + \frac{(3\mathrm{i})^2+4}{((3\mathrm{i})^2+1)(3\mathrm{i}+3\mathrm{i})}\mathrm{e}^{-3\tau}\right\}$$

$$= \mathrm{i}\cdot\left\{\frac{3}{16\mathrm{i}}\mathrm{e}^{-\tau} + \frac{5}{48\mathrm{i}}\mathrm{e}^{-3\tau}\right\} = \frac{1}{48}(9\mathrm{e}^{-\tau} + 5\mathrm{e}^{-3\tau}),$$

同理可得当 $\tau<0$ 时，$R_X(\tau) = \dfrac{1}{48}(9\mathrm{e}^{\tau} + 5\mathrm{e}^{3\tau})$，因此对任意的 τ，有

$$R_X(\tau) = \frac{1}{48}(9\mathrm{e}^{-|\tau|} + 5\mathrm{e}^{-3|\tau|}).$$

平均功率为 $R_X(0) = \dfrac{14}{48} = \dfrac{7}{24}$.

【例 10.15】 已知平稳过程的谱密度为

$$s_X(\omega) = \frac{1}{(1+\omega^2)^2},$$

求相关函数 $R_X(\tau)$ 和平均功率.

解：应用留数定理，当 $\tau > 0$ 时， $\dfrac{1}{(1+z^2)^2}$ 在上半复平面上有一个二级极点 $z = i$，故

$$R_X(\tau) = \frac{1}{2\pi} \int_{-\infty}^{\infty} \frac{1}{(1+\omega^2)^2} e^{i\omega\tau} d\omega = \frac{1}{2\pi} 2\pi i \left\{ \frac{e^{iz\tau}}{(1+z^2)^2} \text{ 在 } z = i \text{ 处的留数} \right\}$$

$$= i \cdot \lim_{z \to i} \frac{1}{(2-1)!} \frac{d}{dz} \left[(z-i)^2 \frac{e^{iz\tau}}{(1+z^2)^2} \right]$$

$$= \frac{1}{4}(e^{-\tau} + \tau e^{-\tau}).$$

同理可得当 $\tau < 0$ 时， $R_X(\tau) = \dfrac{1}{4}(e^{\tau} - \tau e^{\tau})$ ，因此对任意的 τ，有

$$R_X(\tau) = \frac{1}{4}(e^{-|\tau|} + |\tau| e^{-|\tau|}).$$

平均功率为 $R_X(0) = \dfrac{1}{4}$.

【例 10.16】 已知平稳序列的谱密度是

$$s_X(\omega) = \frac{\sigma^2}{|1 - \varphi e^{-i\omega}|^2}, \quad |\varphi| < 1,$$

求相关函数 $R_X(n)$.

解：由 （10.27） 式及 $e^{i\omega} = \cos\omega + i\sin\omega$ 知，

$$R_X(n) = \frac{1}{2\pi} \int_{-\pi}^{\pi} \frac{\sigma^2}{|1-\varphi e^{-i\omega}|^2} e^{in\omega} d\omega = \frac{\sigma^2}{2\pi} \int_{-\pi}^{\pi} \frac{\cos(n\omega)}{1 - 2\varphi\cos(\omega) + \varphi^2} d\omega,$$

令 $z = e^{i\omega}$ ，则 $\cos(\omega) = \dfrac{z^2+1}{2z}$ ， $d\omega = \dfrac{dz}{iz}$ ，

$$R_X(n) = \frac{\sigma^2}{2\pi} \oint_{|z|=1} \frac{z^n}{1 - 2\varphi\frac{z^2+1}{2z} + \varphi^2} \frac{dz}{iz} = -\frac{\sigma^2}{2\pi i} \oint_{|z|=1} \frac{z^n}{\varphi z^2 - (1+\varphi^2)z + \varphi} dz$$

$$= -\frac{\sigma^2}{2\pi i} \oint_{|z|=1} \frac{z^n}{(\varphi z - 1)(z - \varphi)} dz = -\frac{\sigma^2}{2\pi i} \cdot 2\pi i \cdot \text{Res}\left\{ \frac{z^n}{(\varphi z - 1)(z - \varphi)}, \varphi \right\}$$

$$= -\sigma^2 \frac{\varphi^n}{\varphi \cdot \varphi - 1} = \frac{\sigma^2 \varphi^n}{1 - \varphi^2}, \quad n = 0, 1, \cdots.$$

表 10.1 给出了一些常见的相关函数与谱密度的对照表，读者可以作为练习加以证明.

表 10.1　相关函数与谱密度对照表（α、β、$\sigma > 0$）

相关函数 $R_X(\tau)$	谱密度 $S_X(\omega)$
$\sigma^2 e^{-\alpha|\tau|}$	$\dfrac{2\sigma^2\alpha}{\alpha^2+\omega^2}$
$\sigma^2 e^{-\alpha\tau^2}$	$\dfrac{\sqrt{\pi}\sigma^2}{\sqrt{\alpha}} e^{\frac{\omega^2}{4\alpha}}$
$\sigma^2 e^{-\alpha|\tau|}\cos(\beta\tau)$	$\sigma^2\alpha\left[\dfrac{1}{\alpha^2+(\omega+\beta)^2}+\dfrac{1}{\alpha^2+(\omega-\beta)^2}\right]$
$\sigma^2 e^{-\alpha|\tau|}\left[\cos(\beta\tau)+\dfrac{\alpha}{\beta}\sin(\beta|\tau|)\right]$	$4\sigma\,\dfrac{\alpha(\alpha^2+\beta^2)}{(\omega^2+\alpha^2-\beta^2)^2+4\alpha^2\beta^2}$
$\begin{cases}\sigma^2\left(1-\dfrac{|\tau|}{T}\right), & |\tau|\leqslant T \\ 0, & |\tau|>T\end{cases}$	$\dfrac{4\sigma^2\sin^2(\omega T/2)}{T\omega^2}$

相关函数 $R_X(\tau)$	谱密度 $S_X(\omega)$
$R_X(\tau)$ 图像 $N\dfrac{\sin(\omega_0\tau)}{\pi\tau}$	$S_X(\omega)$ 图像 $\begin{cases} N, & \|\omega\| \leqslant \omega_0 \\ 0, & \|\omega\| > \omega_0 \end{cases}$
$R_X(\tau)$ 图像 1	$S_X(\omega)$ 图像 2π $2\pi\delta(\omega)$
$R_X(\tau)$ 图像 $\delta(\tau)$	$S_X(\omega)$ 图像 1 1
$R_X(\tau)$ 图像 $a\cos(\omega_0\tau)$	$S_X(\omega)$ 图像 $a\pi[\delta(\omega+\omega_0)+\delta(\omega-\omega_0)]$

在工程中，由于只在正的频率范围内进行测量，得到"单边功率谱"．实平稳过程的谱密度 $S_X(\omega)$ 是偶函数，因而可将负的频率范围内的值折算到正频率范围内．单边功率谱定义为

$$G_X(\omega) = \begin{cases} 2S_X(\omega), & \omega \geqslant 0 \\ 0, & \omega < 0 \end{cases},$$

其图像如图 10.4 所示．

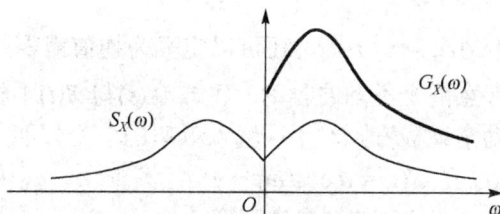

图 10.4　单边功率谱

10.3.4 白噪声过程的谱密度

如果一个随机过程的谱密度的值不变，且其频带延伸到整个频率轴上，则称该频谱为白噪声频谱，相应的白噪声过程定义如下.

定义 10.5 设 $\{X(t), -\infty < t < \infty\}$ 为实平稳过程，若均值为零，且谱密度在所有频率范围内为非零的常数，即 $S_X(\omega) = N_0 \ (-\infty < \omega < \infty)$，则称 $X(t)$ 为**白噪声过程**.

白噪声过程类似于白光的性质，其能量谱在各种频率上均匀分布，故有"白噪声"之称. 由于它的统计特性不随时间的推移而改变，因此它是平稳过程. 但是其相关函数在通常意义下的傅里叶变换不存在. 这里利用 δ 函数的性质.

由第 7 章式（7.11）知，δ **函数**的定义为

$$\delta(x) = \begin{cases} 0, & x \neq 0 \\ \infty, & x = 0 \end{cases}, \ \text{且} \int_{-\infty}^{\infty} \delta(x)\mathrm{d}x = 1,$$

因此 δ 函数有如下重要的性质：对任何连续函数 $f(x)$，有

$$\int_{-\infty}^{\infty} f(x)\delta(x)\mathrm{d}x = f(0), \tag{10.41}$$

或

$$\int_{-\infty}^{\infty} f(x)\delta(x-T)\mathrm{d}x = f(T). \tag{10.42}$$

由 δ 函数的这条性质，可以推出 δ 函数的傅里叶变换为

$$\int_{-\infty}^{\infty} \delta(\tau)\mathrm{e}^{-\mathrm{i}\omega\tau}\mathrm{d}\tau = 1, \tag{10.43}$$

因此，由傅里叶逆变换知

$$\delta(\tau) = \frac{1}{2\pi} \int_{-\infty}^{\infty} 1 \cdot \mathrm{e}^{\mathrm{i}\omega\tau}\mathrm{d}\omega, \tag{10.44}$$

或

$$2\pi\delta(\tau) = \int_{-\infty}^{\infty} 1 \cdot \mathrm{e}^{\mathrm{i}\omega\tau}\mathrm{d}\omega. \tag{10.45}$$

这说明 $\delta(\tau)$ 与 1 构成一对傅里叶变换.

同样可知 1 与 $2\pi\delta(\tau)$ 构成一对傅里叶变换.

由 δ 函数的性质可以推出，谱密度 $S_X(\omega) = N_0$ 的白噪声过程的相关函数为

$$R_X(\tau) = \frac{1}{2\pi} \int_{-\infty}^{\infty} S_X(\omega)\mathrm{e}^{\mathrm{i}\omega\tau}\mathrm{d}\omega = \frac{N_0}{2\pi} \int_{-\infty}^{\infty} \mathrm{e}^{\mathrm{i}\omega\tau}\mathrm{d}\omega = N_0\delta(\tau).$$

由此可知，白噪声过程 $\{X(t), -\infty < t < \infty\}$ 还可以定义为均值为零，相关函数 $R_X(\tau) = N_0\delta(\tau)$ 的平稳过程. 这表明，在任意两个不同的时刻 s 和 t，$X(s)$ 与 $X(t)$ 不相关，即白噪声随时间变化的起伏极快，而过程的功率谱极宽，对不同输入频率的信号都能产生干扰.

【例 10.17】 设有随机过程 $X(t) = a\cos(\omega_0 t + \Theta)$，其中 a、ω_0 为常数，Θ 是在 $(0, 2\pi)$ 上服从均匀分布的随机变量，求 $X(t)$ 的功率谱密度.

解： 由例 10.11 知，$X(t)$ 的相关函数 $R_X(\tau) = \dfrac{a^2}{2}\cos(\omega_0\tau)$，功率谱密度为

$$S_X(\omega) = \int_{-\infty}^{\infty} R_X(\tau)\mathrm{e}^{-\mathrm{i}\omega\tau}\mathrm{d}\tau = \frac{a^2}{2}\int_{-\infty}^{\infty}\cos(\omega_0\tau)\mathrm{e}^{-\mathrm{i}\omega\tau}\mathrm{d}\tau$$

$$= \frac{a^2}{4}\int_{-\infty}^{\infty}[\mathrm{e}^{\mathrm{i}\omega_0\tau}+\mathrm{e}^{-\mathrm{i}\omega_0\tau}]\mathrm{e}^{-\mathrm{i}\omega\tau}\mathrm{d}\tau = \frac{a^2}{4}\int_{-\infty}^{\infty}[\mathrm{e}^{\mathrm{i}(\omega_0-\omega)\tau}+\mathrm{e}^{-\mathrm{i}(\omega_0+\omega)\tau}]\mathrm{d}\tau$$

$$= \frac{a^2\pi}{2}[\delta(\omega-\omega_0)+\delta(\omega+\omega_0)].$$

10.3.5 互谱密度

下面给出两个联合平稳过程的互谱密度的概念.

定义 10.6 设 $\{X(t), -\infty < t < \infty\}$ 和 $\{Y(t), -\infty < t < \infty\}$ 为两个平稳过程，且是联合平稳的，如果它们的互相关函数 $R_{XY}(\tau)$ 满足 $\int_{-\infty}^{\infty}|R_{XY}(\tau)|\mathrm{d}\tau < \infty$，则称

$$S_{XY}(\omega) = \int_{-\infty}^{\infty} R_{XY}(\tau)\mathrm{e}^{-\mathrm{i}\tau\omega}\mathrm{d}\tau, \quad -\infty < \omega < \infty \tag{10.46}$$

为平稳过程 $X(t)$ 与 $Y(t)$ 的互功率谱密度，简称**互谱密度**.

由傅里叶逆变换得

$$R_{XY}(\tau) = \frac{1}{2\pi}\int_{-\infty}^{\infty} S_{XY}(\omega)\mathrm{e}^{\mathrm{i}\tau\omega}\mathrm{d}\omega, \quad -\infty < \tau < \infty. \tag{10.47}$$

平稳过程 $X(t)$ 与 $Y(t)$ 的互谱密度也可定义如下：

$$S_{XY}(\omega) = \lim_{T\to\infty}\frac{1}{2T}E[F_X(\omega, T\overline{F_Y(\omega,T)})], \tag{10.48}$$

其中

$$F_X(\omega, T) = \int_{-T}^{T} X(t)\mathrm{e}^{-\mathrm{i}\omega t}\mathrm{d}t, \quad \overline{F_Y(\omega, T)} = \int_{-T}^{T}\overline{Y(t)}\mathrm{e}^{\mathrm{i}\omega t}\mathrm{d}t.$$

同样可定义平稳过程 $Y(t)$ 与 $X(t)$ 的**互谱密度**

$$S_{YX}(\omega) = \int_{-\infty}^{\infty} R_{YX}(\tau)\mathrm{e}^{-\mathrm{i}\tau\omega}\mathrm{d}\tau.$$

需要注意的是，互谱密度一般是 ω 的复函数. 如果 $X(t)$ 与 $Y(t)$ 是实的随机过程，则它们的互相关函数 $R_{XY}(\tau)$ 是实的，这时

$$\overline{S_{XY}(\omega)} = \overline{\int_{-\infty}^{\infty} R_{XY}(\tau)\mathrm{e}^{-\mathrm{i}\tau\omega}\mathrm{d}\tau} = \int_{-\infty}^{\infty} R_{XY}(\tau)\mathrm{e}^{\mathrm{i}\tau\omega}\mathrm{d}\tau$$

$$= \int_{-\infty}^{\infty} R_{XY}(\tau)\mathrm{e}^{-\mathrm{i}\tau(-\omega)}\mathrm{d}\tau = S_{XY}(-\omega), \tag{10.49}$$

因此，$S_{XY}(\omega)$ 不是 ω 的实函数.

性质 10.3 互谱密度有如下性质：

(1) $\overline{S_{XY}(\omega)} = S_{YX}(\omega)$；如果 $X(t)$ 与 $Y(t)$ 是实过程，则 $\overline{S_{XY}(\omega)} = S_{XY}(-\omega)$；

（2）$\text{Re}[S_{XY}(\omega)]$和$\text{Re}[S_{YX}(\omega)]$是 ω 的偶函数，而 $\text{Im}[S_{XY}(\omega)]$和$\text{Im}[S_{YX}(\omega)]$是 ω 的奇函数；

（3）$\left|S_{XY}(\omega)\right|^2 \leqslant \left|S_X(\omega)\right|\cdot\left|S_Y(\omega)\right|$；

（4）若 $X(t)$ 和 $Y(t)$ 相互正交，则 $S_{XY}(\omega) = S_{YX}(\omega) = 0$.

证明：（1）由定理 10.6 互相关函数的性质知

$$\overline{S_{XY}(\omega)} = \overline{\int_{-\infty}^{\infty} R_{XY}(\tau)e^{-i\tau\omega}d\tau} = \int_{-\infty}^{\infty} \overline{R_{XY}(\tau)}e^{i\tau\omega}d\tau = \int_{-\infty}^{\infty} R_{YX}(-\tau)e^{i\tau\omega}d\tau$$

$$= \int_{-\infty}^{\infty} R_{YX}(\tau')e^{-i\tau'\omega}d\tau' = S_{YX}(\omega) \quad \overline{S_{XY}(\omega)} = \overline{\int_{-\infty}^{\infty} R_{XY}(\tau)e^{-i\tau\omega}d\tau}$$

$$= \int_{-\infty}^{\infty} \overline{R_{XY}(\tau)}e^{i\tau\omega}d\tau = \int_{-\infty}^{\infty} R_{YX}(-\tau)e^{i\tau\omega}d\tau$$

$$= \int_{-\infty}^{\infty} R_{YX}(\tau')e^{-i\tau'\omega}d\tau' = S_{YX}(\omega)；\qquad\qquad（换元）$$

第二个式子由式（10.49）可得.

（2）由于 $S_{XY}(\omega) = \text{Re}[S_{XY}(\omega)] + i\,\text{Im}[S_{XY}(\omega)]$，由式（10.49）知，

$$\overline{S_{XY}(\omega)} = \text{Re}[S_{XY}(\omega)] - i\,\text{Im}[S_{XY}(\omega)] = \text{Re}[S_{XY}(-\omega)] + i\,\text{Im}[S_{XY}(-\omega)]，$$

因此有 $\text{Re}[S_{XY}(\omega)]$是 ω 的偶函数，$\text{Im}[S_{XY}(\omega)]$是 ω 的奇函数；同理可知 $\text{Re}[S_{YX}(\omega)]$是 ω 的偶函数，而 $\text{Im}[S_{YX}(\omega)]$是 ω 的奇函数；

（3）利用施瓦兹不等式，由式（10.48）可知，

$$\left|S_{XY}(\omega)\right| \leqslant \lim_{T\to\infty}\frac{1}{2T}\sqrt{E\left|F_X(\omega,T)\right|^2}\sqrt{E\left|F_Y(\omega,T)\right|^2}$$

$$= \sqrt{\lim_{T\to\infty}\frac{1}{2T}E\left|F_X(\omega,T)\right|^2}\sqrt{\lim_{T\to\infty}\frac{1}{2T}E\left|F_Y(\omega,T)\right|^2}$$

$$= \sqrt{S_X(\omega)}\sqrt{S_Y(\omega)}.$$

（4）若 $X(t)$ 和 $Y(t)$ 相互正交，则

$$R_{XY}(\tau) = R_{YX}(\tau) = 0，$$

由定义知

$$S_{XY}(\omega) = S_{YX}(\omega) = 0.$$

【例 10.18】 设 $X(t)$ 和 $Y(t)$ 是平稳相关过程，求随机过程 $W(t) = X(t)+Y(t)$ 的谱密度.

解： $W(t) = X(t)+Y(t)$ 的相关函数为

$$R_W(\tau) = R_X(\tau) + R_Y(\tau) + R_{XY}(\tau) + R_{YX}(\tau)，$$

则由谱密度的定义和性质知，

$$S_W(\omega) = S_X(\omega) + S_Y(\omega) + S_{XY}(\omega) + S_{YX}(\omega) = S_X(\omega) + S_Y(\omega) + 2\text{Re}[S_{XY}(\omega)].$$

【例 10.19】 设 $X(t)$ 和 $Y(t)$ 是平稳相关过程，互谱密度为

$$S_{XY}(\omega) = \begin{cases} a + \dfrac{ib\omega}{c}, & |\omega| < c, \\ 0, & |\omega| \geqslant c. \end{cases}$$

其中 $c > 0$，a、b 为常数，求 $R_{XY}(\tau)$.

解：
$$R_{XY}(\tau) = \frac{1}{2\pi}\int_{-\infty}^{\infty} S_{XY}(\omega)e^{i\tau\omega}d\omega = \frac{1}{2\pi}\int_{-c}^{c}\left(a + \frac{ib\omega}{c}\right)e^{i\tau\omega}d\omega$$

$$= \frac{1}{\pi}\int_{0}^{c}\left[a\cos(\tau\omega) - \frac{b\omega}{c}\sin(\tau\omega)\right]d\omega \qquad (\text{奇偶性})$$

$$= \frac{1}{\pi}\left[\frac{a}{\tau}\sin(c\tau) + \frac{b}{c\tau}\left(\omega\cos(\tau\omega) - \frac{1}{\tau}\sin(\tau\omega)\right)\Big|_{0}^{c}\right]$$

$$= \frac{1}{\pi c\tau^2}\left[(ac\tau - b)\sin(c\tau) + bc\tau\cos(c\tau)\right], \quad \tau \neq 0,$$

显然，当 $\tau = 0$ 时，$R_{XY}(\tau) = \frac{1}{\pi}\int_{0}^{c}ad\omega = \frac{ac}{\pi}$. 故

$$R_{XY}(\tau) = \begin{cases} \dfrac{1}{\pi c\tau^2}\left[(ac\tau - b)\sin(c\tau) + bc\tau\cos(c\tau)\right], & \tau \neq 0, \\[3mm] \dfrac{ac}{\pi}, & \tau = 0. \end{cases}$$

习 题 十

10.1 设有随机过程 $X(t) = \cos(\omega t + \Theta)$，$-\infty < t < \infty$，其中 $\omega > 0$ 为常数，Θ 是在区间 $(0, 2\pi)$ 上服从均匀分布的随机变量，问 $X(t)$ 是否为平稳过程？

10.2 设有随机过程 $X(t) = A\cos(\omega t + \Theta)$；其中 A 是服从瑞利分布的随机变量，其概率密度为

$$p(a) = \begin{cases} \dfrac{a}{\sigma^2}\exp\left\{-\dfrac{a^2}{2\sigma^2}\right\}, & a > 0, \\[3mm] 0, & a \leq 0, \end{cases}$$

Θ 是在区间 $(0, 2\pi)$ 上服从均匀分布且与 A 相互独立的随机变量，ω 为常数，问 $X(t)$ 是否为平稳过程？（提示：若 X 与 Y 是两个相互独立的随机变量，$f(x)$ 和 $g(y)$ 是连续函数，则 $f(X)$ 和 $g(Y)$ 也是相互独立的随机变量。）

10.3 设 $X(t) = \sin(Ut)$，这里 U 是在 $(0, 2\pi)$ 上服从均匀分布的随机变量，证明 $\{X(t), t = 1, 2, \cdots\}$ 是平稳序列，但 $\{X(t), t \geq 0\}$ 不是平稳过程.

10.4 设 $X(t)$ 和 $Y(t)$ 是平稳过程,且相互独立,求 $Z(t) = X(t)Y(t)$ 的均值和相关函数，$Z(t)$ 是否为平稳过程？

10.5 设随机过程 $X(t) = a\cos(\omega t + \varphi)$ 和 $Y(t) = b\sin(\omega t + \varphi)$ 是联合平稳随机过程，其中 a、b、ω 为常数，φ 是在 $(0, \pi)$ 上服从均匀分布的随机变量，求 $R_{XY}(\tau)$ 和 $R_{YX}(\tau)$.

10.6 设有随机过程 $X(t) = A\sin(2\pi\varphi t + \Theta)$，其中 A 是常数，φ、Θ 是相互独立的随机变量，φ 的概率密度函数是偶函数，Θ 在区间 $[-\pi, \pi]$ 上服从均匀分布. 试证明：

（1）$X(t)$ 是平稳过程；

（2）$X(t)$ 的均值是各态历经的.

10.7　设随机相位过程 $X(t) = a\cos(\omega t + \Theta)$，其中 a、ω 为常数，Θ 为 $(0, 2\pi)$ 上服从均匀分布的随机变量．试问：

（1）$X(t)$ 的均值是否各态历经？

（2）$X(t)$ 的相关函数是否各态历经？$X(t)$ 是否各态历经？

（3）随机过程 $Y(t) = X^2(t)$ 的均值是否各态历经？

10.8　设随机过程 $X(t) = A\sin(\lambda t) + B\cos(\lambda t)$，其中 A、B 是均值为零、方差为 σ^2 的相互独立的正态随机变量．试问：

（1）$X(t)$ 的均值是否各态历经？

（2）$X(t)$ 是否各态历经？

（3）若 $A = -\sqrt{2}\sigma\sin(\Phi), B = \sqrt{2}\sigma\cos(\Phi)$，$\Phi$ 是 $(0, 2\pi)$ 上服从均匀分布的随机变量，此时 $E[X^2(t)]$ 是否各态历经？

10.9　设 $\{\varepsilon_n, n = 0, \pm 1, \pm 2, \cdots\}$ 为白噪声序列，均值为 0，方差为 σ^2，$a_1, a_2, \cdots, a_k$ 为任意 k 个实数，定义滑动平均序列

$$X_n = \sum_{r=1}^{k} a_r \varepsilon_{n-r+1} = a_1 \varepsilon_n + a_2 \varepsilon_{n-1} + \cdots + a_k \varepsilon_{n-k+1}, \quad n = 0, \pm 1, \pm 2, \cdots$$

则 $\{X_n\}$ 的相关函数 $R_X(n) = \sigma^2 \sum_{r=1}^{k-n} a_{n+r} a_r = \sigma^2 (a_{n+1}a_1 + a_{n+2}a_2 + \cdots + a_k a_{k-n})$，$n = 0, 1, \cdots, k-1$，证明 $\{X_n\}$ 的谱密度是 $S_X(\omega) = \sigma^2 \left| \sum_{r=1}^{k} a_r e^{ir\omega} \right|^2$，$-\pi \leqslant \omega \leqslant \pi$.

10.10　已知平稳过程 $\{X(t), -\infty < t < \infty\}$ 的谱密度是

$$S_X(\omega) = \frac{\omega^2}{\omega^4 + 3\omega^2 + 2},$$

求 $X(t)$ 的相关函数和均方值.

10.11　已知平稳过程的相关函数为 $R_X(\tau) = e^{-a|\tau|}$，其中 $a > 0$ 为常数，求谱密度 $S_X(\omega)$.

10.12　设双向噪声过程的自相关函数为

$$R_X(\tau) = \begin{cases} \sigma^2 \left(1 - \dfrac{|\tau|}{\tau_0} \right), & |\tau| \leqslant \tau_0, \\ 0, & \text{其他} \end{cases}$$

这里 $\tau_0 > 0$ 为常数，求这个过程谱密度 $S_X(\omega)$.

10.13　已知平稳过程 $\{X(t), -\infty < t < \infty\}$ 的谱密度是 $S_X(\omega)$，$Y(t) = X(t) + X(t-T)$，证明 $Y(t)$ 的谱密度是

$$S_Y(\omega) = 2S_X(\omega)(1 + \cos(\omega T)).$$

10.14　已知平稳过程的相关函数为 $R_X(\tau) = 4e^{-|\tau|}\cos(\pi\tau) + \cos(3\pi\tau)$，求谱密度 $S_X(\omega)$.

10.15　设有随机过程 $X(t) = a\cos(\Theta t + \varphi)$；其中 a 为常数，φ 是在 $(0, 2\pi)$ 上服从均匀分布的随机变量，Θ 的分布密度满足 $p(\theta) = p(-\theta)$ 的随机变量，且 φ 与 Θ 相互独立，证明：

（1）$X(t)$ 是一个平稳过程；

（2）$X(t)$ 的谱密度为 $S_X(\omega)=a^2\pi p(\omega)$.

10.16 　$X(t)$ 和 $Y(t)$ 是两个相互独立的平稳过程，均值 μ_X 和 μ_Y 都不为 0，令 $Z(t)=X(t)+Y(t)$，求 $S_{XY}(\omega)$ 和 $S_{XZ}(\omega)$.

10.17 　设 $\{X(t),-\infty<t<\infty\}$ 是均值为 0 的实正交增量过程，且

$$E|X(t_2)-X(t_1)|^2=|t_2-t_1|,$$

若

$$Y(t)=X(t)-X(t-1),$$

（1）证明 $\{Y(t),-\infty<t<\infty\}$ 是平稳过程；

（2）求 $\{Y(t)\}$ 的功率谱密度.

10.18 　随机过程 $Y(t)$ 是由一个各态历经的白噪声过程 $X(t)$ 延迟 T 时间后产生的，如果 $X(t)$ 的谱密度是 N_0，求互相关函数 $R_{XY}(\tau)$ 和 $R_{YX}(\tau)$，以及互谱密度 $S_{XY}(\omega)$ 和 $S_{YX}(\omega)$.

每章习题详细解答

习题一

1.1　证明：由于 $A_n = \bigcup_{k=1}^{n} A_k = \bigcup_{k=2}^{n}(A_k - A_{k-1}) \cup A_1$，$n = 1, 2, \cdots$，而 $A_1, A_2 - A_1, \cdots, A_n - A_{n-1}, \cdots$

两两互不相容，故 $A = \bigcup_{k=1}^{\infty} A_k = \bigcup_{k=2}^{\infty}(A_k - A_{k-1}) \cup A_1$.

由概率的可数可加性和有限可加性，知

$$P(A) = P\left(\bigcup_{k=2}^{\infty}(A_k - A_{k-1}) \cup A_1\right) = \sum_{k=2}^{\infty} P(A_k - A_{k-1}) + P(A_1)$$

$$= \lim_{n \to \infty}\left[\sum_{k=2}^{n} P(A_k - A_{k-1}) + P(A_1)\right] = \lim_{n \to \infty} P\left(\bigcup_{k=2}^{n}(A_k - A_{k-1}) \cup A_1\right)$$

$$= \lim_{n \to \infty} P(A_n)$$

1.2　证明：由加法公式，

$$1 \geqslant P(A \cup B) = P(A) + P(B) - P(AB)$$

故有

$$P(AB) \geqslant P(A) + P(B) - 1.$$

设 $P(A) = 0.8$，$P(B) = 0.9$，则

$$P(AB) \geqslant P(A) + P(B) - 1 = 0.8 + 0.9 - 1 = 0.7.$$

1.3　解：由 $\int_{-\infty}^{+\infty} p(x)\mathrm{d}x = c\int_{-1}^{1}(1 - x^2)\mathrm{d}x = 1$ 可知 $c = \dfrac{3}{4}$.

X 的分布函数 $F(x) = \int_{-\infty}^{x} p(x)\mathrm{d}x$，故当 $x \leqslant -1$ 时，$F(x) = 0$；当 $x \geqslant 1$ 时，$F(x) = 1$；当 $-1 < x < 1$ 时，

$$F(x) = \frac{3}{4}\int_{-1}^{x}(1 - x^2)\mathrm{d}x = \frac{1}{4}[3(x+1) - (x^3+1)] = \frac{1}{4}(2 + 3x - x^3),$$

因此 X 的分布函数为

$$F(x) = \begin{cases} 0, & x \leqslant -1 \\ \dfrac{1}{4}(2 + 3x - x^3), & -1 < x < 1. \\ 1, & x \geqslant 1 \end{cases}$$

1.4 证明：（1） $E(X) = \int_0^{+\infty} x dF(x) = \int_0^{+\infty}\int_0^x dt dF(x) \xlongequal{交换积分序} \int_0^{+\infty}\int_t^{+\infty} dF(x)dt$

$$= \int_0^{+\infty}[1-F(t)]dt .$$

（2）特别是当 X 是取值为非负整数的离散型随机变量时，有

$$E(X) = \sum_{n=1}^\infty nP\{X=n\} = \sum_{n=1}^\infty\sum_{k=1}^n P\{X=n\} = \sum_{k=1}^\infty\sum_{n=k}^\infty P\{X=n\} \quad （交换求和顺序）$$

$$= \sum_{k=1}^\infty P\{X \geq k\} = \sum_{n=0}^\infty P\{X > n\} .$$

其中倒数第二个等式成立，是求和得到的，最后一个等式成立，是令 $n=k-1$.

注，也可用下述方法证明：如果记 $I_n = \begin{cases} 1, & 若 X \geq n \\ 0, & 若 X < n \end{cases}$，则 $\{I_n\}$ 为只取 0 和 1 的随机变量

序列，称之为示性函数. 则 $X = \sum_{n=1}^\infty I_n$，从而

$$E(X) = \sum_{n=1}^\infty E(I_n) = \sum_{n=1}^\infty P\{X \geq n\} = \sum_{n=0}^\infty P(X > n) .$$

1.5 解：X 的期望

$$E(X) = \sum_{k=0}^\infty kpq^{k-1} = p\sum_{k=1}^\infty kq^{k-1} .$$

由于 $\sum_{k=1}^\infty kx^{k-1} = \left(\sum_{k=1}^\infty x^k\right)' = \left(\frac{x}{1-x}\right)' = \frac{1}{(1-x)^2}$，故有

$$E(X) = \frac{p}{(1-q)^2} = \frac{1}{p} .$$

同理可得

$$E(X^2) = p\sum_{k=0}^\infty k^2 q^{k-1} = p\frac{1+q}{(1-q)^3} = \frac{1+q}{p^2} ,$$

这里

$$\sum_{k=1}^\infty k^2 x^{k-1} = \left(\sum_{k=1}^\infty kx^k\right)' = \left(x\sum_{k=1}^\infty kx^{k-1}\right)' = \left(\frac{x}{(1-x)^2}\right)' = \frac{1}{(1-x)^2} + \frac{2x}{(1-x)^3} = \frac{1+x}{(1-x)^3} ,$$

故方差 $D(X) = E(X^2) - \frac{1}{p^2} = \frac{q}{p^2}$.

特征函数 $\varphi(t) = \sum_{k=0}^\infty e^{ikt}pq^{k-1} = \frac{p}{q}\sum_{k=0}^\infty (e^{it}q)^k = \frac{p}{q(1-qe^{it})}$

（期望、方差也可用特征函数去求）

1.6 解：X 的期望

$$E(X) = \int_0^{+\infty} \frac{\lambda^\alpha}{\Gamma(\alpha)} x^{\alpha+1-1} \exp(-\lambda x) \mathrm{d}x = \frac{\alpha}{\lambda} \int_0^{+\infty} \frac{\lambda^{\alpha+1}}{\Gamma(\alpha+1)} x^{\alpha+1-1} \exp(-\lambda x) \mathrm{d}x = \frac{\alpha}{\lambda} \ ;$$

而

$$E(X^2) = \int_0^{+\infty} \frac{\lambda^\alpha}{\Gamma(\alpha)} x^{\alpha+2-1} \exp(-\lambda x) \mathrm{d}x$$

$$= \frac{\alpha(\alpha+1)}{\lambda^2} \int_0^{+\infty} \frac{\lambda^{\alpha+2}}{\Gamma(\alpha+2)} x^{\alpha+1-1} \exp(-\lambda x) \mathrm{d}x = \frac{\alpha(\alpha+1)}{\lambda^2} \ ,$$

故 X 的方差

$$D(X) = E(X^2) - \frac{\alpha^2}{\lambda^2} = \frac{\alpha}{\lambda^2} \ ;$$

X 的矩母函数

$$G(t) = \int_0^{+\infty} \frac{\lambda^\alpha}{\Gamma(\alpha)} x^{\alpha-1} \exp\left(-\lambda x + tx\right) \mathrm{d}x$$

$$= \frac{\lambda^\alpha}{(\lambda-t)^\alpha} \int_0^{+\infty} \frac{(\lambda-t)^\alpha}{\Gamma(\alpha)} x^{\alpha-1} \exp\left(-(\lambda-t)x\right) \mathrm{d}x$$

$$= \frac{\lambda^\alpha}{(\lambda-t)^\alpha} = \left(1 - \frac{t}{\lambda}\right)^{-\alpha} .$$

（期望、方差也可直接用矩母函数去求，更为简单.）

1.7 解：（1）当 $y > 0$ 时，

$$p_Y(y) = \int_0^\infty p(x,y) \mathrm{d}x = \mathrm{e}^{-y} \int_0^\infty \frac{1}{y} \mathrm{e}^{-\frac{x}{y}} \mathrm{d}x = \mathrm{e}^{-y} ,$$

故 Y 的边缘密度为

$$p_Y(y) = \begin{cases} \mathrm{e}^{-y}, & y > 0 \\ 0, & y \leqslant 0 \end{cases} .$$

（2）由于 Y 服从参数为 1 的指数分布，故

$$E(X) = \int_{-\infty}^\infty \int_{-\infty}^\infty x p(x,y) \mathrm{d}x \mathrm{d}y = \int_0^\infty \mathrm{e}^{-y} \mathrm{d}y \int_0^\infty \frac{x}{y} \mathrm{e}^{-\frac{x}{y}} \mathrm{d}x = \int_0^\infty y \mathrm{e}^{-y} \mathrm{d}y \int_0^\infty t \mathrm{e}^{-t} \mathrm{d}t = 1 ,$$

$$E(X^2) = \int_{-\infty}^\infty \int_{-\infty}^\infty x^2 p(x,y) \mathrm{d}x \mathrm{d}y = \int_0^\infty \mathrm{e}^{-y} \mathrm{d}y \int_0^\infty \frac{x^2}{y} \mathrm{e}^{-\frac{x}{y}} \mathrm{d}x = 4 ,$$

故 $D(X) = 3$.

（3）$\mathrm{Cov}(X,Y) = E(XY) - E(X)E(Y)$，而

$$E(XY) = \int_{-\infty}^\infty \int_{-\infty}^\infty xy p(x,y) \mathrm{d}x \mathrm{d}y = \int_0^\infty \mathrm{e}^{-y} \mathrm{d}y \int_0^\infty x \mathrm{e}^{-\frac{x}{y}} \mathrm{d}x = 2 ,$$

故 $\mathrm{Cov}(X,Y)=2-1\times 1=1$.

    1.8　证明：X_i，$i=1,2,\cdots,n$ 的特征函数为

$$\phi(t)=\int_0^\infty \lambda e^{-\lambda x}e^{itx}dx=\int_0^\infty \lambda e^{(-\lambda+it)x}dx=\frac{\lambda}{-\lambda+it}e^{(-\lambda+it)x}\Big|_0^{+\infty}=\frac{\lambda}{\lambda-it}=\left(1-\frac{it}{\lambda}\right)^{-1}.$$

$X_1,X_2,\cdots,X_n$ 相互独立同分布，故 $X_1+X_2+\cdots+X_n$ 的特征函数为

$$\phi^n(t)=\left(1-\frac{it}{\lambda}\right)^{-n}.$$

这正好是参数为 n、λ 的 Γ 分布的特征函数.

    1.9　证明：要证 $\boldsymbol{Y}=\boldsymbol{AX}+\boldsymbol{b}\sim N(\boldsymbol{A\mu}+\boldsymbol{b},\boldsymbol{A\Sigma A}^{\mathrm{T}})$.

    若 $\boldsymbol{X}\sim N(\boldsymbol{\mu},\boldsymbol{\Sigma})$，其中 $\boldsymbol{\mu}=(\mu_1,\mu_2,\cdots,\mu_n)^{\mathrm{T}}$ 是期望向量，$\boldsymbol{\Sigma}=(\sigma_{ij})_{n\times n}$ 是 $\boldsymbol{X}$ 的协方差矩阵，则 $\boldsymbol{X}$ 的特征函数为

$$\phi(\boldsymbol{t})=\phi(t_1,t_2,\cdots,t_n)=\exp\left\{i\boldsymbol{\mu}^{\mathrm{T}}\boldsymbol{t}-\frac{1}{2}\boldsymbol{t}^{\mathrm{T}}\boldsymbol{\Sigma}\boldsymbol{t}\right\},$$

这里 $\boldsymbol{t}=(t_1,t_2,\cdots,t_n)^{\mathrm{T}}\in \mathbb{R}^n$ 为 n 维向量. 对 $\boldsymbol{s}=(s_1,s_2,\cdots,s_m)^{\mathrm{T}}\in \mathbb{R}^m$，$\boldsymbol{Y}=\boldsymbol{AX}+\boldsymbol{b}$，这里 $\boldsymbol{A}$ 是 $m\times n$ 矩阵. $\boldsymbol{Y}$ 的特征函数是

$$\phi_{\boldsymbol{Y}}(\boldsymbol{s})=E(e^{i\boldsymbol{s}^{\mathrm{T}}(\boldsymbol{AX}+\boldsymbol{b})})=E(e^{i(\boldsymbol{s}^{\mathrm{T}}\boldsymbol{A})\boldsymbol{X}})e^{i\boldsymbol{s}^{\mathrm{T}}\boldsymbol{b}}=e^{i\boldsymbol{b}^{\mathrm{T}}\boldsymbol{s}}\phi(\boldsymbol{A}^{\mathrm{T}}\boldsymbol{s})$$

$$=\exp\left\{i\boldsymbol{b}^{\mathrm{T}}\boldsymbol{s}+i\boldsymbol{\mu}^{\mathrm{T}}\boldsymbol{A}^{\mathrm{T}}\boldsymbol{s}-\frac{1}{2}(\boldsymbol{A}^{\mathrm{T}}\boldsymbol{s})^{\mathrm{T}}\boldsymbol{\Sigma}(\boldsymbol{A}^{\mathrm{T}}\boldsymbol{s})\right\}$$

$$=\exp\left\{i(\boldsymbol{b}+\boldsymbol{\mu A})^{\mathrm{T}}\boldsymbol{s}-\frac{1}{2}\boldsymbol{s}^{\mathrm{T}}(\boldsymbol{A\Sigma A}^{\mathrm{T}})\boldsymbol{s}\right\}.$$

故 $\boldsymbol{Y}=\boldsymbol{AX}+\boldsymbol{b}\sim N(\boldsymbol{A\mu}+\boldsymbol{b},\boldsymbol{A\Sigma A}^{\mathrm{T}})$.

    1.10　证明：$X\sim P(\lambda)$，每个蛋发育成小动物的概率是 p，当 $n\geqslant k$ 时，$P\{Y=k\,|\,X=n\}=C_n^k p^k(1-p)^{n-k}$，当 $n<k$ 时，$P\{Y=k\,|\,X=n\}=0$. 由全概率公式

$$P\{Y=k\}=\sum_{n=0}^\infty P\{X=n\}P\{Y=k\,|\,X=n\}$$

$$=\sum_{n=k}^\infty \frac{\lambda^n}{n!}e^{-\lambda}\frac{n!}{k!(n-k)!}p^k(1-p)^{n-k}=\frac{(\lambda p)^k}{k!}e^{-\lambda}\sum_{n-k=0}^\infty \frac{[\lambda(1-p)]^{n-k}}{(n-k)!}$$

$$=\frac{(\lambda p)^k}{k!}e^{-\lambda}e^{\lambda(1-p)}=\frac{(\lambda p)^k}{k!}e^{-\lambda p}.$$

故有 $Y\sim P(\lambda p)$.

    1.11　解：设 X 和 Y 相互独立，故 $X+Y$ 服从参数 $\lambda_1+\lambda_2$ 的泊松分布，则给定 $X+Y=n$ 的条件下 X 的条件期望

$$E[X\,|\,X+Y=n]=\sum_{k=0}^n kP\{X=k\,|\,X+Y=n\}.$$

其中

$$P\{X=k\,|\,X+Y=n\}=\frac{P\{X=k,X+Y=n\}}{P\{X+Y=n\}}=\frac{P\{X=k\}P\{Y=n-k\}}{P\{X+Y=n\}}$$

$$=\frac{\dfrac{\lambda_1^{\,k}}{k!}e^{-\lambda_1}\dfrac{\lambda_2^{\,n-k}}{(n-k)!}e^{-\lambda_2}}{\dfrac{(\lambda_1+\lambda_2)^n}{n!}e^{-(\lambda_1+\lambda_2)}}=C_n^k\left(\frac{\lambda_1}{\lambda_1+\lambda_2}\right)^k\left(\frac{\lambda_2}{\lambda_1+\lambda_2}\right)^{n-k},$$

故 $X\,|\,X+Y=n\sim b\left(n,\dfrac{\lambda_1}{\lambda_1+\lambda_2}\right).$ $E[X\,|\,X+Y=n]=\dfrac{n\lambda_1}{\lambda_1+\lambda_2}$

1.12 解：设 X 表示矿工到达安全地带所需时间，Y 表示他所选的通道. 则

Y	1	2	3
p_Y	$\dfrac{1}{3}$	$\dfrac{1}{3}$	$\dfrac{1}{3}$

由定理 1.3 可知，

$$E(X)=E[E(X\,|\,Y)]$$
$$=E(X\,|\,Y=1)P(Y=1)+E(X\,|\,Y=2)P(Y=2)+E(X\,|\,Y=3)P(Y=3)$$
$$=\frac{1}{3}[3+(5+E(X))+(7+E(X))],$$

所以 $E(X)=15$.

1.13 证明：记 $F_n(x)$, $n\ge1$, $F(x)$ 分别是 X_n 和退化分布 $P\{X=\mu\}=1$ 的分布函数，显然

$$F(x)=\begin{cases}0, & x<\mu\\1, & x\ge\mu\end{cases}.$$

（1）先证明 $X_n\xrightarrow{P}\mu\Rightarrow X_n\xrightarrow{L}\mu$.

已知 $X_n\xrightarrow{P}\mu$，即 $\forall\varepsilon>0$, $\lim\limits_{n\to\infty}P\{|X_n-\mu|\ge\varepsilon\}=0$. 只要证明在 $F(x)$ 的所有连续点 x 上有 $\lim\limits_{n\to\infty}F_n(x)=F(x)$ 即可. 当 $x<\mu$ 时，

$$F_n(x)=P\{X_n\le x\}=P\{X_n-\mu\le x-\mu\}\le P\{|X_n-\mu|\ge\mu-x\}\to0=F(x).$$

当 $x>\mu$ 时，

$$F_n(x)=P\{X_n\le x\}=P\{X_n-\mu\le x-\mu\}=1-P\{X_n-\mu>x-\mu\}$$
$$\ge1-P\{|X_n-\mu|>x-\mu\}\to1=F(x).$$

（2）再证明 $X_n\xrightarrow{L}\mu\Rightarrow X_n\xrightarrow{P}\mu$.

已知在 $F(x)$ 的所有连续点 x 上有 $\lim\limits_{n\to\infty}F_n(x)=F(x)$. $\forall\varepsilon>0$，由于

$$P\{|X_n-\mu|<\varepsilon\}=P\{\mu-\varepsilon<X_n<\mu+\varepsilon\}=P\{X_n<\mu+\varepsilon\}-P\{X_n\le\mu-\varepsilon\}$$
$$=F_n(\mu+\varepsilon-0)-F_n(\mu-\varepsilon).$$

由于在 $\mu+\varepsilon$ 点和 $\mu-\varepsilon$ 点 $F(x)$ 连续，故

$$\lim_{n\to\infty}F_n(\mu+\varepsilon-0)=F(\mu+\varepsilon)=1, \quad \lim_{n\to\infty}F_n(\mu-\varepsilon)=F(\mu-\varepsilon)=0,$$

$$\lim_{n \to \infty} P\{|X_n - \mu| < \varepsilon\} = 1 ,$$

即 $X_n \xrightarrow{P} \mu$.

习 题 二

2.1 解：（1）$X\left(\dfrac{\pi}{4}\right) = \dfrac{1}{\sqrt{2}} A$ 的概率分布为

$X\left(\dfrac{\pi}{4}\right)$	$\dfrac{1}{\sqrt{2}}$	$\dfrac{2}{\sqrt{2}}$	$\dfrac{3}{\sqrt{2}}$
p_X	$\dfrac{1}{3}$	$\dfrac{1}{3}$	$\dfrac{1}{3}$

故分布函数

$$F_{\frac{\pi}{4}}(x) = P\left(X\left(\frac{\pi}{4}\right) \leqslant x\right) = \begin{cases} 0, & x < \dfrac{1}{\sqrt{2}} \\ \dfrac{1}{3}, & \dfrac{1}{\sqrt{2}} \leqslant x < \dfrac{2}{\sqrt{2}} \\ \dfrac{2}{3}, & \dfrac{2}{\sqrt{2}} \leqslant x < \dfrac{3}{\sqrt{2}} \\ 1, & x \geqslant \dfrac{3}{\sqrt{2}} \end{cases} .$$

$X\left(\dfrac{\pi}{2}\right) = 0$ ，是退化分布．故其分布函数

$$F_{\frac{\pi}{2}}(x) = P\left(X\left(\frac{\pi}{2}\right) \leqslant x\right) = \begin{cases} 0, & x < 0 \\ 1, & x \geqslant 0 \end{cases} .$$

（2）先计算二维随机变量 $\left(X(0), X\left(\dfrac{\pi}{2}\right)\right)$ 的联合概率分布，即为

$\left(X(0), X\left(\dfrac{\pi}{2}\right)\right)$	$(1,0)$	$(2,0)$	$(3,0)$
p	$\dfrac{1}{3}$	$\dfrac{1}{3}$	$\dfrac{1}{3}$

故联合分布函数为

$$F_{0,\frac{\pi}{2}}(x_1, x_2) = P\left(X(0) \leqslant x_1, X\left(\frac{\pi}{2}\right) \leqslant x_2\right) = \begin{cases} 0, & x_1 < 1 \text{或} x_2 < 0 \\ \dfrac{1}{3}, & 1 \leqslant x_1 < 2, \ x_2 \geqslant 0 \\ \dfrac{2}{3}, & 2 \leqslant x_1 < 3, \ x_2 \geqslant 0 \\ 1, & x_1 \geqslant 3, \ x_2 \geqslant 0 \end{cases} .$$

2.2 解：（1）由 $x = e^{-yt}$ 知 $y = -\dfrac{1}{t} \ln x$ ．由密度变换公式

$$p_X(x) = p\left(-\frac{1}{t}\ln x\right) \cdot \frac{1}{tx}, \ x > 0, \ t > 0 \ ;$$

（2） $EX(t) = \displaystyle\int_0^{+\infty} e^{-yt} p(y)\mathrm{d}y$ ；

（3） $R_X(t_1, t_2) = EX(t_1)X(t_2) = \displaystyle\int_0^{+\infty} e^{-yt_1} e^{-yt_2} p(y)\mathrm{d}y = \int_0^{+\infty} e^{-y(t_1+t_2)} p(y)\mathrm{d}y$.

2.3 解：$\{Y(t), t \in T\}$ 的均值函数

$$E[Y(t)] = P(Y(t) = 1) = P(X(t) \leqslant x) \ ,$$

它是随机过程 $\{X(t), t \in T\}$ 的一维分布函数.

$\{Y(t), t \in T\}$ 的自相关函数

$$R_Y(t_1, t_2) = E[Y(t_1)Y(t_2)] = P(Y(t_1) = 1, Y(t_2) = 1) = P(X(t_1) \leqslant x, X(t_2 \leqslant x) \ ,$$

它恰是随机过程 $\{X(t), t \in T\}$ 的二维分布函数.

2.4 解：$\{X(t), t \in T\}$ 的均值函数

$$\mu_X(t) = E(A)\cos(\omega t) + E(B)\sin(\omega t) = 0 \ .$$

$\{X(t), t \in T\}$ 的相关函数

$$\begin{aligned} R_X(t, t+\tau) &= E[X(t)X(t+\tau)] \\ &= E[A\cos(\omega t) + B\sin(\omega t)][A\cos(\omega(t+\tau)) + B\sin(\omega(t+\tau))] \\ &= E(A^2)\cos(\omega t)\cos(\omega(t+\tau)) + E(B^2)\sin(\omega t)\sin(\omega(t+\tau)) \\ &= \sigma^2[\cos(\omega t)\cos(\omega(t+\tau)) + \sin(\omega t)\sin(\omega(t+\tau))] \ . \\ &= \sigma^2\cos(\omega\tau) \end{aligned}$$

2.5 解：$R_X(s, t) = E[X(s)X(t)] = E[(X + Ys + Zs^2)(X + Yt + Zt^2)]$

由于 X、Y、Z 相互独立，故

$$R_X(s, t) = E(X^2) + E(Y^2)st + E(Z^2)s^2t^2 = 1 + st + s^2t^2 \ .$$

2.6 解：

$$E(X_j) = P(X_j = 1\} = p \ ,$$

$$E(X_i X_j) = P(X_i = 1, X_j = 1\} = \begin{cases} p, & i = j \\ p^2, & i \neq j \end{cases}$$

故随机过程 $\{Y_n, n = 1, 2, \cdots\}$ 的均值函数

$$E(Y_n) = \sum_{j=1}^{n} E(X_j) = np \ .$$

当 $m \leqslant n$ 时，相关函数

$$\begin{aligned} E(Y_m Y_n) &= \sum_{i=1}^{m}\sum_{j=1}^{n} E(X_i X_j) = \sum_{i=1}^{m} E(X_i^2) + \sum_{i \neq j} E(X_i X_j) \\ &= mp + (mn - m)p^2 , \end{aligned}$$

协方差函数

$$C_Y(m,n) = E(Y_mY_n) - E(Y_m)E(Y_n)$$

$$= mp + (mn-m)p^2 - mpnp = mp(1-p) = mpq .$$

当 $m > n$ 时，

$$E(Y_mY_n) = \sum_{i=1}^{m}\sum_{j=1}^{n}E(X_iX_j) = \sum_{j=1}^{n}E(X_j^2) + \sum_{i \neq j}E(X_iX_j)$$

$$= np + (mn-n)p^2 ,$$

协方差函数

$$C_Y(m,n) = E(Y_mY_n) - E(Y_m)E(Y_n)$$

$$= np + (mn-n)p^2 - mpnp = np(1-p) = npq .$$

故随机过程 $\{Y_n, n=1,2,\cdots\}$ 的协方差函数

$$C_Y(m,n) = pq\min\{m,n\} .$$

2.7 解：由 $E[Y(t)] = E[X(t)] + E(\varepsilon) = 0$ 知 $Y(t)$ 的协方差函数

$$C_Y(s,t) = E[Y(s)Y(t)] = E[X(s)+\varepsilon][X(t)+\varepsilon]$$

$$= E[X(s)X(t)] + E(\varepsilon^2) = E[X(s)X(t)] + 1$$

设 $X(t)$ 的方差函数为 $D_X(t) = \sigma^2(t)$. 则当 $s < t$ 时，

$$C_Y(s,t) = E[X(s)(X(t)-X(s))] + E[X^2(s)] + 1$$

$$= E[X^2(s)] + 1 = \sigma^2(s) .$$

故 $Y(t)$ 的协方差函数为 $C_Y(s,t) = \sigma^2(\min\{s,t\})$.

2.8 解：θ 的概率密度函数为

$$p(\theta) = \begin{cases} \dfrac{1}{2\pi}, & -\pi < \theta < \pi \\ 0, & \text{其他} \end{cases} .$$

随机过程 $\{X(t), t \in T\}$ 的均值函数

$$\mu_X(t) = \int_{-\pi}^{\pi} A\sin(\omega t + \theta)\frac{1}{2\pi}\mathrm{d}\theta = -\frac{A}{2\pi}\cos(\omega t + \theta)\Big|_{-\pi}^{\pi} = 0 ;$$

相关函数

$$R_X(s,t) = E[X(s)X(t)] = A^2E[\sin(\omega s + \theta)\sin(\omega t + \theta)]$$

$$= -\frac{A^2}{2}E[\cos(\omega(s+t)+2\theta) - \cos(\omega(s-t))]$$

$$= -\frac{A^2}{2}\int_{-\pi}^{\pi}\cos(\omega(s+t)+2\theta)\frac{1}{2\pi}\mathrm{d}\theta + \frac{A^2}{2}\cos(\omega(s-t))$$

$$= \frac{A^2}{2}\cos(\omega(s-t)) .$$

只与时间间隔有关，且 $E[X^2(t)] = R_X(t,t) = \dfrac{A^2}{2} < +\infty$，故随机过程 $\{X(t), t \in T\}$ 是弱平稳的.

随机过程 $\{Y(t), t > 0\}$ 的均值函数

$$\mu_Y(t) = E[X^2(t)] = \frac{A^2}{2}$$

与时间 t 无关，相关函数

$$
\begin{aligned}
R_Y(t+\tau,t) &= E[Y(t+\tau)Y(t)] = A^4 E[\sin^2(\omega(t+\tau)+\theta)\sin^2(\omega t+\theta)] \\
&= \frac{A^4}{4} E\{[1-\cos(2\omega t + 2\omega\tau + 2\theta)][1-\cos(2\omega t + 2\theta)]\} \\
&= \frac{A^4}{4} E[1 - \cos(2\omega t + 2\omega\tau + 2\theta - \cos(2\omega t + 2\theta)) \\
&\quad + \cos(2\omega t + 2\omega\tau + 2\theta)\cos(2\omega t + 2\theta)] \\
&= \frac{A^4}{4}\{1 - E[\cos(2\omega t + 2\omega\tau + 2\theta)] - E[\cos(2\omega t + 2\theta)] \\
&\quad + \frac{1}{2} E[\cos(4\omega t + 2\omega\tau + 4\theta) + \cos(2\omega\tau)]\} \\
&= \frac{A^4}{4} + \frac{A^4}{8}\cos(2\omega\tau)
\end{aligned}
$$

只与时间间隔有关，且 $E[Y^2(t)] = R_Y(t,t) = \dfrac{A^4}{8} < +\infty$，故随机过程 $\{Y(t), t \in T\}$ 也是弱平稳的.

2.9　证明：由 $E(Y) = E(Z) = 0$，$E(Y^2) = E(Z^2) = \dfrac{1}{2} + \dfrac{1}{2} = 1$，且 Y、Z 独立同分布知，随机过程 $\{X(t), -\infty < t < +\infty\}$ 的均值函数

$$E[X(t)] = E(Y)\cos(\theta t) + E(Z)\sin(\theta t) = 0 .$$

相关函数

$$
\begin{aligned}
R_X(s,t) &= E[X(s)X(t)] \\
&= E[Y\cos(\theta s) + Z\sin(\theta s)][Y\cos(\theta t) + Z\sin(\theta t)] \\
&= E(Y^2)\cos(\theta s)\cos(\theta t) + E(Z^2)\sin(\theta s)\sin(\theta t) \\
&= \cos(\theta s)\cos(\theta t) + \sin(\theta s)\sin(\theta t) = \cos(\theta(s-t))
\end{aligned}
$$

只与时间间隔有关，且

$$E[X^2(t)] = R_X(t,t) = 1 < +\infty ,$$

故随机过程 $\{X(t), -\infty < t < +\infty\}$ 是弱平稳的.

由于随机过程 $\{X(t), -\infty < t < +\infty\}$ 的一维分布函数与 t 有关，故不是严平稳过程.

2.10　解：设 $E(X_n) = \mu$，X_n 的相关函数为 $R_X(\tau)$，$\tau = 0,1,2,\cdots$，ε_n 的相关函数为 $R_\varepsilon(n) = \begin{cases} \sigma_\varepsilon^2, & n = 0 \\ 0, & n \neq 0 \end{cases}$，则 Y_n 的均值

$$E(Y_n) = E(X_n) + E(\varepsilon_n) = \mu$$

与 n 无关，相关函数

$$R_Y(n+\tau, n) = E[(X_{n+\tau} + \varepsilon_{n+\tau})(X_n + \varepsilon_n)] = R_X(\tau) + R_\varepsilon(\tau)$$

只与时间间隔 τ 有关，则 $Y_n = X_n + \varepsilon_n$ 仍是平稳序列.

习　题　三

3.1　解：设这个泊松过程为 $\{N(t), t \geq 0\}$，则由

$$P\{N(1) = 0\} = e^{-\lambda} = 0.2$$

知，$\lambda = -\ln 0.2$. 2 分钟内有超过一辆车通过的概率为

$$P\{N(2) > 1\} = 1 - P\{N(2) = 0\} - P\{N(2) = 1\} = 1 - e^{-2\lambda} - 2\lambda e^{-2\lambda}$$

$$= 1 - (0.2)^2 + 2 \times \ln 0.2 \times (0.2)^2 = 0.83 \ .$$

3.2　解：（1）$P\{N(1) \leq 3\} = \sum_{k=0}^{3} \frac{3^k}{k!} e^{-3} = 13e^{-3}$；

（2）$P\{N(1) = 1, N(3) = 2\} = P\{N(1) = 1, N(3) - N(1) = 1\}$

$$= P\{N(1) = 1\}P\{N(3) - N(1) = 1\}$$

$$= 3e^{-3} \cdot 6e^{-6} = 18e^{-9} \ ;$$

（3）$P\{N(1) \geq 2 \mid N(1) \geq 1\} = \dfrac{P\{N(1) \geq 2\}}{P\{N(1) \geq 1\}} = \dfrac{1 - e^{-3} - 3e^{-3}}{1 - e^{-3}} = \dfrac{1 - 4e^{-3}}{1 - e^{-3}}$.

3.3　解：$E[N(t)N(t+s)] = E\{N(t)[N(t+s) - N(t) + N(t)]\}$

$$= E[N(t)]E[N(t+s) - N(t)] + E[N(t)]^2$$

$$= \lambda t \cdot \lambda s + \lambda t + (\lambda t)^2 = \lambda t(\lambda s + 1) + (\lambda t)^2 \ .$$

3.4　证明：（1）显然，$Y(0) = 0$；

（2）由顾客购买货物是相互独立的知，$Y(t)$ 是独立增量和平稳增量过程；

（3）下面求 $P\{Y(t) = k\}$ 的概率：

由全概率公式（1.25）知

$$P\{Y(t) = k\} = \sum_{n=k}^{\infty} P\{Y(t) = k \mid N(t) = n\}P\{N(t) = n\} \ .$$

这里 $P\{Y(t) = k \mid N(t) = n\}$ 是$[0, t]$内到某商店的顾客数为 n 时购买货物的顾客数是 k 人，这个条件分布服从二项分布，因此有

$$P\{Y(t) = k \mid N(t) = n\} = C_n^k p^k (1-p)^{n-k} \ ,$$

$$P\{Y(t) = k\} = \sum_{n=k}^{\infty} \frac{n!}{k!(n-k)!} p^k (1-p)^{n-k} \frac{(\lambda t)^n}{n!} e^{-\lambda t}$$

$$= \frac{(\lambda pt)^k}{k!} e^{-\lambda t} \sum_{n-k=0}^{\infty} \frac{(\lambda t(1-p))^{n-k}}{(n-k)!} = \frac{(\lambda pt)^k}{k!} e^{-\lambda t} e^{\lambda t(1-p)}$$

$$= \frac{(\lambda pt)^k}{k!} e^{-\lambda pt}, \quad k = 0,1,2,\cdots.$$

故 $\{Y(t), t \geq 0\}$ 是强度为 λp 的泊松过程.

注：这里也可以令 $Y(t) = \sum_{k=1}^{N(t)} Z_k$，$t \geq 0$，这里 $Z_k, k=1,2,\cdots$ 为独立同分布且服从 0-1 分布的

随机变量，则 $\{Y(t), t \geq 0\}$ 是一个复合泊松过程，再验证第（3）条.

3.5　证明：S 服从指数分布，分布函数为 $F_S(t) = 1 - e^{-\lambda t}$，$t > 0$.

$$P\{S > s_1 + s_2 \mid S > s_1\} = \frac{P\{S > s_1 + s_2\}}{P\{S > s_1\}} = \frac{e^{-\lambda(s_1+s_2)}}{e^{-\lambda s_1}} = e^{-\lambda s_2} = P\{S > s_2\}.$$

注：这里也可以用 $P\{S > s_1 + s_2 \mid S > s_1\} = P\{N(s_1 + s_2) - N(s_1) = 0\}$ 来做.

3.6　证明：记时间间隔序列为 $\{X_n, n \geq 1\}$，则 X_n 服从指数分布，$E(X_n) = \dfrac{1}{\lambda}$，

$\mathrm{Var}(X_n) = \dfrac{1}{\lambda^2}$. $T_n = \sum_{i=1}^{n} X_i$，则

$$E(T_n) = \sum_{i=1}^{n} E(X_i) = \frac{n}{\lambda};$$

由独立性知

$$\mathrm{Var}(T_n) = \sum_{i=1}^{n} \mathrm{Var}(X_i) = \frac{n}{\lambda^2}.$$

注：这里也可以用 Γ 分布的密度求.

3.7　解：用非齐次泊松过程 $\{N(t), t \geq 0\}$ 考虑. 强度函数

$$\lambda(t) = \begin{cases} \dfrac{2}{5}, & 0 \leq t \leq 5 \\[2mm] \dfrac{1}{2}, & 5 < t \leq 10 \end{cases},$$

$$m(10) = \int_0^{10} \lambda(s)\,\mathrm{d}s = \int_0^5 \frac{2}{5}\mathrm{d}t + \int_5^{10} \frac{1}{2}\mathrm{d}t = 2 + \frac{5}{2} = 4.5 \text{ 年},$$

在使用期限内只维修过一次的概率

$$P\{N(10) = 1\} = 4.5 e^{-4.5} = 0.05.$$

不超过两次的概率

$$P\{N(10) \leq 2\} = e^{-4.5}\left(1 + 4.5 + \frac{4.5^2}{2}\right) = 0.1736.$$

3.8　证明：只需证 $\{N^*(t), t \geq 0\}$ 满足泊松过程定义中的三个条件即可.

由 $\lambda(t) > 0$ 可知，$m(t) = \int_0^t \lambda(s)\mathrm{d}s > 0$ 且单调递增，$m(0) = 0$，因此 $m^{-1}(t)$ 也单调递增，

$m^{-1}(0) = 0$. 因此

（1） $N^*(0) = N(0) = 0$ ；

（2） $N^*(t)$ 是独立增量过程；

（3）下面证明对一切 $t, h \geq 0$ ，有

$$P\{N^*(t+h) - N^*(s) = 1\} = h + o(h) ,$$

$$P\{N^*(t+h) - N^*(s) \geq 2\} = o(h) .$$

记 $v = v(t) = m^{-1}(t)$ ， $v + h' = v(t+h) = m^{-1}(t+h)$ ，则

$$t = m(v) , \quad t + h = m(v + h') ,$$

$$h = m(v + h') - m(v) = \int_v^{v+h'} \lambda(s)\mathrm{d}s = \lambda(v)h' + o(h') .$$

从而

$$\lim_{h \to 0^+} \frac{P\{N^*(t+h) - N^*(t) = 1\}}{h} = \lim_{h' \to 0^+} \frac{P\{N(v+h') - N(v) = 1\}}{\lambda(v)h' + o(h')} = \lim_{h' \to 0^+} \frac{\lambda(v)h' + o(h')}{\lambda(v)h' + o(h')} = 1 ,$$

即 $P\{N^*(t+h) - N^*(s) = 1\} = h + o(h)$.

同理可得 $P\{N^*(t+h) - N^*(s) \geq 2\} = o(h)$.

3.9　解：（1） $E(Y_1) = \dfrac{1000 + 2000}{2} = 1500$ ，

$$\mathrm{Var}(Y_1) = \frac{(2000 - 1000)^2}{12} = \frac{1}{12} \times 10^6 ,$$

$$E(Y_1^2) = 1500^2 + \frac{1}{12} \times 10^6 = \frac{7}{3} \times 10^6 .$$

Y_1 的特征函数

$$\phi_Y(\omega) = \int_{1000}^{2000} \frac{1}{1000} \mathrm{e}^{\mathrm{i}\omega x} \mathrm{d}x = \frac{\mathrm{e}^{2000\mathrm{i}\omega} - \mathrm{e}^{1000\mathrm{i}\omega}}{1000\mathrm{i}\omega} = \mathrm{e}^{1500\mathrm{i}\omega} \frac{\sin(500\omega)}{500\omega} ,$$

故有

$$E[X(t)] = 5t \times 1500 = 7500t ,$$

$$\mathrm{Var}[X(t)] = 5t \cdot \frac{7}{3} \times 10^6 = \frac{35}{3} \times 10^6 t ,$$

$$\phi_{X(t)}(\omega) = \exp\{5t[\phi_Y(\omega) - 1]\} = \exp\left\{t\mathrm{e}^{1500\mathrm{i}\omega} \frac{\sin(500\omega)}{100\omega} - 5t\right\} .$$

（2） Y_1 的概率密度函数 $p_Y(t) = \mu \mathrm{e}^{-\mu t}$ ， $t > 0$ ， Y_1 的期望、方差和二阶矩为

$$E(Y_1) = \frac{1}{\mu} , \quad \mathrm{Var}(Y_1) = \frac{1}{\mu^2} , \quad E(Y_1^2) = \frac{2}{\mu^2} .$$

Y_1 的特征函数为

$$\varphi_Y(\omega) = \int_0^\infty \mu \mathrm{e}^{-\mu x} \mathrm{e}^{\mathrm{i}\omega x} \mathrm{d}x = \frac{\mu}{\mu - \mathrm{i}\omega} ,$$

故有

$$E[X(t)] = 5t \times \frac{1}{\mu} = \frac{5t}{\mu}, \quad \mathrm{Var}[X(t)] = 5t \cdot \frac{2}{\mu^2} = \frac{10t}{\mu^2},$$

$$\phi_{X(t)}(\omega) = \exp\{5t[\phi_Y(\omega) - 1]\} = \exp\left\{-\frac{5\mathrm{i}\omega t}{\mu - \mathrm{i}\omega}\right\}.$$

3.10 解：记 $X(t) = \sum\limits_{k=1}^{N(t)} Y_k$ ，它表示到时刻 t 为止系统受到的总伤害，则有

$$P\{T > t\} = P\{X(t) < A\} = P\left\{\sum_{k=1}^{N(t)} Y_k < A\right\}$$

$$= \sum_{n=0}^{\infty} P\left\{\sum_{k=1}^{N(t)} Y_k < A \mid N(t) = n\right\} P\{N(t) = n\}$$

$$= \sum_{n=0}^{\infty} P\left\{\sum_{k=1}^{n} Y_k < A\right\} P\{N(t) = n\},$$

这里由于 Y_k, $k = 1, 2, \cdots$ 相互独立同分布，并服从均值为 μ 的指数分布，因此有 $\sum\limits_{k=1}^{n} Y_k \sim$ $\Gamma\left(n, \dfrac{1}{\mu}\right)$，从而

$$P\left\{\sum_{k=1}^{n} Y_k < A\right\} = \int_0^A \frac{\mu^{-n}}{\Gamma(n)} x^{n-1} \mathrm{e}^{-\frac{x}{\mu}} \mathrm{d}x,$$

代入上面的表达式，有

$$P\{T > t\} = \mathrm{e}^{-\lambda t} + \sum_{n=1}^{\infty} \int_0^A \frac{\mu^{-n}}{\Gamma(n)} x^{n-1} \mathrm{e}^{-\frac{x}{\mu}} \mathrm{d}x \frac{(\lambda t)^n}{n!} \mathrm{e}^{-\lambda t}$$

$$= \mathrm{e}^{-\lambda t} + \int_0^A \sum_{n=1}^{\infty} \frac{\mu^{-n}}{\Gamma(n)} x^{n-1} \mathrm{e}^{-\frac{x}{\mu}} \mathrm{d}x \frac{(\lambda t)^n}{n!} \mathrm{e}^{-\lambda t}.$$

故系统的平均运行时间

$$E(T) = \int_0^\infty P\{T > t\} \mathrm{d}t = \int_0^\infty \mathrm{e}^{-\lambda t} \mathrm{d}t + \int_0^A \sum_{n=1}^{\infty} \frac{\mu^{-n}}{\Gamma(n)} x^{n-1} \mathrm{e}^{-\frac{x}{\mu}} \mathrm{d}x \int_0^\infty \frac{(\lambda t)^n}{n!} \mathrm{e}^{-\lambda t} \mathrm{d}t$$

$$= \frac{1}{\lambda} + \int_0^A \sum_{n-1=0}^{\infty} \frac{\mu^{-n}}{\Gamma(n)} x^{n-1} \mathrm{e}^{-\frac{x}{\mu}} \mathrm{d}x \cdot \frac{1}{\lambda} = \frac{1}{\lambda} + \int_0^A \frac{1}{\mu} \sum_{n-1=0}^{\infty} \frac{1}{(n-1)!} \left(\frac{x}{\mu}\right)^{n-1} \cdot \mathrm{e}^{-\frac{x}{\mu}} \mathrm{d}x \cdot \frac{1}{\lambda}$$

$$= \frac{1}{\lambda} + \frac{1}{\lambda} \int_0^A \frac{1}{\mu} \mathrm{d}x = \frac{\mu + A}{\lambda \mu}.$$

3.11 解：设设备损失为 $D(t)$，则依题意 $D(t) = \sum\limits_{i=1}^{N(t)} D_i \mathrm{e}^{-a(t-T_i)}$，其中 T_i 为第 i 次冲击到达的时刻，则 $E[D(t)] = E\big[E\big(D(t) \mid N(t)\big)\big]$，其中

$$E[D(t) \mid N(t) = n] = E\left[\sum_{i=1}^{N(t)} D_i e^{-a(t-T_i)} \middle| N(t) = n\right] = E\left[\sum_{i=1}^{n} D_i e^{-a(t-T_i)} \middle| N(t) = n\right]$$

$$= \sum_{i=1}^{n} E\left[D_i e^{-a(t-T_i)} \mid N(t) = n\right] = \sum_{i=1}^{n} E(D_1) E\left[e^{-a(t-T_i)} \mid N(t) = n\right]$$

$$= E(D_1) e^{-at} E\left[\sum_{i=1}^{n} e^{aT_i} \mid N(t) = n\right],$$

记 $U_1, U_2, \cdots, U_n$ 为 $[0, t]$ 区间上 n 个独立同分布的均匀分布，$U_{(1)}, U_{(2)}, \cdots, U_{(n)}$ 为顺序统计量，则有

$$E\left[\sum_{i=1}^{n} e^{aT_i} \mid N(t) = n\right] = E\left[\sum_{i=1}^{n} e^{aU_{(i)}}\right] = E\left[\sum_{i=1}^{n} e^{aU_i}\right] = nE(e^{aU_1})$$

$$= \frac{n}{t} \int_0^t e^{as} ds = \frac{n}{at}(e^{at} - 1),$$

因此

$$E[D(t) \mid N(t) = n] = \frac{n}{at}(1 - e^{-at}) E(D_1),$$

$$E[D(t)] = E\left[E\left(D(t) \middle| N(t)\right)\right] = \frac{E[N(t)]}{at}(1 - e^{-at}) E(D_1) = \frac{\lambda}{a}(1 - e^{-at}) E(D_1).$$

3.12 解：已知 $\{N(t), t \geq 0\}$ 是 $\Lambda = \lambda$ 的条件泊松过程，而 $\Lambda \sim \begin{pmatrix} \lambda_1 & \lambda_2 \\ p & 1-p \end{pmatrix}$，故由贝叶斯公式

$$P\{\Lambda = \lambda_1 \mid N(t) = n\} = \frac{P\{\Lambda = \lambda_1\} P\{N(t) = n \mid \Lambda = \lambda_1\}}{P\{\Lambda = \lambda_1\} P\{N(t) = n \mid \Lambda = \lambda_1\} + P\{\Lambda = \lambda_2\} P\{N(t) = n \mid \Lambda = \lambda_2\}}$$

$$= \frac{p(\lambda_1 t)^n e^{-\lambda_1 t}}{p(\lambda_1 t)^n e^{-\lambda_1 t} + (1-p)(\lambda_2 t)^n e^{-\lambda_2 t}} = \frac{p \lambda_1^n e^{-\lambda_1 t}}{p \lambda_1^n e^{-\lambda_1 t} + (1-p) \lambda_2^n e^{-\lambda_2 t}}$$

习 题 四

4.1 （1）√   （2）×   （3）×

4.2 解：$X_n \sim \begin{pmatrix} 0 & 1 \\ q & p \end{pmatrix}$，故

（1）
$$P\{N(t) = 1\} = P\{N(t) \geq 1\} - P\{N(t) \geq 2\} = P\{T_1 \leq t\} - P\{T_2 \leq t\}$$

$$= P\{X_1 \leq t\} - P\{X_1 + X_2 \leq t\}$$

$$= \begin{cases} q - q^2 = pq, & 0 \leq t < 1 \\ 1 - (1 - p^2) = p^2, & 1 \leq t < 2 \\ 1 - 1 = 0, & t \geq 2 \end{cases}.$$

（2）　　$P\{N(1)=k\}=P\{N(1)\geqslant k\}-P\{N(1)\geqslant k+1\}=P\{T_k\leqslant 1\}-P\{T_{k+1}\leqslant 1\}$

$$=P\left\{\sum_{i=1}^{k}X_i\leqslant 1\right\}-P\left\{\sum_{i=1}^{k+1}X_i\leqslant 1\right\}$$

$$=P\left\{\sum_{i=1}^{k}X_i=0\right\}+P\left\{\sum_{i=1}^{k}X_i=1\right\}-P\left\{\sum_{i=1}^{k+1}X_i=0\right\}-P\left\{\sum_{i=1}^{k+1}X_i=1\right\}$$

$$=q^k+C_k^1 pq^{k-1}-q^{k+1}-C_{k+1}^1 pq^k=kp^2q^{k-1},\quad k=1,2,\cdots.$$

4.3　解：$X_n\sim\begin{pmatrix}1 & 2\\ 1/3 & 2/3\end{pmatrix}$，故

$$P\{N(t)=k\}=P\{N(t)\geqslant k\}-P\{N(t)\geqslant k+1\}=P\{T_k\leqslant t\}-P\{T_{k+1}\leqslant t\}.$$

$$=P\left\{\sum_{i=1}^{k}X_i\leqslant t\right\}-P\left\{\sum_{i=1}^{k+1}X_i\leqslant t\right\}$$

依题意，

$$P\{N(1)=k\}=P\left\{\sum_{i=1}^{k}X_i\leqslant 1\right\}-P\left\{\sum_{i=1}^{k+1}X_i\leqslant 1\right\}=\begin{cases}1-\dfrac{1}{3}=\dfrac{2}{3}, & k=0\\[2mm] \dfrac{1}{3}-0=\dfrac{1}{3}, & k=1\\[2mm] 0, & k\geqslant 2\end{cases}$$，

$$P\{N(2)=k\}=P\left\{\sum_{i=1}^{k}X_i\leqslant 2\right\}-P\left\{\sum_{i=1}^{k+1}X_i\leqslant 2\right\}=\begin{cases}1-\dfrac{1}{3}\times\dfrac{1}{3}=\dfrac{8}{9}, & k=1\\[2mm] \dfrac{1}{3}\times\dfrac{1}{3}=\dfrac{1}{9}, & k=2\\[2mm] 0, & k=0\text{或}k\geqslant 3\end{cases}$$，

$$P\{N(3)=k\}=P\left\{\sum_{i=1}^{k}X_i\leqslant 3\right\}-P\left\{\sum_{i=1}^{k+1}X_i\leqslant 3\right\}$$

$$=\begin{cases}1-\dfrac{1}{3}\times\dfrac{1}{3}-\dfrac{1}{3}\times\dfrac{2}{3}-\dfrac{2}{3}\times\dfrac{1}{3}=\dfrac{4}{9}, & k=1\\[2mm] \dfrac{5}{9}-\dfrac{1}{3}\times\dfrac{1}{3}\times\dfrac{1}{3}=\dfrac{14}{27}, & k=2\\[2mm] \dfrac{1}{27}, & k=3\\[2mm] 0, & k=0\text{或}k\geqslant 4\end{cases}.$$

故 $N(1)\sim\begin{pmatrix}0 & 1\\ 2/3 & 1/3\end{pmatrix}$，$N(2)\sim\begin{pmatrix}1 & 2\\ 8/9 & 1/9\end{pmatrix}$，$N(2)\sim\begin{pmatrix}1 & 2 & 3\\ 4/9 & 14/27 & 1/27\end{pmatrix}$.

4.4　解：（1）由 Γ 分布的可加性（根据特征函数的性质证明）知

$$T_k = \sum_{i=1}^{k} X_i \sim \Gamma(nk, \lambda) .$$

故有

$$P\{T_k > t\} = \int_t^{\infty} \frac{\lambda^{nk}}{\Gamma(nk)} x^{nk-1} e^{-\lambda x} dx = \sum_{i=1}^{nk} \frac{(\lambda t)^i}{i!} e^{-\lambda t} ,$$

后一个等式可经过有限次分部积分得到，因此有

$$P\{N(t) = k\} = P\{N(t) \geqslant k\} - P\{N(t) \geqslant k+1\}$$

$$= P\{T_k \leqslant t\} - P\{T_{k+1} \leqslant t\}$$

$$= \sum_{i=1}^{n(k+1)} \frac{(\lambda t)^i}{i!} e^{-\lambda t} - \sum_{i=1}^{nk} \frac{(\lambda t)^i}{i!} e^{-\lambda t}$$

$$= \sum_{i=nk+1}^{n(k+1)} \frac{(\lambda t)^i}{i!} e^{-\lambda t} , \quad k = 0, 1, 2, \cdots$$

（2）更新间隔 X_n 服从参数为 n、λ 的 Γ 分布，故有

$$E(X_n) = \int_0^{\infty} \frac{\lambda^n}{\Gamma(n)} x^{n+1-1} e^{-\lambda x} dx$$

$$= \frac{n}{\lambda} \int_0^{\infty} \frac{\lambda^{n+1}}{\Gamma(n+1)} x^{n+1-1} e^{-\lambda x} dx = \frac{n}{\lambda} .$$

从而 $\dfrac{N(t)}{t} \xrightarrow{a.s.} \dfrac{\lambda}{n}$.

4.5　证明：令 $I_n = I_{\{N \geqslant n\}} = \begin{cases} 1, & N \geqslant n \\ 0, & N < n \end{cases}$，则有 $\displaystyle\sum_{n=1}^{N} X_n = \sum_{n=1}^{\infty} X_n I_n$，

$$E\left[\sum_{n=1}^{N} X_n\right] = \sum_{n=1}^{\infty} E[X_n I_n],$$

若 $N \geqslant n$，则 $I_n = 1$，这说明如果观察到 $X_1, \cdots, X_{n-1}$ 以后还没有停止，这说明 I_n 的值在观察 X_n 以前就已经确定了，于是 I_n 独立于 X_n，即

$$E\left[\sum_{n=1}^{N} X_n\right] = E[X_1] \sum_{n=1}^{\infty} E[I_n] = E[X_1] E\left[\sum_{n=1}^{\infty} I_n\right] = E[X_1] E[N] .$$

4.6　解：如果每开走一辆车，就完成了一个循环，因此这是一个更新回报过程，一个循环的期望长度是到达 N 个乘客所需时间，故

$$E[\text{循环长度}] = N\mu .$$

记 X_n 为一个循环中第 n 个乘客到达和第 $n+1$ 个乘客到达的时间，则一个循环的平均费用为

$$E[\text{循环的费用}] = E[cX_1 + 2cX_2 + \cdots + (N-1)cX_{N-1}] + K = \frac{c\mu N(N-1)}{2} + K ,$$

因此车站单位时间支付的平均费用是 $\dfrac{c(N-1)}{2}+\dfrac{K}{N\mu}$.

4.7 证明：$0 \leqslant s \leqslant t$ 时，$T_{N(t)}$ 表示 t 时刻之前或 t 时刻最后一次更新的时刻，因此

$$P\{T_{N(t)} \leqslant s\} = \sum_{n=0}^{\infty} P\{T_{N(t)} \leqslant s \mid N(t)=n\}P\{N(t)=n\}$$

$$= \sum_{n=0}^{\infty} P\{T_n \leqslant s \mid N(t)=n\}P\{N(t)=n\} = \sum_{n=0}^{\infty} P\{T_n \leqslant s, N(t)=n\}$$

$$= \sum_{n=0}^{\infty} P\{T_n \leqslant s, T_{n+1} > t\} = P\{T_0 \leqslant s, T_1 > t\} + \sum_{n=1}^{\infty} P\{T_n \leqslant s, T_{n+1} > t\}$$

$$= P\{T_1 > t\} + \sum_{n=1}^{\infty} \int_0^{+\infty} P\{T_n \leqslant s, T_{n+1} > t \mid T_n = x\}\mathrm{d}F_n(x)$$

$$= \bar{F}(t) + \sum_{n=1}^{\infty} \int_0^{s} P\{T_{n+1} - T_n > t - x \mid T_n = x\}\mathrm{d}F_n(x)$$

$$= \bar{F}(t) + \sum_{n=1}^{\infty} \int_0^{s} P\{X_{n+1} > t - x\}\mathrm{d}F_n(x) = \bar{F}(t) + \sum_{n=1}^{\infty} \int_0^{s} \bar{F}(t-x)\,\mathrm{d}F_n(x)$$

$$= \bar{F}(t) + \int_0^{s} \bar{F}(t-x)\mathrm{d}\sum_{n=1}^{\infty} F_n(x) = \bar{F}(t) + \int_0^{s} \bar{F}(t-x)\mathrm{d}m(x),$$

其中 $\bar{F}(t) = 1 - F(t) = P\{X_1 > t\}$.

习 题 五

5.1 解：$\boldsymbol{P} = \begin{pmatrix} 0 & 1 & 0 & 0 & 0 \\ 1/3 & 1/3 & 1/3 & 0 & 0 \\ 0 & 1/3 & 1/3 & 1/3 & 0 \\ 0 & 0 & 1/3 & 1/3 & 1/3 \\ 0 & 0 & 0 & 1 & 0 \end{pmatrix}$.

5.2 证明：设 $\{Y_n, n \geqslant 1\}$ 的状态空间为 I，由于 $X_n = Y_n - Y_{n-1}$，故 $\{Y_n, n \geqslant 1\}$ 是独立增量过程. 对任意的 $y_1, y_2, \cdots, y_{n+1} \in I$，有

$$P\{Y_{n+1} = y_{n+1} \mid Y_n = y_n, Y_{n-1} = y_{n-1}, \cdots, Y_1 = y_1\}$$
$$= P\{Y_{n+1} - Y_n = y_{n+1} - y_n \mid Y_n - Y_{n-1} = y_n - y_{n-1}, \cdots, Y_2 - Y_1 = y_2 - y_1, Y_1 = y_1\}$$
$$= P\{Y_{n+1} - Y_n = y_{n+1} - y_n\},$$

而

$$P\{Y_{n+1} = y_{n+1} \mid Y_n = y_n\} = P\{Y_{n+1} - Y_n = y_{n+1} - y_n \mid Y_n = y_n\}$$
$$= P\{Y_{n+1} - Y_n = y_{n+1} - y_n\},$$

故有
$$P\{Y_{n+1} = y_{n+1} \mid Y_n = y_n, Y_{n-1} = y_{n-1}, \cdots, Y_1 = y_1\} = P\{Y_{n+1} = y_{n+1} \mid Y_n = y_n\},$$
即 $\{Y_n, n \geq 1\}$ 是一马尔可夫链.

5.3 证明：依题意知 $Y_n = X_n - cY_{n-1}$，故 Y_n 是 $X_1, \cdots, X_n$ 的函数，由 $X_1, \cdots, X_n, \cdots$ 为独立同分布随机变量序列知，X_{n+1} 与 $(Y_0, Y_1, \cdots, Y_n)$ 独立. 设 $\{Y_n, n \geq 0\}$ 的状态空间为 I，则对任意的 $y_1, y_2, \cdots, y_{n+1} \in I$，有

$$P\{Y_{n+1} = y_{n+1} \mid Y_n = y_n, Y_{n-1} = y_{n-1}, \cdots, Y_1 = y_1\}$$
$$= P\{Y_{n+1} + cY_n = y_{n+1} + cy_n \mid Y_n = y_n, Y_{n-1} = y_{n-1}, \cdots, Y_1 = y_1\}$$
$$= P\{X_{n+1} = y_{n+1} + cy_n \mid Y_n = y_n, Y_{n-1} = y_{n-1}, \cdots, Y_1 = y_1\}$$
$$= P\{X_{n+1} = y_{n+1} + cy_n\},$$

另一方面，
$$P\{Y_{n+1} = y_{n+1} \mid Y_n = y_n\} = P\{Y_{n+1} + cY_n = y_{n+1} + cy_n \mid Y_n = y_n\}$$
$$= P\{X_{n+1} = y_{n+1} + cy_n \mid Y_n = y_n\} = P\{X_{n+1} = y_{n+1} + cy_n\},$$

故有
$$P\{Y_{n+1} = y_{n+1} \mid Y_n = y_n, Y_{n-1} = y_{n-1}, \cdots, Y_1 = y_1\} = P\{Y_{n+1} = y_{n+1} \mid Y_n = y_n\},$$
即 $\{Y_n, n \geq 1\}$ 是一马尔可夫链.

5.4 证明：
$$P\{X_{n+1} = i_{n+1}, X_{n+2} = i_{n+2}, \cdots, X_{n+m} = i_{n+m} \mid X_0 = i_0, X_1 = i_1, \cdots, X_n = i_n\}$$

$$= \frac{P\{X_0 = i_0, X_1 = i_1, \cdots, X_n = i_n, X_{n+1} = i_{n+1}, X_{n+2} = i_{n+2}, \cdots, X_{n+m} = i_{n+m}\}}{P\{X_0 = i_0, X_1 = i_1, \cdots, X_n = i_n\}}$$

$$= \frac{p_{i_0} p_{i_0 i_1} \cdots p_{i_{n-1} i_n} p_{i_n i_{n+1}} \cdots p_{i_{n+m-1} i_{n+m}}}{p_{i_0} p_{i_0 i_1} \cdots p_{i_{n-1} i_n}} = p_{i_n i_{n+1}} \cdots p_{i_{n+m-1} i_{n+m}},$$

另一方面，
$$P\{X_{n+1} = i_{n+1}, X_{n+2} = i_{n+2}, \cdots, X_{n+m} = i_{n+m} \mid X_n = i_n\}$$

$$= \frac{P\{X_n = i_n, X_{n+1} = i_{n+1}, X_{n+2} = i_{n+2}, \cdots, X_{n+m} = i_{n+m}\}}{P\{X_n = i_n\}}$$

$$= \frac{p_{i_n}(n) p_{i_n i_{n+1}} \cdots p_{i_{n+m-1} i_{n+m}}}{p_{i_n}(n)} = p_{i_n i_{n+1}} \cdots p_{i_{n+m-1} i_{n+m}},$$

故有
$$P\{X_{n+1} = i_{n+1}, X_{n+2} = i_{n+2}, \cdots, X_{n+m} = i_{n+m} \mid X_0 = i_0, X_1 = i_1, \cdots, X_n = i_n\}$$
$$= P\{X_{n+1} = i_{n+1}, X_{n+2} = i_{n+2}, \cdots, X_{n+m} = i_{n+m} \mid X_n = i_n\}$$

5.5 解：以 X_n 表示在时刻 n 赌徒的资本，则 $\{X_n, n \geq 0\}$ 是带有两个吸收壁的随机游动，状态空间 $I = \{0, 1, \cdots, N\}$. $X_0 = i$，转移概率矩阵为

$$\boldsymbol{P} = \begin{pmatrix} 1 & 0 & 0 & 0 & 0 & \cdots & 0 \\ q & 0 & p & 0 & 0 & \cdots & 0 \\ 0 & q & 0 & p & 0 & \cdots & 0 \\ \cdots & \cdots & \cdots & \cdots & \cdots & & \cdots \\ 0 & 0 & 0 & 0 & 0 & \cdots & 1 \end{pmatrix},$$

设

$$P_i = P\{\text{从状态 } i \text{ 出发到达状态 } N \text{先于到达状态 } 0\},$$

则有 $P_0 = 0$，$P_N = 1$，且由全概率公式有

$$P_i = pP_{i+1} + qP_{i-1}, \quad i = 1,2,\cdots,N-1.$$

由于 $p+q=1$，有

$$(p+q)P_i = pP_{i+1} + qP_{i-1},$$

移项可得

$$P_{i+1} - P_i = \left(\frac{q}{p}\right)(P_i - P_{i-1}), \quad i = 1,2,\cdots,N-1.$$

因此有

$$P_2 - P_1 = \left(\frac{q}{p}\right)P_1, \quad P_3 - P_2 = \left(\frac{q}{p}\right)^2 P_1, \quad \cdots, \quad P_i - P_{i-1} = \left(\frac{q}{p}\right)^{i-1} P_1, \quad \cdots, \quad P_N - P_{N-1} = \left(\frac{q}{p}\right)^{N-1} P_1.$$

将这 N–1 个方程相加，可得

$$P_1 = \begin{cases} \dfrac{1-q/p}{(1-q/p)^N}, & p \neq \dfrac{1}{2} \\ \dfrac{1}{N}, & p = \dfrac{1}{2} \end{cases}.$$

再将前 i–1 个方程相加，可求得

$$P_i = \begin{cases} \dfrac{(1-q/p)^i}{(1-q/p)^N}, & p \neq \dfrac{1}{2} \\ \dfrac{i}{N}, & p = \dfrac{1}{2} \end{cases}.$$

结论：当 $p = \dfrac{1}{2}$ 时，赌徒的资本在到达 0 之前先到达 N 的概率是 $\dfrac{i}{N}$，当 $p \neq \dfrac{1}{2}$ 时是 $\dfrac{(1-q/p)^i}{(1-q/p)^N}$.

5.6 解：记有雨状态为 0，无雨状态为 1，记 X_n 为第 n 天的降雨情况，则 $\{X_n, n=0,1,\cdots\}$ 为一齐次马尔可夫链. 转移概率矩阵为

$$\boldsymbol{P} = \begin{pmatrix} 0.7 & 0.3 \\ 0.5 & 0.5 \end{pmatrix}.$$

两步转移概率矩阵

$$\boldsymbol{P}^{(2)} = \begin{pmatrix} 0.7 & 0.3 \\ 0.5 & 0.5 \end{pmatrix} \begin{pmatrix} 0.7 & 0.3 \\ 0.5 & 0.5 \end{pmatrix} = \begin{pmatrix} 0.64 & 0.36 \\ 0.6 & 0.4 \end{pmatrix},$$

故星期一有雨、星期三也有雨的概率为 $p_{00}^{(2)} = 0.64$.

5.7 解：两步转移概率矩阵

$$\boldsymbol{P}^{(2)} = \begin{pmatrix} 0 & 1 & 0 \\ q & 0 & p \\ 0 & 1 & 0 \end{pmatrix} \begin{pmatrix} 0 & 1 & 0 \\ q & 0 & p \\ 0 & 1 & 0 \end{pmatrix} = \begin{pmatrix} q & 0 & p \\ 0 & 1 & 0 \\ q & 0 & p \end{pmatrix}.$$

三步转移概率矩阵

$$\boldsymbol{P}^{(3)} = \begin{pmatrix} q & 0 & p \\ 0 & 1 & 0 \\ q & 0 & p \end{pmatrix} \begin{pmatrix} 0 & 1 & 0 \\ q & 0 & p \\ 0 & 1 & 0 \end{pmatrix} = \begin{pmatrix} 0 & 1 & 0 \\ q & 0 & p \\ 0 & 1 & 0 \end{pmatrix}.$$

由于 $\boldsymbol{P}^{(3)} = \boldsymbol{P}$，则可知 $\boldsymbol{P}^{(4)} = \boldsymbol{P}^{(2)}$，$\boldsymbol{P}^{(5)} = \boldsymbol{P}$，…，递推得，当 n 为奇数时，

$$\boldsymbol{P}^{(n)} = \boldsymbol{P} = \begin{pmatrix} 0 & 1 & 0 \\ q & 0 & p \\ 0 & 1 & 0 \end{pmatrix},$$

当 n 为偶数时，

$$\boldsymbol{P}^{(n)} = \boldsymbol{P}^{(2)} = \begin{pmatrix} q & 0 & p \\ 0 & 1 & 0 \\ q & 0 & p \end{pmatrix}.$$

5.8 解： $\boldsymbol{P}^{(2)} = \begin{pmatrix} 1/2 & 1/2 & 0 \\ 0 & 1/2 & 1/2 \\ 1/2 & 0 & 1/2 \end{pmatrix} \begin{pmatrix} 1/2 & 1/2 & 0 \\ 0 & 1/2 & 1/2 \\ 1/2 & 0 & 1/2 \end{pmatrix} = \begin{pmatrix} 1/4 & 1/2 & 1/4 \\ 1/4 & 1/4 & 1/2 \\ 1/2 & 1/4 & 1/4 \end{pmatrix},$

$$\boldsymbol{P}^{(3)} = \begin{pmatrix} 1/4 & 1/2 & 1/4 \\ 1/4 & 1/4 & 1/2 \\ 1/2 & 1/4 & 1/4 \end{pmatrix} \begin{pmatrix} 1/2 & 1/2 & 0 \\ 0 & 1/2 & 1/2 \\ 1/2 & 0 & 1/2 \end{pmatrix} = \begin{pmatrix} 1/4 & 3/8 & 3/8 \\ 3/8 & 1/4 & 3/8 \\ 3/8 & 3/8 & 1/4 \end{pmatrix}.$$

经过 3 步转移后处于状态 3 的概率：

$$p_3(3) = \sum_{i \in I} p_i p_{i3}^{(3)} = 0 \cdot p_{13}^{(3)} + 0 \cdot p_{23}^{(3)} + 1 \cdot p_{33}^{(3)} = \frac{1}{4}.$$

5.9 解：（1）状态转移图如下. 由于 $1 \to 2 \to 3 \to 4 \to 1$，故各状态是相通的.

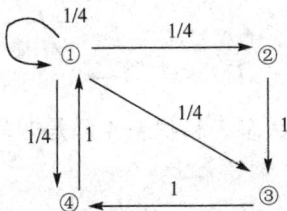

对状态 1：

$$f_{11}^{(1)} = \frac{1}{4}, \quad f_{11}^{(2)} = \frac{1}{4} \times 1 = \frac{1}{4}, \quad f_{11}^{(3)} = \frac{1}{4} \times 1 \times 1 = \frac{1}{4}, \quad f_{11}^{(4)} = \frac{1}{4} \times 1 \times 1 \times 1 = \frac{1}{4},$$

对 $n > 4$，有 $f_{11}^{(n)} = 0$．所以有

$$\mu_1 = \sum_{n=1}^{\infty} n f_{11}^{(n)} = (1 + 2 + 3 + 4)\frac{1}{4} = \frac{5}{2} < \infty.$$

状态 1 是正常返非周期的，从而是遍历的．

其他状态与状态 1 相通，故都是遍历的．

（2）记平稳分布为 $\boldsymbol{\pi}^{\mathrm{T}} = (\pi_1, \pi_2, \pi_3, \pi_4)$，则由 $\boldsymbol{\pi}^{\mathrm{T}} = \boldsymbol{\pi}^{\mathrm{T}} \boldsymbol{P}$ 知

$$\begin{cases} \pi_1 = \dfrac{1}{4}\pi_1 + \pi_4 \\[2mm] \pi_2 = \dfrac{1}{4}\pi_1 \\[2mm] \pi_3 = \dfrac{1}{4}\pi_1 + \pi_2 \\[2mm] \pi_4 = \dfrac{1}{4}\pi_1 + \pi_3 \end{cases},$$

再由 $\pi_1 + \pi_2 + \pi_3 + \pi_4 = 1$ 可得平稳分布 $\boldsymbol{\pi} = \left(\dfrac{2}{5}, \dfrac{1}{10}, \dfrac{1}{5}, \dfrac{3}{10}\right)^{\mathrm{T}}$．

5.10 解：（1）不可约链，周期为 2，平稳分布：$\{1/2, 1/2\}$；

（2）状态 1 为吸收态，状态 2 是非常返态，平稳分布：$\{1, 0\}$；

（3）两个状态都是吸收态，平稳分布：$\{p, 1-p\}$，这里 $0 \leq p \leq 1$，平稳分布不唯一；

（4）不可约链，非周期，平稳分布：$\{2/3, 1/3\}$；

（5）状态 1 是非常返态，状态 2 是吸收态，平稳分布：$\{0, 1\}$；

（6）状态 1、状态 2 为遍历态，状态 3 为非常返态，状态 4 是吸收态，平稳分布：$\left\{\dfrac{2p}{3}, \dfrac{p}{3}, 1-p\right\}$，

这里 $0 \leq p \leq 1$，平稳分布不唯一．

5.11 解：状态转移图如下．

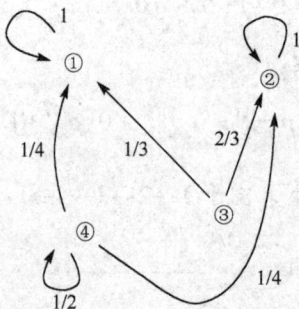

状态 1 和状态 2 都是吸收态，状态 3 和状态 4 都是非常返的，故 $\{1\}$、$\{2\}$、$\{1,2\}$ 都是闭集．$\{1\}$、$\{2\}$ 都是基本常返闭集．

5.12　证明：（1）状态 j 为非常返的，故有 $\sum\limits_{n=1}^{\infty} p_{jj}^{(n)} = \dfrac{1}{1-f_{jj}} < \infty$，由

$$p_{ij}^{(n)} = \sum_{k=0}^{n-1} f_{ij}^{(n-k)} p_{jj}^{(k)}$$

知

$$\sum_{n=1}^{\infty} p_{ij}^{(n)} = \sum_{k=0}^{\infty}\left(\sum_{n=k+1}^{\infty} f_{ij}^{(n-k)}\right) p_{jj}^{(k)} = f_{ij}\sum_{k=0}^{\infty} p_{jj}^{(k)} \leqslant \sum_{k=0}^{\infty} p_{jj}^{(k)} < \infty.$$

（2）由 $p_{ij}^{(n)} = \sum\limits_{k=1}^{n} f_{ij}^{(k)} p_{jj}^{(n-k)}$ 知

$$\sum_{n=1}^{\infty} p_{ij}^{(n)} = \sum_{k=1}^{\infty}\sum_{n=k}^{\infty} f_{ij}^{(k)} p_{jj}^{(n-k)} = \sum_{k=1}^{\infty} f_{ij}^{(k)}\left(\sum_{n=k}^{\infty} p_{jj}^{(n-k)}\right) = f_{ij}\sum_{m=0}^{\infty} p_{jj}^{(m)} = f_{ij} + f_{ij}\sum_{n=1}^{\infty} p_{jj}^{(n)},$$

所以

$$f_{ij} = \frac{\sum\limits_{n=1}^{\infty} p_{ij}^{(n)}}{1 + \sum\limits_{n=1}^{\infty} p_{jj}^{(n)}}.$$

5.13　证明：用 X_n 表示蚂蚁在时刻 n 所处的位置，则 $\{X_n, n\geqslant 0\}$ 是一个齐次的马尔可夫链，状态空间为 $I=\{0, 1, 2, \cdots, N\}$，转移概率矩阵为

$$\boldsymbol{P} = \begin{pmatrix} 1 & 0 & 0 & 0 & \cdots & 0 & 0 & 0 \\ q & 0 & p & 0 & \cdots & 0 & 0 & 0 \\ 0 & q & 0 & p & \cdots & 0 & 0 & 0 \\ \cdots & \cdots & \cdots & \cdots & \cdots & \cdots & \cdots & \cdots \\ 0 & 0 & 0 & 0 & \cdots & q & 0 & p \\ 0 & 0 & 0 & 0 & \cdots & 0 & 1 & 0 \end{pmatrix}_{(N+1)\times(N+1)}.$$

这个马尔可夫链的状态空间分两类：$\{0\}$ 和 $\{1, 2, \cdots, N\}$。状态 0 是吸收态，故 $\mu_0 = 1$。对任意 $i=1, 2, \cdots, N$，有

$$\lim_{n\to\infty} p_{i0}^{(n)} = \frac{1}{\mu_0} = 1.$$

故蚂蚁被吃掉的概率为 1。

5.14　解：设平稳分布为 $\boldsymbol{\pi} = (\pi_0, \pi_1, \cdots, \pi_i, \cdots)^{\mathrm{T}}$，则由 $\boldsymbol{\pi}^{\mathrm{T}} = \boldsymbol{\pi}^{\mathrm{T}}\boldsymbol{P}$ 知

$$\begin{cases} \pi_0 = q_1\pi_1 \\ \pi_1 = \pi_0 + q_2\pi_2 \\ \pi_i = p_{i-1}\pi_{i-1} + q_{i+1}\pi_{i+1}, \ i\geqslant 2, \\ \sum\limits_{i=0}^{\infty} \pi_i = 1 \end{cases}$$

因此有

$$\pi_1 = \frac{1}{q_1}\pi_0,$$

$$\pi_2 = \frac{1}{q_2}(\pi_1 - \pi_0) = \frac{1}{q_2}\left(\frac{1}{q_1} - 1\right)\pi_0 = \frac{p_1}{q_1 q_2}\pi_0,$$

$$\pi_3 = \frac{1}{q_3}(\pi_2 - p_1\pi_1) = \frac{1}{q_3}\left(\frac{p_1}{q_1 q_2} - \frac{p_1}{q_1}\right)\pi_0 = \frac{p_1 p_2}{q_1 q_2 q_3}\pi_0,$$

假设 $n \leqslant i$ 时，都有 $\pi_n = \dfrac{p_1 \cdots p_{n-1}}{q_1 q_2 \cdots q_n}\pi_0$，则

$$\pi_{i+1} = \frac{1}{q_{i+1}}(\pi_i - p_{i-1}\pi_{i-1}) = \frac{1}{q_{i+1}}\left(\frac{p_1 \cdots p_{i-1}}{q_1 q_2 \cdots q_i} - p_{i-1}\frac{p_1 \cdots p_{i-2}}{q_1 q_2 \cdots q_{i-1}}\right)\pi_0 = \frac{p_1 \cdots p_{i-1} p_i}{q_1 q_2 \cdots q_i q_{i+1}}\pi_0.$$

由归纳假设知，对任意的 i 都有

$$\pi_i = \frac{p_1 \cdots p_{i-1}}{q_1 q_2 \cdots q_i}\pi_0, \quad i=1,2,\cdots.$$

代入 $\displaystyle\sum_{i=0}^{\infty}\pi_i = 1$，可得 $\pi_0 = \dfrac{1}{1 + \displaystyle\sum_{j=1}^{\infty}\dfrac{p_1 \cdots p_{j-1}}{q_1 q_2 \cdots q_j}}$，这里假设 $p_0 = 1$.

    5.15　解：（1）由于甲盒中始终只有两个球，故状态空间为 $I=\{0,1,2\}$. 显然 X_n 只与 X_{n-1} 有关. 故 $\{X_n，n=0,1,\cdots\}$ 是一个马尔可夫链.

$$P\{X_n = 0 \mid X_{n-1} = 0\}$$

    $=P\{$第 n 次取球时甲盒中没有红球，第 n 次交换后甲盒中也没有红球$\}$

    $=P\{$第 n 次从乙盒 2 红 2 白中取球，取到白球$\}=1/2$，

同理可以求出其他转移概率. 转移概率矩阵为

$$\boldsymbol{P} = \begin{pmatrix} 1/2 & 1/2 & 0 \\ 3/8 & 1/2 & 1/8 \\ 0 & 1 & 0 \end{pmatrix}.$$

（2）$\boldsymbol{P}^{(2)} = \begin{pmatrix} 1/2 & 1/2 & 0 \\ 3/8 & 1/2 & 1/8 \\ 0 & 1 & 0 \end{pmatrix}\begin{pmatrix} 1/2 & 1/2 & 0 \\ 3/8 & 1/2 & 1/8 \\ 0 & 1 & 0 \end{pmatrix} = \begin{pmatrix} 7/16 & 1/2 & 1/16 \\ 3/8 & 9/16 & 1/16 \\ 3/8 & 1/2 & 1/8 \end{pmatrix}.$

由于对任意状态 $i,j \in I$，$p_{ij}^{(2)} > 0$，因此此马尔可夫链是遍历的.

（3）极限分布即为平稳分布. 设平稳分布为 (π_0, π_1, π_2)，则有

$$\begin{cases} \pi_0 = \dfrac{1}{2}\pi_0 + \dfrac{3}{8}\pi_1 \\[2mm] \pi_1 = \dfrac{1}{2}\pi_0 + \dfrac{1}{2}\pi_1 + \pi_2, \\[2mm] \pi_2 = \dfrac{1}{8}\pi_1 \\[2mm] \pi_0 + \pi_1 + \pi_2 = 1 \end{cases}$$

解之得，$\pi_0 = \dfrac{2}{5}$，$\pi_1 = \dfrac{8}{15}$，$\pi_2 = \dfrac{1}{15}$，故极限分布为 $\left(\dfrac{2}{5}, \dfrac{8}{15}, \dfrac{1}{15}\right)$.

习 题 六

6.1 解：$\boldsymbol{Q} = \boldsymbol{P}'(0) = \dfrac{1}{5}\begin{pmatrix} -9 & 3 & 6 \\ 6 & -12 & 6 \\ 6 & 3 & -9 \end{pmatrix}$.

6.2 解：（1） $q_{00} = \lim\limits_{\Delta t \to 0^+} \dfrac{1 - p_{00}(\Delta t)}{\Delta t} = \lim\limits_{\Delta t \to 0^+} \dfrac{p_{01}(\Delta t)}{\Delta t} = \lambda$，

$$q_{01} = \lim\limits_{\Delta t \to 0^+} \dfrac{p_{01}(\Delta t)}{\Delta t} = \lambda，$$

同理，

$$q_{11} = \lim\limits_{\Delta t \to 0^+} \dfrac{1 - p_{11}(\Delta t)}{\Delta t} = \lim\limits_{\Delta t \to 0^+} \dfrac{p_{10}(\Delta t)}{\Delta t} = \mu，$$

$$q_{10} = \lim\limits_{\Delta t \to 0^+} \dfrac{p_{10}(\Delta t)}{\Delta t} = \mu，$$

故

$$\boldsymbol{Q} = \begin{pmatrix} -\lambda & \lambda \\ \mu & -\mu \end{pmatrix}.$$

（2）由向前方程 $\boldsymbol{P}'(t) = \boldsymbol{P}(t)\boldsymbol{Q}$ 得

$$p'_{00}(t) = -\lambda p_{00}(t) + \mu p_{01}(t) = -(\lambda + \mu)p_{00}(t) + \mu，$$

初值条件 $p_{00}(0) = 1$.

为解这个方程，方程两边同乘以 $\mathrm{e}^{(\lambda+\mu)t}$，有

$$d[\mathrm{e}^{(\lambda+\mu)t} p_{00}(t)] = \mu \mathrm{e}^{(\lambda+\mu)t}，$$

故有

$$\mathrm{e}^{(\lambda+\mu)t} p_{00}(t) = \dfrac{\mu}{\lambda+\mu} \mathrm{e}^{(\lambda+\mu)t} + C.$$

初值代入，得 $C = \dfrac{\lambda}{\lambda+\mu}$，于是

$$p_{00}(t) = \dfrac{\mu}{\lambda+\mu} + \dfrac{\lambda}{\lambda+\mu} \mathrm{e}^{-(\lambda+\mu)t}.$$

同理可得

$$p_{11}(t) = \dfrac{\lambda}{\lambda+\mu} + \dfrac{\mu}{\lambda+\mu} \mathrm{e}^{-(\lambda+\mu)t}，$$

故有

$$P(t)=\begin{pmatrix}\dfrac{\mu}{\lambda+\mu}+\dfrac{\lambda}{\lambda+\mu}\mathrm{e}^{-(\lambda+\mu)t} & \dfrac{\lambda}{\lambda+\mu}[1-\mathrm{e}^{-(\lambda+\mu)t}]\\[3mm] \dfrac{\mu}{\lambda+\mu}[1-\mathrm{e}^{-(\lambda+\mu)t}] & \dfrac{\lambda}{\lambda+\mu}+\dfrac{\mu}{\lambda+\mu}\mathrm{e}^{-(\lambda+\mu)t}\end{pmatrix}$$

（3） $p_{00}(t)=\dfrac{\mu}{\lambda+\mu}+\dfrac{\lambda}{\lambda+\mu}\mathrm{e}^{-(\lambda+\mu)t}$，故

$$p_{00}(5)=\frac{\mu}{\lambda+\mu}+\frac{\lambda}{\lambda+\mu}\mathrm{e}^{-5(\lambda+\mu)}.$$

由于 $P\{X(0)=0\}=p_0=1$，故在 $t=5$ 时为正常工作的概率

$$P\{X(5)=0\}=p_0 p_{00}(5)=\frac{\mu}{\lambda+\mu}+\frac{\lambda}{\lambda+\mu}\mathrm{e}^{-5(\lambda+\mu)}.$$

6.3　解：用 $X(t)$ 记时刻 t 时质点的位置，状态空间为 $I=\{1,2,3\}$，则 $\{X(t),t\geq 0\}$ 是连续时间的马尔可夫链. 且

$$p_{i,i+1}(\Delta t)=\frac{1}{2}\Delta t+o(\Delta t),\ i=1,2,3,\ (i=3\ 时\ i+1=1)$$

$$p_{i,i-1}(\Delta t)=\frac{1}{2}\Delta t+o(\Delta t),\ i=1,2,3,\ (i=1\ 时\ i-1=3)$$

Q 矩阵为

$$Q=\begin{pmatrix}-1 & 1/2 & 1/2\\ 1/2 & -1 & 1/2\\ 1/2 & 1/2 & -1\end{pmatrix},$$

由向前方程 $p'_{ij}(t)=\sum_{k\neq j}p_{ik}(t)q_{kj}-p_{ij}(t)q_{jj}$ 得

$$p'_{ij}(t)=\frac{1}{2}p_{i,j-1}(t)+\frac{1}{2}p_{i,j+1}(t)-p_{ij}(t),\ i,j=1,2,3.\ j=1\ 时\ j-1=3,\ j=3\ 时\ j+1=1.$$

由于 $p_{i,j-1}(t)+p_{ij}(t)+p_{i,j+1}(t)=1$，故有

$$p'_{ij}(t)=\frac{1}{2}(1-p_{ij}(t))-p_{ij}(t)=-\frac{3}{2}p_{ij}(t)+\frac{1}{2}.$$

解得

$$p_{ij}(t)=C\mathrm{e}^{-\frac{3}{2}t}+\frac{1}{3}.$$

正则条件 $p_{ii}(0)=1$，$i=1,2,3$，$p_{ij}(0)=0$，$i\neq j$. 故有

$$p_{ij}(t)=\begin{cases}\dfrac{1}{3}(1-\mathrm{e}^{-\frac{3}{2}t}), & i\neq j\\[3mm] \dfrac{1}{3}(1+2\mathrm{e}^{-\frac{3}{2}t}), & i=j\end{cases}.$$

平稳分布为 $\pi_j = \lim\limits_{t\to\infty} p_{ij}(t) = \dfrac{1}{3}$，$j=1,2,3$.

6.4 解：（1）出生率 $\lambda_n = n\lambda$，$n=1,2,\cdots$，死亡率 $\mu_n = 0$，$n=1,2,\cdots$. 柯尔莫哥洛夫向前方程为

$$p_{ii}'(t) = -i\lambda p_{ii}(t)，$$

$$p_{ij}'(t) = (j-1)\lambda p_{i,j-1}(t) - j\lambda p_{ij}(t)，\quad j > i，$$

由正则条件 $p_{ii}(0)=1$，$p_{ij}(0)=0$，$i\neq j$，解得

$$p_{ij}(t) = C_{j-1}^{i-1} e^{-i\lambda t} (1 - e^{-\lambda t})^{j-i}，\quad j \geqslant i \geqslant 1.$$

当 $i=1$ 时，

$$p_{1j}(t) = e^{-\lambda t} (1 - e^{-\lambda t})^{j-1}，\quad j \geqslant 1.$$

可见，从一个个体开始，在时刻 t 群体的总量服从几何分布. 均值为 $e^{\lambda t}$. 如果群体从 i 个个体开始，在时刻 t 群体的总量服从负二项分布.

（2）记 $A(t)$ 为群体在时刻 t 群体各成员年龄总和，可以证明

$$A(t) = a_0 + \int_0^t X(s)\mathrm{d}s，$$

这里 a_0 为初始个体在 0 时刻的年龄，取期望得

$$E[A(t)] = a_0 + \int_0^t E[X(s)]\mathrm{d}s = a_0 + \int_0^t e^{\lambda s}\mathrm{d}s = a_0 + \frac{e^{\lambda t} - 1}{\lambda}.$$

6.5 解：以 $X(t)$ 记时刻 t 群体的总量，则 $\{X(t), t\geqslant 0\}$ 是生灭过程. 出生率和死亡率可以表示成 $\lambda_i = i\lambda + \theta$，$\mu_i = i\mu$，$i=1,2,\cdots$.

6.6 解：这是一个生灭过程.

出生率 $\mu_i = i\mu$，$i=0,1,2,\cdots,N$，死亡率 $\lambda_i = \begin{cases} \lambda, & i < N \\ 0, & i \geqslant N \end{cases}$，该过程的 $\boldsymbol{Q}$ 矩阵

$$\boldsymbol{Q} = \begin{pmatrix} -\lambda_0 & \lambda_0 & 0 & 0 & \cdots & 0 & 0 \\ \mu_1 & -(\mu_1+\lambda_1) & \lambda_1 & 0 & \cdots & 0 & 0 \\ 0 & \mu_2 & -(\mu_2+\lambda_2) & \lambda_2 & \cdots & 0 & 0 \\ 0 & 0 & \mu_3 & -(\mu_3+\lambda_3) & \cdots & 0 & 0 \\ \cdots & \cdots & \cdots & \cdots & \cdots & \cdots & \cdots \\ 0 & 0 & 0 & 0 & \cdots & -(\mu_{N-1}+\lambda_{N-1}) & \lambda_N \\ 0 & 0 & 0 & 0 & \cdots & \mu_N & -\mu_N \end{pmatrix}$$

$$\boldsymbol{Q} = \begin{pmatrix} -\lambda_0 & \lambda_0 & 0 & \cdots & 0 & \cdots \\ \mu_1 & -(\mu_1+\lambda_1) & \lambda_1 & \cdots & 0 & \cdots \\ 0 & \mu_2 & -(\mu_2+\lambda_2) & \cdots & \lambda_{N-1} & \cdots \\ \cdots & \cdots & \cdots & \cdots & -(\mu_{N-1}+\lambda_{N-1}) & \lambda_N \\ 0 & 0 & 0 & \cdots & \mu_N & -\mu_N \end{pmatrix}$$

$$= \begin{pmatrix} -\lambda & \lambda & 0 & \cdots & 0 & \cdots \\ \mu & -(\mu+\lambda) & \lambda & \cdots & 0 & \cdots \\ 0 & 2\mu & -(2\mu+\lambda) & \cdots & \lambda & \cdots \\ \cdots & \cdots & \cdots & \cdots & -((N-1)\mu+\lambda) & \lambda \\ 0 & 0 & 0 & \cdots & N\mu & -N\mu \end{pmatrix}.$$

由向前方程 $\boldsymbol{P}'(t) = \boldsymbol{P}(t)\boldsymbol{Q}$ 得

$$p'_{i0}(t) = -\lambda p_{i0}(t) + \mu p_{i1}(t) , \quad i = 0,1,\cdots,N ;$$

$$p'_{ij}(t) = \lambda p_{i,j-1}(t) - (\lambda+j\mu)p_{ij}(t) + (j+1)\mu p_{i,j+1}(t) , \quad i = 0,1,\cdots,N , \quad j = 1,2,\cdots,N-1 ;$$

$$p'_{iN}(t) = \lambda p_{i,N-1}(t) - N\mu p_{iN}(t) , \quad i = 0,1,\cdots,N .$$

习 题 七

7.1 证明：设 $\{X_n\}$ 是二阶矩随机序列，且有 $\lim\limits_{n\to\infty} X_n = X$ ， $\lim\limits_{n\to\infty} X_n = Y$ ，则

$$E[(X_n - Y)(\overline{X_n - Y})] = E(X_n \overline{X}_n - X_n \overline{Y} - Y\overline{X}_n + Y\overline{Y})$$

两边取极限，有

$$0 = E(X\overline{X}) - E(X\overline{Y}) - E(Y\overline{X}) + E(Y\overline{Y}) = E|X-Y|^2$$

则有 $P\{X=Y\}=1$ ，即均方极限是唯一的.

7.2 证明： $\quad E|Y_n - \mu|^2 = E|\dfrac{1}{n}\sum\limits_{k=1}^{n} X_k - \mu|^2 = \dfrac{1}{n^2}E|\sum\limits_{k=1}^{n}(X_k - \mu)|^2$

$$\leqslant \frac{1}{n}E|X_1 - \mu|^2 ,$$

故有

$$\lim_{n\to\infty} E|Y_n - \mu|^2 = \lim_{n\to\infty} \frac{1}{n}E|X_1 - \mu|^2 = 0 .$$

7.3 证明：对于任意的 $(s,t) \in T \times T$ ，由定理 7.2 中的（6），有

$$\lim_{\substack{t_1\to s \\ t_2\to t}} R_X(t_1, t_2) = \lim_{\substack{t_1\to s \\ t_2\to t}} E[X(t_1)\overline{X(t_2)}] = E[X(s)\overline{X(t)}] = R_X(s,t) .$$

7.4 解： $R_X(\tau) = \begin{cases} \sigma^2 e^{-\alpha\tau}, & \tau \geqslant 0 \\ \sigma^2 e^{\alpha\tau}, & \tau < 0 \end{cases}$ 是分段函数，当 $\tau = 0$ 时 $R_X(\tau)$ 是连续的，因此过程 $\{X(t),$ $t\in T\}$ 在任意时刻都是均方连续的. 但是 $R'_X(0)$ 是不存在的，事实上 $R_X(\tau)$ 在 $\tau = 0$ 时的左右导数分别是

$$R'_{X+}(0) = \lim_{\tau\to 0^+} \frac{\sigma^2 e^{-\alpha\tau} - \sigma^2}{\tau} = -\alpha\sigma^2 , \quad R'_{X-}(0) = \lim_{\tau\to 0^-} \frac{\sigma^2 e^{\alpha\tau} - \sigma^2}{\tau} = \alpha\sigma^2 ,$$

因此二阶导数 $R''_X(0)$ 不存在，随机过程 $\{X(t), t\in T\}$ 在任意时刻都是均方不可微的.

7.5 证明：根据定义，只要证明

$$\lim_{h \to 0} E\left[\frac{\sin(A(t+h)) - \sin(At)}{h} - A\cos(At)\right]^2 = 0$$

即可.

$$E\left[\frac{\sin(A(t+h)) - \sin(At)}{h} - A\cos(At)\right]^2$$

$$= E\left[\frac{\sin(At)\cos(Ah) + \cos(At)\sin(Ah) - \sin(At) - Ah\cos(At)}{h}\right]^2$$

$$= E\left[\frac{\sin(At)[\cos(Ah) - 1] + \cos(At)[\sin(Ah) - Ah]}{h}\right]^2$$

$$\leqslant 2E\left[\frac{\sin(At)[\cos(Ah) - 1])}{h}\right]^2 + 2E\left[\frac{\cos(At)[\sin(Ah) - Ah])}{h}\right]^2$$

$$\leqslant 4h^2 E(A^4).$$

最后一个不等式成立，是因为 $\cos(x) \leqslant 1 + x^2$, $\sin(x) \leqslant x + x^2$. 两边取极限，得证.

7.6 证明： $E[X(t)X'(t)]$

$$= E\left[X(t)\lim_{h \to 0}\frac{X(t+h) - X(t)}{h}\right] = \lim_{h \to 0} E\left[X(t)\frac{X(t+h) - X(t)}{h}\right]$$

$$= \lim_{h \to 0}\frac{R_X(h) - R_X(0)}{h} = R_X'(0).$$

对平稳过程，相关函数有 $R_X(\tau)$ 如下性质：对任意的 $\tau \in T$, $R_X(\tau) \leqslant R_X(0)$, 且 $R_X(\tau)$ 是偶函数. 事实上，由施瓦兹不等式

$$R_X(\tau) = E[X(t)X(t+\tau)] \leqslant \sqrt{E[X^2(t)]E[X^2(t+\tau)]} = R_X(0),$$

$R_X(\tau)$ 是偶函数是显然的.

由已知条件知 $R_X(\tau)$ 可导，由于 $R_X(0)$ 是 $R_X(\tau)$ 的最大值点，因此 $R_X'(0) = 0$, 则有

$$E[X(t)X'(t)] = 0.$$

由于过程是平稳的，因此 $X(t)$ 的均值函数 $\mu_X(t)$ 是常量. 由推论 7.3 知，$X'(t)$ 的均值函数

$$E[X'(t)] = \frac{\mathrm{d}\mu_X(t)}{\mathrm{d}t} = 0,$$

因此有

$$E[X(t)]E[X'(t)] = 0.$$

7.7 解：依题意，有 $E[X(t)] = 0$.

$$R_X(s,t) = E[X(s)X(t)] = \begin{cases} E(Y_j^2), & \dfrac{1}{2^j} < s, t \leqslant \dfrac{1}{2^{j-1}}, \quad j = 1, 2, \cdots \\ 0, & \text{其他} \end{cases}$$

$$= \begin{cases} 1, & \dfrac{1}{2^j} < s,t \leqslant \dfrac{1}{2^{j-1}}, \quad j=1,2,\cdots \\ 0, & \text{其他} \end{cases}.$$

因此，有 $\dfrac{\partial}{\partial s}R_X(0,0)=0$，$\dfrac{\partial}{\partial t}R_X(0,0)=0$，$\dfrac{\partial^2}{\partial s\partial t}R_X(0,0)=0$，$\dfrac{\partial^2}{\partial t\partial s}R_X(0,0)=0$，但是 $R_X(s,t)$ 不是广义二次可导的. 事实上，在（0,0）点处，有

$$\lim_{s,t\downarrow 0}\frac{R_X(s,t)-R_X(s,0)-R_X(0,t)+R_X(0,0)}{st}=\lim_{s,t\downarrow 0}\frac{R_X(s,t)}{st},$$

取 $s=t$，则有

$$\lim_{s,t\downarrow 0}\frac{R_X(s,t)-R_X(s,0)-R_X(0,t)+R_X(0,0)}{st}=\lim_{t\downarrow 0}\frac{1}{t^2}=\infty,$$

故 $X(t)$ 不是均方可微的.

7.8　解：$E[X(t)]=D[X(t)]=\lambda t$，故 $E[X^2(t)]=\lambda t+(\lambda t)^2$. 且 $s<t$ 时有

$$E[X(s)X(t)]=E[X^2(s)]+E[X(s)(X(t)-X(s))]$$
$$=\lambda s+(\lambda s)^2+\lambda s\cdot\lambda(t-s)=\lambda s(\lambda t+1).$$

因此有

$$E[Y(t)]=\frac{1}{t}\int_0^t E[X(s)]\mathrm{d}s=\frac{1}{t}\int_0^t \lambda s\mathrm{d}s=\frac{\lambda t}{2},$$

且

$$E[Y^2(t)]=E\left[\frac{1}{t^2}\int_0^t\int_0^t X(s)X(w)\mathrm{d}s\mathrm{d}w\right]$$
$$=\frac{1}{t^2}E\left[\int_0^t\int_0^w X(s)X(w)\mathrm{d}s\mathrm{d}w+\int_0^t\int_w^t X(s)X(w)\mathrm{d}s\mathrm{d}w\right]$$
$$=\frac{1}{t^2}\left[\int_0^t\int_0^w E[X(s)X(w)]\mathrm{d}s\mathrm{d}w+\int_0^t\int_w^t E[X(s)X(w)]\mathrm{d}s\mathrm{d}w\right]$$
$$=\frac{1}{t^2}\left[\int_0^t\int_0^w \lambda s(\lambda w+1)\mathrm{d}s\mathrm{d}w+\int_0^t\int_w^t \lambda w(\lambda s+1)\mathrm{d}s\mathrm{d}w\right]$$
$$=\frac{1}{t^2}\left[\frac{\lambda}{2}\int_0^t w^2(\lambda w+1)\,\mathrm{d}w+\int_0^t \lambda w\left[\frac{\lambda}{2}(t^2-w^2)+(t-w)\right]\mathrm{d}w\right]$$
$$=\frac{\lambda^2 t^2}{4}+\frac{\lambda t}{3},$$

故

$$D[Y(t)]=E[Y^2(t)]-\{E[Y(t)]\}^2=\frac{\lambda t}{3}.$$

7.9　解：$E[W(t)]=0$，$R_W(s,t)=\sigma^2\min\{s,t\}$. 由定理 7.11，有

$$\mu_X(t)=0;$$

如果 $0 \leqslant s \leqslant t$,

$$R_X(s,t) = E[X(s)X(t)] = E\left[\int_0^s e^{\alpha(s-u)} dW(u) \int_0^t e^{\alpha(t-v)} dW(v)\right]$$

$$= \sigma^2 \int_0^s e^{\alpha(s-v)} e^{\alpha(t-v)} dv = \frac{\sigma^2}{2\alpha}(e^{\alpha(s+t)} - e^{\alpha(t-s)}).$$

习 题 八

8.1 解: $M_n = S_n - n\mu$, $E|X_1 - \mu| < \infty$, 则

（1） $E|M_n| = E|S_0 + X_1 + X_2 + \cdots + X_n - n\mu| \leqslant E|S_0| + nE|X_1 - \mu| < \infty$;

（2） $E[M_{n+1} | X_1, \cdots, X_n] = E[S_{n+1} - (n+1)\mu | X_1, \cdots, X_n]$

$$= E[S_n - n\mu + X_{n+1} - \mu | X_1, \cdots, X_n]$$

$$= S_n - n\mu + E[X_{n+1} - \mu | X_1, \cdots, X_n]$$

$$= M_n + E[X_{n+1} - \mu] = M_n,$$

M_n 是关于 X_n 的鞅.

8.2 解: $M_n = [g(t)]^{-n} e^{tS_n}$, $S_n = X_1 + X_2 + \cdots + X_n$, 记 $E(X_1) = \mu$, 则

（1） $E|M_n| = [g(t)]^{-n} E(e^{tS_n}) = [g(t)]^{-n} \prod_{k=1}^n E(e^{tX_k}) = [g(t)]^{-n}[g(t)]^n = 1 < \infty$;

（2） $E[M_{n+1} | X_1, \cdots, X_n] = [g(t)]^{-(n+1)} E[e^{tS_n + tX_{n+1}} | X_1, \cdots, X_n]$

$$= [g(t)]^{-(n+1)} E[e^{tS_n + tX_{n+1}} | X_1, \cdots, X_n] = [g(t)]^{-n-1} e^{tS_n} E[e^{tX_{n+1}} | X_1, \cdots, X_n]$$

$$= [g(t)]^{-n-1} e^{tS_n} E[e^{tX_{n+1}}] = [g(t)]^{-n} e^{tS_n},$$

M_n 是关于 X_n 的鞅.

8.3 解: $M_n = \left(\frac{1-p}{p}\right)^{S_n}$, S_n 的取值空间为

$$I = \{\mu - n, \mu - n + 1, \cdots, \mu + n - 1, \mu + n\},$$

则 $|S_n| \leqslant |\mu| + n$

（1） $E|M_n| = E\left(\frac{1-p}{p}\right)^{S_n} \leqslant \max\left\{1, \left(\frac{1-p}{p}\right)^{|\mu|+n}\right\} < \infty$;

（2） 由 $S_{n+1} = \mu + X_1 + X_2 + \cdots + X_n = S_n + X_{n+1}$ 知

$$E[M_{n+1} | X_1, \cdots, X_n] = E\left[\left(\frac{1-p}{p}\right)^{S_n}\left(\frac{1-p}{p}\right)^{X_{n+1}} \Big| X_1, \cdots, X_n\right]$$

$$= \left(\frac{1-p}{p}\right)^{S_n} E\left[\left(\frac{1-p}{p}\right)^{X_{n+1}} \Big| X_1, \cdots, X_n\right] = \left(\frac{1-p}{p}\right)^{S_n} E\left(\frac{1-p}{p}\right)^{X_{n+1}} = M_n,$$

其中 $E\left(\frac{1-p}{p}\right)^{X_{n+1}} = p \cdot \frac{1-p}{p} + (1-p) \cdot \left(\frac{1-p}{p}\right)^{-1} = 1$, 故 M_n 是关于 X_n 的鞅.

8.4 解：先求 X_n 的分布. X_n 表示第 n 次抽取后坛子中的红球数，则 X_1 的状态空间为 $I = \{1,2\}$，且 $P\{X_1 = 1\} = P\{X_1 = 2\} = \dfrac{1}{2}$. 第 n 次抽取后坛子中的球总数为 $n+2$，X_n 的状态空间为 $I = \{1,2,\cdots,n+1\}$，假设

$$P\{X_n = k\} = \frac{1}{n+1}, \quad k = 1,\cdots,n+1,$$

则第 $n+1$ 次抽取后坛子中的球总数为 $n+3$，X_{n+1} 的状态空间为 $I = \{1,2,\cdots,n+2\}$，

$$P\{X_{n+1} = k\} = \sum_{j=1}^{n+1} P\{X_n = j\} P\{X_{n+1} = k \mid X_n = j\}$$

$$= P\{X_n = k-1\} P\{X_{n+1} = k \mid X_n = k-1\} + P\{X_n = k\} P\{X_{n+1} = k \mid X_n = k\}$$

$$= \frac{1}{n+1} \frac{k-1}{n+2} + \frac{1}{n+1}\left(1 - \frac{k}{n+2}\right) = \frac{1}{n+2}, \quad k = 1,\cdots,n+2,$$

即 X_n 服从离散均匀分布. 故

$$P\left\{M_n = \frac{k}{n+2}\right\} = P\{X_n = k\} = \frac{1}{n+1}, \quad k = 1,\cdots,n+1,$$

即 M_n 的分布是 $I = \left\{\dfrac{1}{n+2}, \dfrac{2}{n+2}, \cdots, \dfrac{n+1}{n+2}\right\}$ 上的离散均匀分布.

8.5 解：第 n 代的个体数 X_n 是非负整数，取值为 $0,1,2,\cdots$，记每个个体生育后代为 $Y_1, Y_2, \cdots$，是独立同分布的随机变量，$EY_1 = \mu$，则 $X_{n+1} = \displaystyle\sum_{k=1}^{X_n} Y_k$. 由 Wald 方程，$EX_{n+1} = \mu EX_n$，对任意 n 成立，故

$$EX_n = \mu EX_{n-1} = \mu^2 EX_{n-2} = \cdots = \mu^n EX_0,$$

且 $\{X_n, n = 0,1,2,\cdots\}$ 是个 Markov 链. $E[X_{n+1} \mid X_n = k] = k\mu$，故 $E[X_{n+1} \mid X_n] = \mu X_n$.

（1）$E|M_n| = \dfrac{EX_n}{\mu^n} = EX_0 < \infty$；

（2）$E[M_{n+1} \mid X_0, X_1, \cdots, X_n] = E\left[\dfrac{X_{n+1}}{\mu^{n+1}} \mid X_n\right] = \dfrac{E[X_{n+1} \mid X_n]}{\mu^{n+1}} = \dfrac{X_n}{\mu^n} = M_n$.

M_n 是关于 X_n 的鞅.

8.6 解：设 N 为此人到达位置 k 的步数，则 N 为停时. 设 X_n 为第 n 步移动的一个位置，向左取值为 -1，向右取值为 1，则 $X_1, X_2, \cdots$ 是独立同分布的随机变量列，且

$$P\{X_n = 1\} = p, \quad P\{X_n = -1\} = 1 - p,$$

且 $EX_n = 1 \cdot p + (-1)(1-p) = 2p - 1$. 又 $\displaystyle\sum_{i=1}^{N} X_i = k$. 由 Wald 方程，$(2p-1)EN = k$，故 $EN = \dfrac{k}{2p-1}$.

8.7 解：$\{X_n, n \geq 1\}$ 是下鞅，则 $E(X_{n+1} \mid X_1, \cdots, X_n) \geq X_n$，由归纳法可证，对任意 $m > n$，$EX_m \geq EX_n$. T 是停时，满足 $P\{T < m\} = 1$，则

$$X_T = X_T I_{\{T \geq m\}} + X_T I_{\{T < m\}},$$

$$EX_T = E[X_T I_{\{T<m\}}] \leq E[X_m I_{\{T<m\}}] = EX_m .$$

又 $P\{T \geq 1\} = 1$，同理可得 $EX_T = E[X_T I_{\{T \geq 1\}}] \geq E[X_1 I_{\{T \geq 1\}}] = EX_1$。

8.8 证明：如果序列 $X_1, X_2, \cdots$ 是一致可积的，则由定义，对 $\varepsilon = 1$ 存在 $\delta > 0$，使得对任意 A，当 $P(A) < \delta$ 时，

$$E(|X_n| I_A) < 1 ,$$

对 $\forall n$ 成立，记 X_n 的分布函数为 $F_n(x)$，则由分布函数的性质 $F_n(-\infty) = 0$ 和 $F_n(+\infty) = 1$ 可知，上面的 δ，存在正常数 C_1，使得 $\forall n$，

$$P\{(-\infty, -C_1]\} = F_n(-C_1) < \delta , \quad P\{[C_1, +\infty)\} = 1 - F_n(C_1 - 0) < \delta ,$$

故

$$E|X_n| = E[|X_n| I_{\{|X_n|<C_1\}}] + E[|X_n| I_{\{|X_n| \geq C_1\}}]$$

$$\leq E[C_1 I_{\{|X_n|<C_1\}}] + E[|X_n| I_{\{X_n \geq C_1\}}] + E[|X_n| I_{\{X_n \leq -C_1\}}]$$

$$< C_1 + 1 + 1 \triangleq C ,$$

故存在常数 $C < +\infty$，使得对所有 n，有 $E(|X_n|) < C$。

习 题 九

9.1 解：（1） $B(1) + B(2) + \cdots + B(n)$ 服从正态分布，故

$$E[B(1) + B(2) + \cdots + B(n)] = E[B(1)] + E[B(2)] + \cdots + E[B(n)] = 0 ,$$

$$\text{Var}[B(1) + B(2) + \cdots + B(n)]$$

$$= \text{Var}[(B(n) - B(n-1)) + 2(B(n-1) - B(n-2)) + \cdots + (n-1)(B(2) - B(1)) + nB(1)]$$

$$= 1 + 4 + \cdots + n^2 = \frac{n(n+1)(2n+1)}{6} ,$$

故 $B(1) + B(2) + B(3) + B(4)$ 服从 $N(0, \frac{n(n+1)(2n+1)}{6})$。

（2）当 $s < t$ 时，$B(s) + B(t) = 2B(s) + B(t) - B(s) \sim N(0, 3s+t)$，当 $s = t$ 时，$B(s) + B(t) = 2B(t) \sim N(0, 4t)$，当 $s > t$ 时，$B(s) + B(t) \sim N(0, 3t+s)$，故

$$B(s) + B(t) \sim N(0, 2\min\{s,t\} + t + s) .$$

（3）对 $0 \leq t_1 \leq t_2 \leq t_3$，

$$E[B(t_1)B(t_2)B(t_3)] = E[B(t_1)][B(t_2) - B(t_1)][B(t_3) - B(t_2)] + E[B^2(t_1)B(t_3)] +$$

$$E[B(t_1)B^2(t_2)] - E[B^2(t_1)B(t_2)] .$$

$$= 0 + EB^2(t_1)[B(t_3) - B(t_1)] + EB^3(t_1) + EB(t_1)[B(t_2) - B(t_1)]^2 + 2EB^2(t_1)B(t_2) - EB^3(t_1) -$$

$$EB^2(t_1)[B(t_2) - B(t_1)] - EB^3(t_1)$$

$$= 0 .$$

9.2 证明：（1）令 $X(t) = \dfrac{1}{\sqrt{\lambda}} B(\lambda t)$ ，则 $X(0) = 0$ ，且当 $t > s$ 时，

$$X(t) - X(s) = \frac{1}{\sqrt{\lambda}} [B(\lambda t) - B(\lambda s)] ,$$

故 $X(t) - X(s)$ 有平稳独立增量，且 $X(t) - X(s) \sim N(0, t - s)$ ，故 $\{X(t), t \geq 0\}$ 是布朗运动.

（2） $X(t) = tB\left(\dfrac{1}{t}\right)$ ，故 $X(0) = 0$ ，且当 $t > s$ 时，

$$X(t) - X(s) = tB\left(\frac{1}{t}\right) - sB\left(\frac{1}{s}\right) = -s\left[B\left(\frac{1}{s}\right) - B\left(\frac{1}{t}\right)\right] + (t - s)B\left(\frac{1}{t}\right) \sim N(0, t - s) ,$$

故 $X(t)$ 有平稳独立增量，且 $X(t) = tB\left(\dfrac{1}{t}\right) \sim N(0, t)$ ，故 $\{X(t), t \geq 0\}$ 是布朗运动.

（3）令 $u = \dfrac{1 - t}{t} = \dfrac{1}{t} - 1$ ，则当 $0 \leq t \leq 1$ 时， $u \geq 0$ ，

$$X(t) = \frac{u}{u + 1} B\left(\frac{1}{u}\right) \triangleq \frac{Z(u)}{u + 1} ,$$

其中 $Z(u) = uB\left(\dfrac{1}{u}\right)$ 是标准布朗运动，故 $X(t)$ 也是布朗运动，均值为 0，方差

$$\mathrm{Var}(X(t)) = t(1 - t) ,$$

且对 $0 \leq s \leq t \leq 1$ 时，协方差

$$C(s, t) = s(1 - t) ,$$

故 $X(t) = (1 - t)B\left(\dfrac{t}{1 - t}\right)$ ， $0 \leq t \leq 1$ 是布朗桥.

9.3 解：（1）$\qquad P\{B(2) > 0 \mid B(1) > 0\} = \dfrac{P\{B(2) > 0, B(1) > 0\}}{P\{B(1) > 0\}}$

$$= 2P\{B(2) - B(1) + B(1) > 0, B(1) > 0\}$$

$$= 2\int_0^{+\infty} P\{B(2) - B(1) > -x\}\varphi(x)\mathrm{d}x = 2\int_0^{+\infty} [1 - \Phi(-x)]\varphi(x)\mathrm{d}x$$

$$= 2\int_0^{+\infty} \Phi(x)\mathrm{d}\Phi(x) = 2\int_{\frac{1}{2}}^{1} y\mathrm{d}y = \frac{3}{4} .$$

（2） $0 < s < t$ 时，给定 $B(t) = a$ ， $B(s)$ 的条件分布密度 $p_{s|t}(x \mid a) = \dfrac{p_{s,t}(x, a)}{p_t(a)}$ ，由于

$$P\{B(s) \leq x, B(t) \leq a\} = P\{B(s) \leq x, B(t) - B(s) + B(s) \leq a\}$$

$$= \int_{-\infty}^{\frac{x}{\sqrt{s}}} P\{B(t) - B(s) \leq a - \sqrt{s}y\}\varphi(y)\mathrm{d}y$$

$$= \int_{-\infty}^{\frac{x}{\sqrt{s}}} \Phi\left(\frac{a - \sqrt{s}y}{\sqrt{t - s}}\right)\varphi(y)\mathrm{d}y ,$$

故

$$p_{s,t}(x,a) = \frac{1}{\sqrt{t-s}} \frac{\mathrm{d}}{\mathrm{d}x} \int_{-\infty}^{\frac{x}{\sqrt{s}}} \varphi\left(\frac{a-\sqrt{s}y}{\sqrt{t-s}}\right)\varphi(y)\mathrm{d}y = \frac{1}{\sqrt{s(t-s)}} \varphi\left(\frac{a-x}{\sqrt{t-s}}\right)\varphi\left(\frac{x}{\sqrt{s}}\right),$$

$p_t(a) = \frac{1}{\sqrt{t}} \varphi\left(\frac{a}{\sqrt{t}}\right)$. 因此

$$p_{s|t}(x \mid a) = \frac{\sqrt{t}}{\sqrt{s(t-s)}} \frac{\varphi\left(\frac{a-x}{\sqrt{t-s}}\right)\varphi\left(\frac{x}{\sqrt{s}}\right)}{\varphi\left(\frac{a}{\sqrt{t}}\right)} = \frac{1}{\sqrt{2\pi \frac{s(t-s)}{t}}} e^{\frac{t(x-\frac{s}{t}a)^2}{2s(t-s)}},$$

即 $B(s) \mid B(t) = a \sim N\left(\frac{s}{t}a, \frac{s(t-s)}{t}\right)$.

（注，这里也可直接用正态分布的性质，求条件期望和方差来确定分布.）

9.4 证明：因为 $\{B_1(t), t \geq 0\}$ 和 $\{B_2(t), t \geq 0\}$ 是两个相互独立的标准布朗运动，$X(t) = B_1(t) - B_2(t)$，则：

（1）$X(0) = B_1(0) - B_2(0) = 0$；

（2）$\{X(t), t \geq 0\}$ 有独立的平稳增量；

（3）$X(t)$ 服从正态分布，且对每个 $t > s > 0$，

$$E[X(t) - X(s)] = E[B_1(t) - B_2(t) - B_1(s) + B_2(s)] = 0,$$

$$\mathrm{Var}[X(t) - X(s)] = E[B_1(t) - B_2(t) - (B_1(s) - B_2(s))]^2$$
$$= E[B_1(t) - B_1(s)]^2 + E[B_2(t) - B_2(s)]^2 = 2(t-s),$$

$X(t) - X(s) \sim N(0, 2(t-s))$，因此 $\{X(t), t \geq 0\}$ 是布朗运动.

9.5 解：$p_{T_x}(u) = \begin{cases} \frac{|x|}{\sqrt{2\pi}} u^{-\frac{3}{2}} e^{-\frac{x^2}{2u}}, & u > 0 \\ 0, & u \leq 0 \end{cases}$，故当 $x > 0$ 时，

$$P\{T_x \leq t\} = \frac{x}{\sqrt{2\pi}} \int_0^t u^{-\frac{3}{2}} e^{-\frac{x^2}{2u}}\mathrm{d}u = -\frac{2}{\sqrt{2\pi t}} \int_0^t e^{-\frac{x^2}{2u}}\mathrm{d}\left(\frac{\sqrt{t}x}{\sqrt{u}}\right)$$

$$= \frac{2}{\sqrt{2\pi t}} \int_x^\infty e^{-\frac{z^2}{2t}}\mathrm{d}z = \frac{2}{\sqrt{2\pi}} \int_{x/\sqrt{t}}^\infty e^{-y^2/2}\mathrm{d}y$$

$$ET_x = \int_0^\infty P\{T_x > t\}\mathrm{d}t = \frac{2}{\sqrt{2\pi}} \int_0^\infty \int_0^{x/\sqrt{t}} e^{-y^2/2}\mathrm{d}y\mathrm{d}t = \frac{2}{\sqrt{2\pi}} \int_0^\infty e^{-y^2/2}\mathrm{d}y \int_0^{x^2/y^2}\mathrm{d}t$$

$$= \frac{2}{\sqrt{2\pi}} \int_0^\infty e^{-y^2/2}\mathrm{d}y \int_0^{x^2/y^2}\mathrm{d}t = \frac{2x^2}{\sqrt{2\pi}} \int_0^\infty \frac{1}{y^2} e^{-y^2/2}\mathrm{d}y \geq \frac{2x^2 e^{-1/2}}{\sqrt{2\pi}} \int_0^1 \frac{1}{y^2}\mathrm{d}y = \infty.$$

同理，当 $\{B(t), t \geq 0\}$ 时，$\{B(t), t \geq 0\}$.

9.6 证明：$\{B(t), t \geq 0\}$ 是标准布朗运动.

（1）$M(t) = \max_{0 \leq s \leq t} B(s)$，则当 $x > 0$ 时，

$$P\{M(t) \geqslant x\} = \frac{2}{\sqrt{2\pi}} \int_{\frac{x}{\sqrt{t}}}^{+\infty} \mathrm{e}^{-y^2/2} \mathrm{d}y ,$$

故 $M(t)$ 的分布密度为

$$p_{M(t)}(x) = \frac{2}{\sqrt{2\pi t}} \mathrm{e}^{\frac{x^2}{2t}} .$$

（2）当 $x>0$ 时，由密度变换公式，$|B(t)|$ 的分布密度为

$$p_{|B(t)|}(x) = \frac{1}{\sqrt{2\pi t}} \mathrm{e}^{\frac{x^2}{2t}} + \frac{1}{\sqrt{2\pi t}} \mathrm{e}^{\frac{(-x)^2}{2t}} = \frac{2}{\sqrt{2\pi t}} \mathrm{e}^{\frac{x^2}{2t}} .$$

（3）当 $x>0$ 时，由于

$$P\{M(t) - B(t) \geqslant x\} = P\{\max_{0 \leqslant s \leqslant t} B(s) - B(t) \geqslant x\}$$

$$= P\{\max_{0 \leqslant s \leqslant t} B(t-s) \geqslant x\} = P\{M(t) \geqslant x\} ,$$

其中第二个等式成立，是因为 $B(s) - B(t)$ 与 $B(t-s)$ 同分布，因此 $M(t) - B(t)$ 与 $M(t)$ 具有相同的分布.

9.7 解：$m(t) = \min_{0 \leqslant s \leqslant t} B(s)$，则当 $x<0$，有

$$P\{m(t) \leqslant x\} = P\{\min_{0 \leqslant s \leqslant t} B(s) \leqslant x\} = P\{T_x \leqslant t\} = \frac{2}{\sqrt{2\pi}} \int_{-x/\sqrt{t}}^{\infty} \mathrm{e}^{-y^2/2} \mathrm{d}y .$$

9.8 解：$X(t) = \int_0^t B(s)\mathrm{d}s, t \geqslant 0$，则当 $s \leqslant t$ 时，

$$\mathrm{Cov}(X(s), X(t)) = E[X(s)X(t)] = E\left[\int_0^s \int_0^t B(w)B(u)\mathrm{d}w\mathrm{d}u\right]$$

$$= \int_0^s \int_0^t E[B(w)B(u)]\mathrm{d}w\mathrm{d}u = \int_0^s \int_0^t \min(w,u)\mathrm{d}w\mathrm{d}u$$

$$= \int_0^s \int_0^s \min(w,u)\mathrm{d}w\mathrm{d}u + \int_0^s \int_s^t w\mathrm{d}w\mathrm{d}u$$

$$= 2\int_0^s \mathrm{d}u \int_0^u w\mathrm{d}w + s\frac{t^2 - s^2}{2}$$

$$= \frac{1}{3}s^3 + \frac{1}{2}st^2 - \frac{1}{2}s^3 = s^2\left(\frac{t}{2} - \frac{s}{6}\right) .$$

9.9 解：$\{X(t), t \geqslant 0\}$ 为漂移参数为 μ 和 σ^2 的布朗运动，则

（1）当 $s<t$ 时，$(X(s), X(t))$ 仍服从联合正态分布，均值函数和协方差阵别为 $\boldsymbol{\mu}' = (\mu s, \mu t)$ 和 $\boldsymbol{\Sigma} = \begin{pmatrix} s\sigma^2 & s\sigma^2 \\ s\sigma^2 & t\sigma^2 \end{pmatrix}$，因此联合密度为

$$p(\boldsymbol{x}) = \frac{1}{2\pi |\boldsymbol{\Sigma}|^{1/2}} \exp\left\{-\frac{1}{2}(\boldsymbol{x} - \boldsymbol{\mu})^{\mathrm{T}} \boldsymbol{\Sigma}^{-1}(\boldsymbol{x} - \boldsymbol{\mu})\right\}$$

$$= \frac{1}{2\pi\sigma^2\sqrt{s(t-s)}}\exp\left\{-\frac{1}{2\sigma^2(t-s)}\left[\frac{t}{s}(x_s-\mu s)^2 - 2(x_s-\mu s)(x_t-\mu t) + (x_t-\mu t)^2\right]\right\},$$

其中 $\boldsymbol{x}' = (x_s, x_t)$.

（2）给定 $X(s) = c, \ s < t$ 时, $X(t)$ 的条件密度为

$$p_{t|s}(x_t|c) = \frac{p(x_t, c)}{p_{X(s)}(c)} = \frac{1}{2\pi\sigma\sqrt{t-s}}\exp\left\{-\frac{(x_t-c-\mu(t-s))^2}{2\sigma^2(t-s)}\right\},$$

即 $X(t)\,|\,X(s) = c \sim N(c+\mu(t-s), \sigma^2(t-s))$.

习 题 十

10.1   解： Θ 的概率密度函数为

$$p(\theta) = \begin{cases} \dfrac{1}{2\pi}, & 0 < \theta < 2\pi \\ 0, & \text{其他} \end{cases}.$$

故均值函数

$$\mu_X(t) = E[X(t)] = \int_0^{2\pi}\cos(\omega t + \theta)\frac{1}{2\pi}\mathrm{d}\theta = \frac{1}{2\pi}\sin(\omega t + \theta)\Big|_0^{2\pi} = 0 ;$$

相关函数

$$\begin{aligned} R_X(s,t) &= E[X(s)X(t)] = E[\cos(\omega s + \Theta)\cos(\omega t + \Theta)] \\ &= \frac{1}{2}E[\cos(\omega(s+t) + 2\Theta) + \cos(\omega(s-t))] \\ &= \frac{1}{2}\int_0^{2\pi}\cos(\omega(s+t) + 2\theta)\frac{1}{2\pi}\mathrm{d}\theta + \frac{1}{2}\cos(\omega(s-t)) \\ &= \frac{1}{2}\cos(\omega(s-t)) . \end{aligned}$$

$X(t)$ 是平稳过程.

10.2   解： Θ 的概率密度函数为

$$p_\Theta(\theta) = \begin{cases} \dfrac{1}{2\pi}, & 0 < \theta < 2\pi \\ 0, & \text{其他} \end{cases}.$$

均值函数

$$\mu_X(t) = E[X(t)] = E(A)E[\cos(\omega t + \Theta)] ,$$

其中

$$E(A) = \int_0^\infty \frac{a^2}{\sigma^2}\exp\left\{-\frac{a^2}{2\sigma^2}\right\}\mathrm{d}a = \sigma\int_0^\infty x^2\exp\left\{-\frac{x^2}{2}\right\}\mathrm{d}x \qquad （换元）$$

$$= \frac{\sqrt{2\pi}\sigma}{2} \int_{-\infty}^{\infty} \frac{x^2}{\sqrt{2\pi}} \exp\left\{-\frac{x^2}{2}\right\} \mathrm{d}x = \sqrt{\frac{\pi}{2}}\sigma, \qquad (N(0,1)\text{的方差})$$

$$E[\cos(\omega t + \Theta)] = \int_0^{2\pi} \cos(\omega t + \theta) \frac{1}{2\pi} \mathrm{d}\theta = \frac{1}{2\pi} \sin(\omega t + \theta)\Big|_0^{2\pi} = 0,$$

因此 $\mu_X(t) = 0$.

相关函数

$$R_X(s,t) = E[X(s)X(t)] = E(A^2)E[\cos(\omega s + \Theta)\cos(\omega t + \Theta)],$$

其中

$$E(A^2) = \int_0^{\infty} \frac{a^3}{\sigma^2} \exp\left\{-\frac{a^2}{2\sigma^2}\right\} \mathrm{d}a = \sigma^2 \int_0^{\infty} x^3 \exp\left\{-\frac{x^2}{2}\right\} \mathrm{d}x \qquad (\text{换元})$$

$$= \sigma^2 \left[-x^2 \exp\left\{-\frac{x^2}{2}\right\}\Big|_0^{\infty} + 2\int_0^{\infty} x \exp\left\{-\frac{x^2}{2}\right\} \mathrm{d}x\right]$$

$$= -2\sigma^2 \exp\left\{-\frac{x^2}{2}\right\}\Big|_0^{\infty} = 2\sigma^2,$$

$$E[\cos(\omega s + \Theta)\cos(\omega t + \Theta)] = \frac{1}{2} E[\cos(\omega(s+t) + 2\Theta) + \cos(\omega(s-t))]$$

$$= \frac{1}{2} \int_0^{2\pi} \cos(\omega(s+t) + 2\theta) \frac{1}{2\pi} \mathrm{d}\theta + \frac{1}{2}\cos(\omega(s-t))$$

$$= \frac{1}{2}\cos(\omega(s-t)).$$

故

$$R_X(s,t) = E(A^2)E[\cos(\omega s + \Theta)\cos(\omega t + \Theta)] = \sigma^2 \cos(\omega(s-t))$$

只与时间间隔 $s-t$ 有关. $X(t)$ 是平稳过程.

10.3 证明：对于随机序列 $\{X(t), t = 1, 2, \cdots\}$，均值函数

$$E[X(t)] = E[\sin(Ut)] = \frac{1}{2\pi} \int_0^{2\pi} \sin(ut) \mathrm{d}u = 0,$$

相关函数

$$R_X(s,t) = E[X(s)X(t)] = E[\sin(Us)\sin(Ut)]$$

$$= \frac{1}{2} E[\cos(U(s-t)) - \cos(U(s+t)]$$

$$= \frac{1}{4\pi} \int_0^{2\pi} [\cos(u(s-t)) - \cos(u(s+t))] \mathrm{d}u$$

$$= \begin{cases} \dfrac{1}{2}, & t = s \\ 0, & t \neq s \end{cases}, \quad s, t = 1, 2, \cdots$$

只与时间间隔 $s-t$ 有关，故随机序列 $\{X(t), t = 1, 2, \cdots\}$ 是平稳序列.

对于随机过程 $\{X(t), t \geq 0\}$，由于均值函数

$$E[X(t)] = E[\sin(Ut)] = \frac{1}{2\pi} \int_0^{2\pi} \sin(ut) \mathrm{d}u$$

$$= \begin{cases} \dfrac{1-\cos(2\pi t)}{2\pi t}, & t \neq 0 \\ 0, & t = 0 \end{cases}$$

与时间 t 有关，故 $\{X(t), t \geq 0\}$ 不是平稳过程.

10.4 解：设 $X(t)$ 和 $Y(t)$ 的均值函数分别为 μ_X 和 μ_Y，相关函数分别为 $R_X(\tau)$ 和 $R_Y(\tau)$，$X(t)$ 和 $Y(t)$ 相互独立，$Z(t)$ 的均值函数

$$E[Z(t)] = E[X(t)]E[Y(t)] = \mu_X \mu_Y,$$

相关函数

$$R_Z(t, t-\tau) = E[Z(t)\overline{Z(t-\tau)}] = E[X(t)\overline{X(t-\tau)}]E[Y(t)\overline{Y(t-\tau)}] = R_X(\tau)R_Y(\tau),$$

$Z(t)$ 的均值函数和相关函数均与 t 无关，$Z(t)$ 为平稳过程.

10.5 解：φ 的概率密度函数为

$$p(\varphi) = \begin{cases} \dfrac{1}{\pi}, & 0 < \varphi < \pi \\ 0, & \text{其他} \end{cases}.$$

$$R_{XY}(\tau) = E[X(t)Y(t-\tau)] = E[ab\cos(\omega t + \varphi)\sin(\omega(t-\tau) + \varphi)]$$

$$= \frac{ab}{2} E[\sin(2\omega t - \omega\tau + 2\varphi) - \sin(\omega\tau)]$$

$$= \frac{ab}{2} \left[\int_0^\pi \frac{1}{\pi} \sin(2\omega t - \omega\tau + 2\varphi) \mathrm{d}\varphi - \sin(\omega\tau) \right]$$

$$= -\frac{1}{2} ab\sin(\omega\tau)$$

同理可得

$$R_{YX}(\tau) = E[Y(t)X(t-\tau)] = E[ab\sin(\omega t + \varphi)\cos(\omega(t-\tau) + \varphi)]$$

$$= \frac{ab}{2} E[\sin(2\omega t - \omega\tau + 2\varphi) + \sin(\omega\tau)]$$

$$= \frac{1}{2} ab\sin(\omega\tau)$$

10.6 证明：（1）设 φ 的概率密度函数是 $p_\varphi(x)$，则 $p_\varphi(-x) = p_\varphi(x)$. 而 Θ 的概率密度函数为

$$p_\Theta(\theta) = \begin{cases} \dfrac{1}{2\pi}, & -\pi \leq \theta \leq \pi \\ 0, & \text{其他} \end{cases}.$$

故由

$$X(t) = A\sin(2\pi\varphi t + \Theta) = A[\sin(2\pi\varphi t)\cos(\Theta) + \cos(2\pi\varphi t)\sin(\Theta)]$$

及 φ、Θ 的独立性知

$$E[X(t)] = AE[\sin(2\pi\varphi t)]E[\cos(\Theta)] + AE[\cos(2\pi\varphi t)]E[\sin(\Theta)] ,$$

由于

$$E[\cos(\Theta)] = \int_{-\pi}^{\pi} \cos(\theta)\frac{1}{2\pi}\mathrm{d}\theta = \frac{1}{2\pi}\sin(\theta)\Big|_{-\pi}^{\pi} = 0 ,$$

同理 $E[\sin(\Theta)] = 0$，因此 $E[X(t)] = 0$.

$$R_X(s,t) = E[X(s)X(t)] = E[A^2 \sin(2\pi\varphi s + \Theta)\sin(2\pi\varphi t + \Theta)]$$

$$= \frac{A^2}{2}E[\cos(2\pi\varphi(s-t)) - \cos(2\pi\varphi(s+t) + 2\Theta)]$$

$$= \frac{A^2}{2}\{E[\cos(2\pi\varphi(s-t))] - E[\cos(2\pi\varphi(s+t) + 2\Theta)]\} ,$$

其中

$$E[\cos(2\pi\varphi(s-t))] = \int_{-\infty}^{\infty} \cos(2\pi(s-t)x)p_\varphi(x)\mathrm{d}x$$

$$= 2\int_{0}^{\infty} \cos(2\pi(s-t)x)p_\varphi(x)\mathrm{d}x ,$$

$$E[\cos(2\pi\varphi(s+t) + 2\Theta)] = \frac{1}{2\pi}\int_{-\infty}^{\infty}\left[\int_{-\pi}^{\pi}\cos(2\pi(s+t)x + 2y)\mathrm{d}y\right]p_\varphi(x)\mathrm{d}x$$

$$= \frac{1}{2\pi}\int_{-\infty}^{\infty}\left[\frac{1}{2}\sin(2\pi(s+t)x + 2y)\right]_{-\pi}^{\pi}p_\varphi(x)\mathrm{d}x = 0 ,$$

因此

$$R_X(s,t) = A^2\int_{0}^{\infty}\cos(2\pi(s-t)x)p_\varphi(x)\mathrm{d}x = R_X(s-t)$$

只与时间间隔 $s-t$ 有关. $X(t)$ 是平稳过程.

（2）$X(t)$ 的相关函数 $R_X(\tau) = A^2\int_{0}^{\infty}\cos(2\pi\tau x)p_\varphi(x)\mathrm{d}x$ 在 $\tau = 0$ 时连续，因此 $X(t)$ 是均方连续的. $X(t)$ 的时间均值

$$\langle X(t)\rangle = \lim_{T\to\infty}\frac{1}{2T}\int_{-T}^{T} A\sin(2\pi\varphi t + \Theta)\,\mathrm{d}t = \lim_{T\to\infty}\frac{1}{2T}\left[\frac{A}{2\pi\varphi}\sin(2\pi\varphi t + \Theta)\right]_{-T}^{T} = 0 ,$$

故有 $\langle X(t)\rangle = EX(t)$ 以概率 1 成立，$X(t)$ 均值是各态历经的.

10.7 解：（1）Θ 的概率密度函数为

$$p(\theta) = \begin{cases} \dfrac{1}{2\pi}, & 0 < \theta < 2\pi \\ 0, & 其他 \end{cases} .$$

均值函数

$$E[X(t)] = \int_0^{2\pi} \frac{1}{2\pi} a\cos(\omega t + \theta)\mathrm{d}\theta = 0 \ ,$$

时间均值

$$\langle X(t) \rangle = \lim_{T \to \infty} \frac{1}{2T} \int_{-T}^{T} a\cos(\omega t + \Theta)\mathrm{d}t = \lim_{T \to \infty} \frac{1}{2T} \left[\frac{a}{\omega} \sin(\omega t + \Theta) \right]_{-T}^{T}$$

$$= \lim_{T \to \infty} \frac{1}{2T} \frac{a}{\omega} [\sin(\omega T + \Theta) - \sin(-\omega T + \Theta)] = 0 \ ,$$

故有 $\langle X(t) \rangle = E[X(t)]$ 以概率 1 成立，$X(t)$ 均值是各态历经的.

（2）相关函数

$$R_X(t, t - \tau) = E[X(t)X(t - \tau)]$$

$$= E[a^2 \cos(\omega t + \Theta)\cos(\omega(t - \tau) + \Theta)]$$

$$= \frac{a^2}{2} E[\cos(2\omega t - \omega\tau + 2\Theta) + \cos(\omega\tau)]$$

$$= \frac{a^2}{2} \int_0^{2\pi} \frac{1}{2\pi} \cos(2\omega t - \omega\tau + 2\theta)\mathrm{d}\theta + \frac{a^2}{2}\cos(\omega\tau)$$

$$= \frac{a^2}{2} \frac{1}{2\pi} \frac{1}{2} [\sin(2\omega t - \omega\tau + 2\theta)]_0^{2\pi} + \frac{a^2}{2}\cos(\omega\tau)$$

$$= \frac{a^2}{2}\cos(\omega\tau) = R_X(\tau)$$

时间相关函数

$$\langle X(t)X(t - \tau) \rangle = \lim_{T \to \infty} \frac{1}{2T} \int_{-T}^{T} a^2 \cos(\omega t + \Theta)\cos(\omega(t - \tau) + \Theta)\mathrm{d}t$$

$$= \lim_{T \to \infty} \frac{a^2}{2T} \frac{1}{2} \int_{-T}^{T} [\cos(2\omega t - \omega\tau + 2\Theta) + \cos(\omega\tau)]\mathrm{d}t$$

$$= \lim_{T \to \infty} \frac{a^2}{4T} \left[\frac{1}{2\omega} \sin(2\omega t - \omega\tau + 2\Theta) \right]_{-T}^{T} + \frac{a^2}{2}\cos(\omega\tau)$$

$$= \frac{a^2}{2}\cos(\omega\tau) \ , \quad a.s.$$

$\langle X(t)X(t - \tau) \rangle = R_X(\tau)$ 以概率 1 成立，故 $X(t)$ 的相关函数具有各态历经性.

由于 $X(t)$ 均值与相关函数都是各态历经的，因此 $X(t)$ 也是各态历经的.

（3）$Y(t)$ 的均值函数

$$E[Y(t)] = E[X^2(t)] = E[a^2 \cos^2(\omega t + \Theta)] = E\left\{ \frac{a^2}{2}[1 + \cos(2\omega t + 2\Theta)] \right\}$$

$$= \frac{a^2}{2} + \frac{a^2}{2} E[\cos(2\omega t + 2\Theta)] = \frac{a^2}{2} + \frac{a^2}{4\pi} \int_0^{2\pi} \cos(2\omega t + 2\theta)\mathrm{d}\theta = \frac{a^2}{2} \ ,$$

时间相关函数

$$\langle Y(t)\rangle = \lim_{T\to\infty}\frac{1}{2T}\int_{-T}^{T}\left[\frac{a^2}{2}\big(1+\cos(2\omega t+2\theta)\big)\right]\mathrm{d}t = \frac{a^2}{2},$$

故有 $\langle Y(t)\rangle = E[Y(t)]$ 以概率 1 成立，$Y(t)$ 均值是各态历经的.

10.8　解：（1）$E(A)=E(B)=0$，$D(A)=D(B)=\sigma^2$. A 与 B 的取值均为 $E[X(t)]=E\big[A\sin(\lambda t)+B\cos(\lambda t)\big]=E(A)\cdot\sin(\lambda t)+E(B)\cdot\cos(\lambda t)=0$，均值函数

$$E[X(t)]=E\big[A\sin(\lambda t)+B\cos(\lambda t)\big]=E(A)\cdot\sin(\lambda t)+E(B)\cdot\cos(\lambda t)=0,$$

时间均值

$$\langle X(t)\rangle = \lim_{T\to\infty}\frac{1}{2T}\int_{-T}^{T}\big[A\sin(\lambda t)+B\cos(\lambda t)\big]\mathrm{d}t$$

$$= \lim_{T\to\infty}\frac{1}{2T}\int_{-T}^{T}B\cos(\lambda t)\mathrm{d}t = \lim_{T\to\infty}\frac{1}{2T}\left[\frac{B}{\lambda}\sin(\lambda t)\right]_{-T}^{T}$$

$$= \lim_{T\to\infty}\frac{1}{2T}\frac{2a}{\lambda}\sin(\pi T) = 0,$$

故有 $\langle X(t)\rangle = EX(t)$ 以概率 1 成立，$X(t)$ 的均值是各态历经的.

（2）相关函数

$$R_X(t,t-\tau) = E[X(t)X(t-\tau)]$$

$$= E\big[A\sin(\lambda t)+B\cos(\lambda t)\big]\big[A\sin(\lambda t-\lambda\tau)+B\cos(\lambda t-\lambda\tau)\big]$$

$$= E[A^2\sin(\lambda t)\sin(\lambda t-\lambda\tau)+AB\sin(\lambda t)\cos(\lambda t-\lambda\tau)+$$

$$AB\cos(\lambda t)\sin(\lambda t-\lambda\tau)+B^2\cos(\lambda t)\cos(\lambda t-\lambda\tau)]$$

$$= E(A^2)\cdot\sin(\lambda t)\sin(\lambda t-\lambda\tau)+E(A)E(B)\cdot\sin(\lambda t)\cos(\lambda t-\lambda\tau)+$$

$$E(A)E(B)\cdot\cos(\lambda t)\sin(\lambda t-\lambda\tau)+E(B^2)\cdot\cos(\lambda t)\cos(\lambda t-\lambda\tau)$$

$$= \sigma^2\sin(\lambda t)\sin(\lambda t-\lambda\tau)+\sigma^2\cos(\lambda t)\cos(\lambda t-\lambda\tau)$$

$$= \sigma^2\cos(\lambda\tau) = R_X(\tau),$$

时间相关函数

$$<X(t)\overline{X(t-\tau)}> = \lim_{T\to\infty}\frac{1}{2T}\int_{-T}^{T}\big[A\sin(\lambda t)+B\cos(\lambda t)\big]\big[A\sin(\lambda t-\lambda\tau)+B\cos(\lambda t-\lambda\tau)\big]\mathrm{d}t$$

$$= \lim_{T\to\infty}\frac{1}{2T}\int_{-T}^{T}\big[A^2\sin(\lambda t)\sin(\lambda t-\lambda\tau)+AB\sin(\lambda t)\cos(\lambda t-\lambda\tau)+$$

$$AB\cos(\lambda t)\sin(\lambda t-\lambda\tau)+B^2\cos(\lambda t)\cos(\lambda t-\lambda\tau)\big]\mathrm{d}t$$

$$= \lim_{T\to\infty}\frac{1}{2T}\int_{-T}^{T}\left[-\frac{A^2}{2}\big[\cos(2\lambda t-\lambda\tau)-\cos(\lambda\tau)\big]+\frac{AB}{2}\big[\sin(2\lambda t-\lambda\tau)+\sin(\lambda\tau)\big]\right.$$

$$\left.+\frac{AB}{2}\big[\sin(2\lambda t-\lambda\tau)-\sin(\lambda\tau)\big]+\frac{B^2}{2}\big[\cos(2\lambda t-\lambda\tau)+\cos(\lambda\tau)\big]\right]\mathrm{d}t$$

$$= \lim_{T \to \infty} \frac{1}{2T} \int_{-T}^{T} \left[-\frac{A^2}{2} \left[\cos(2\lambda t - \lambda\tau) - \cos(\lambda\tau) \right] + \frac{B^2}{2} \left[\cos(2\lambda t - \lambda\tau) + \cos(\lambda\tau) \right] \right] dt$$

$$= \frac{A^2}{2} \cos(\lambda\tau) + \frac{B^2}{2} \cos(\lambda\tau) + \lim_{T \to \infty} \frac{1}{T} \left[-\frac{A^2}{4\lambda} \sin(2\lambda t - \lambda\tau) + \frac{B^2}{4\lambda} \sin(2\lambda t - \lambda\tau) \right]_0^T$$

$$= \frac{1}{2}(A^2 + B^2) \cos(\lambda\tau) +$$

$$\lim_{T \to \infty} \frac{1}{4\pi T} \left[-A^2 \left[\sin(2\lambda T - \lambda\tau) + \sin(\lambda\tau) \right] + B^2 \left[\sin(2\lambda T - \lambda\tau) + \sin(\lambda\tau) \right] \right]$$

$$= \frac{1}{2}(A^2 + B^2) \cos(\lambda\tau) ,$$

$<X(t)\overline{X(t-\tau)}>$ 与 A、B 有关，是非退化随机变量，故 $X(t)$ 的相关函数不具有各态历经性，从而 $X(t)$ 不具有各态历经性.

（3）记

$$Y(t) = X^2(t) = A^2 \sin^2(\lambda t) + B^2 \cos^2(\lambda t) + AB \sin(2\lambda t) .$$

依题意，$A = -\sqrt{2}\sigma \sin(\Phi)$，$B = \sqrt{2}\sigma \cos(\Phi)$，$\Phi$ 在 $(0, 2\pi)$ 上服从均匀分布，有

$$E(A^2) = 2\sigma^2 E[\sin^2(\Phi)] = \sigma^2 ,$$

$$E(B^2) = 2\sigma^2 E[\cos^2(\Phi)] = \sigma^2 ,$$

$$E(AB) = -2\sigma^2 E[\sin(\Phi)\cos(\Phi)] = 0 ,$$

故 $E[Y(t)] = \sigma^2 \sin^2(\lambda t) + \sigma^2 \cos^2(\lambda t) = \sigma^2$，时间均值

$$\langle Y(t) \rangle = \lim_{T \to \infty} \frac{1}{2T} \int_{-T}^{T} \left[A^2 \sin^2(\lambda t) + B^2 \cos^2(\lambda t) + AB \sin(2\lambda t) \right] dt$$

$$= \lim_{T \to \infty} \frac{1}{2T} \int_{-T}^{T} \left[A^2 \frac{1 - \sin(\lambda t)}{2} + B^2 \frac{1 + \cos(\lambda t)}{2} + AB \sin(2\lambda t) \right] dt$$

$$= \frac{A^2 + B^2}{2}$$

与 A、B 有关，是非退化随机变量，故 $Y(t)$ 的均值不具有各态历经性.

10.9　解：为方便起见，规定当 $n \leqslant 0$ 或 $n > k$ 时，$a_n = 0$. 由式（10.30）及相关函数是偶函数，有

$$S_X(\omega) = \sum_{n=-\infty}^{\infty} \mathrm{e}^{-\mathrm{i}n\omega} R_X(n) = \sigma^2 \sum_{n=-\infty}^{\infty} \mathrm{e}^{-\mathrm{i}n\omega} \sum_{r=1}^{k-n} a_r a_{n+r} = \sigma^2 \sum_{n=-\infty}^{\infty} \mathrm{e}^{-\mathrm{i}n\omega} \sum_{r=1}^{k} a_r a_{n+r}$$

$$= \sigma^2 \sum_{r=1}^{k} \sum_{n=-(k-r)}^{k-r} \mathrm{e}^{\mathrm{i}n\omega} a_r a_{n+r} = \sigma^2 \sum_{r=1}^{k} \sum_{m=-k}^{k} \mathrm{e}^{\mathrm{i}(m-r)\omega} a_r a_m \qquad （交换求和次序，换元）$$

$$= \sigma^2 \sum_{r=1}^{k} \sum_{m=1}^{k} \mathrm{e}^{\mathrm{i}(m-r)\omega} a_r a_m = \sigma^2 \sum_{r=1}^{k} a_r \overline{\mathrm{e}^{\mathrm{i}r\omega}} \sum_{m=1}^{k} a_m \mathrm{e}^{\mathrm{i}m\omega} = \sigma^2 \left| \sum_{r=1}^{k} a_r \mathrm{e}^{\mathrm{i}r\omega} \right|^2 .$$

10.10　解： 由维纳-辛钦定理，

$$R_X(\tau) = \frac{1}{2\pi} \int_{-\infty}^{\infty} \frac{\omega^2}{\omega^4 + 3\omega^2 + 2} e^{i\omega\tau} d\omega = \frac{1}{2\pi} \int_{-\infty}^{\infty} \frac{\omega^2}{(\omega^2+1)(\omega^2+2)} e^{i\omega\tau} d\omega,$$

当 $\tau > 0$ 时，$\dfrac{z^2}{(z^2+1)(z^2+2)}$ 在上半复平面上有两个极点 $z = i$，$z = \sqrt{2}\,i$，应用留数定理可得

$$R_X(\tau) = \frac{1}{2\pi} \cdot 2\pi i \cdot \left\{ \frac{z^2}{(z^2+1)(z^2+2)} e^{irz} 在 z = i, \sqrt{2}i 处的留数之和 \right\}$$

$$= i \cdot \left\{ \frac{i^2}{(i+i)(i^2+2)} e^{-\tau} + \frac{(\sqrt{2}i)^2}{((\sqrt{2}i)^2+1)(\sqrt{2}i+\sqrt{2}i)} e^{-\sqrt{2}\tau} \right\}$$

$$= i \cdot \left\{ -\frac{1}{2i} e^{-\tau} + \frac{1}{\sqrt{2}i} e^{-\sqrt{2}\tau} \right\} = \frac{1}{2}(\sqrt{2} e^{-\sqrt{2}\tau} - e^{-\tau}),$$

同理可得当 $\tau < 0$ 时，$R_X(\tau) = \dfrac{1}{2}(\sqrt{2} e^{\sqrt{2}\tau} - e^{\tau})$，故对任意的 τ，有

$$R_X(\tau) = \frac{1}{2}(\sqrt{2} e^{-\sqrt{2}|\tau|} - e^{-|\tau|}).$$

平均功率为 $R_X(0) = \dfrac{1}{2}(\sqrt{2} - 1)$.

10.11　解：

$$S_X(\omega) = \int_{-\infty}^{\infty} R_X(\tau) e^{-i\omega\tau} d\tau = \int_{-\infty}^{\infty} e^{-a|\tau| - i\omega\tau} d\tau = \int_{0}^{\infty} e^{-a\tau - i\omega\tau} d\tau + \int_{-\infty}^{0} e^{a\tau - i\omega\tau} d\tau$$

$$= -\frac{1}{a+i\omega} e^{-(a+i\omega)\tau} \Big|_{0}^{\infty} + \frac{1}{a-i\omega} e^{(a-i\omega)\tau} \Big|_{-\infty}^{0} = \frac{1}{a+i\omega} + \frac{1}{a-i\omega}$$

$$= \frac{2a}{a^2 + \omega^2}.$$

10.12　解： $S_X(\omega) = 2 \displaystyle\int_{0}^{\infty} R_X(\tau) \cos(\omega\tau) d\tau = 2\sigma^2 \int_{0}^{\tau_0} \left(1 - \frac{\tau}{\tau_0}\right) \cos(\omega\tau) d\tau$

$$= \frac{2\sigma^2}{\omega} \left[\left(1 - \frac{\tau}{\tau_0}\right) \sin(\omega\tau) - \frac{1}{\tau_0\omega} \cos(\omega\tau) \right]_{0}^{\tau_0} = \frac{2\sigma^2}{\tau_0\omega^2}(1 - \cos(\omega\tau_0)).$$

10.13　证明： 由例 10.5 知，$Y(t)$ 是平稳过程，且

$$R_Y(\tau) = 2R_X(\tau) + R_X(\tau - T) + R_X(\tau + T).$$

由维纳-辛钦公式，有

$$S_Y(\omega) = \int_{-\infty}^{\infty} [2R_X(\tau) + R_X(\tau - T) + R_X(\tau + T)] e^{-i\omega\tau} d\tau$$

$$= \int_{-\infty}^{\infty} [2R_X(\tau) e^{-i\omega\tau} + R_X(\tau - T) e^{-i\omega[(\tau-T)+T]} + R_X(\tau + T) e^{-i\omega[(\tau+T)-T]}] d\tau$$

$$= 2S_X(\omega) + S_X(\omega)\mathrm{e}^{-\mathrm{i}\omega T} + S_X(\omega)\mathrm{e}^{\mathrm{i}\omega T} = 2S_X(\omega)(1 + \cos(\omega T)) \, .$$

10.14 解：由维纳-辛钦公式，

$$S_X(\omega) = 2\int_0^\infty R_X(\tau)\cos(\omega\tau)\mathrm{d}\tau = 2\int_0^\infty \left[4\mathrm{e}^{-\tau}\cos(\pi\tau) + \cos(3\pi\tau)\right]\cos(\omega\tau)\mathrm{d}\tau$$

$$= \int_0^\infty \{4\mathrm{e}^{-\tau}[\cos(\omega+\pi)\tau + \cos(\omega-\pi)\tau] + \cos(\omega+3\pi)\tau + \cos(\omega-3\pi)\tau\}\mathrm{d}\tau$$

其中

$$\int_0^\infty \mathrm{e}^{-\tau}\cos[(\omega+\pi)\tau]\mathrm{d}\tau = -\mathrm{e}^{-\tau}\cos(\omega+\pi)\tau\Big|_0^\infty - (\omega+\pi)\int_0^\infty \mathrm{e}^{-\tau}\sin[(\omega+\pi)\tau]\mathrm{d}\tau$$

$$= 1 + (\omega+\pi)\mathrm{e}^{-\tau}\sin(\omega+\pi)\tau\Big|_0^\infty - (\omega+\pi)^2\int_0^\infty \mathrm{e}^{-\tau}\cos[(\omega+\pi)\tau]\mathrm{d}\tau$$

$$= 1 - (\omega+\pi)^2\int_0^\infty \mathrm{e}^{-\tau}\cos[(\omega+\pi)\tau]\mathrm{d}\tau$$

故

$$\int_0^\infty \mathrm{e}^{-\tau}\cos[(\omega+\pi)\tau]\mathrm{d}\tau = \frac{1}{(\omega+\pi)^2 + 1} \, .$$

同理

$$\int_0^\infty \mathrm{e}^{-\tau}\cos[(\omega-\pi)\tau]\mathrm{d}\tau = \frac{1}{(\omega-\pi)^2 + 1} \, .$$

而

$$\int_0^\infty \cos[(\omega+3\pi)\tau]\mathrm{d}\tau = \frac{1}{2}\int_{-\infty}^\infty \cos[(\omega+3\pi)\tau]\mathrm{d}\tau$$

$$= \frac{1}{2}\int_{-\infty}^\infty \mathrm{e}^{\mathrm{i}(\omega+3\pi)\tau}\mathrm{d}\tau = \pi\delta(\omega+3\pi) \, .$$

同理

$$\int_0^\infty \cos[(\omega-3\pi)\tau]\mathrm{d}\tau = \pi\delta(\omega-3\pi) \, .$$

故

$$S_X(\omega) = \frac{4}{(\omega+\pi)^2 + 1} + \frac{4}{(\omega-\pi)^2 + 1} + \pi\delta(\omega+3\pi) + \pi\delta(\omega-3\pi) \, .$$

10.15 证明：（1）φ 的密度函数为

$$p_\varphi(x) = \begin{cases} \dfrac{1}{2\pi}, & x \in (0, 2\pi) \\ 0, & \text{其他} \end{cases} ,$$

(φ, Θ) 的联合密度为 $p_\varphi(x)p(\theta)$，其中 $p(\theta)$ 为 Θ 的密度函数.

$$EX(t) = E\big[a\cos(\Theta t + \varphi)\big] = \int_{-\infty}^{+\infty}\int_0^{2\pi} a\cos(\theta t + x)\frac{1}{2\pi}p(\theta)\mathrm{d}x\mathrm{d}\theta = 0 \, ,$$

$$R_X(t, t-\tau) = EX(t)X(t-\tau) = E\left[a^2\cos(\Theta t+\varphi)\cos(\Theta t-\Theta\tau+\varphi)\right]$$

$$= \frac{a^2}{2}E\left[\cos(2\Theta t-\theta\tau+2\varphi)+\cos(\Theta\tau)\right]$$

$$= \frac{a^2}{2}E[\cos((2t-\tau)\Theta+2\varphi)]+\frac{a^2}{2}E[\cos(\Theta\tau)]$$

$$= \frac{a^2}{2}E\cos(\Theta\tau) = R_X(\tau).$$

$X(t)$ 的均值为 0，相关函数 $R_X(t,t-\tau)$ 与时间 t 无关，$X(t)$ 是平稳过程.

（2） $R_X(\tau) = \dfrac{a^2}{2}E\cos(\Theta\tau) = \dfrac{a^2}{2}\displaystyle\int_{-\infty}^{+\infty}\cos(\omega\tau)p(\omega)\mathrm{d}\omega$

$$= \frac{a^2}{2}\int_{-\infty}^{+\infty}p(\omega)\mathrm{e}^{\mathrm{i}\omega t}\mathrm{d}\omega = \frac{1}{2\pi}\int_{-\infty}^{+\infty}\pi a^2 p(\omega)\mathrm{e}^{\mathrm{i}\omega t}\mathrm{d}\omega, \qquad (\,p(\omega) \text{ 是偶函数})$$

又由维纳-辛钦公式，

$$R_X(\tau) = \frac{1}{2\pi}\int_{-\infty}^{+\infty}s_X(\omega)\mathrm{e}^{\mathrm{i}\omega t}\mathrm{d}\omega,$$

因此有 $s_X(\omega) = a^2\pi p(\omega)$.

10.16 解：设 $X(t)$ 和 $Y(t)$ 的相关函数分别为 $R_X(\tau)$ 和 $R_Y(\tau)$，由 $X(t)$ 和 $Y(t)$ 相互独立知互相关函数

$$R_{XY}(t, t-\tau) = E[X(t)Y(t-\tau)] = E[X(t)]E[Y(t-\tau)] = \mu_X\mu_Y$$

与 t 无关，同理

$$R_{XZ}(t, t-\tau) = E[X(t)Z(t-\tau)] = E[X(t)X(t-\tau)+X(t)Y(t-\tau)]$$

$$= R_X(\tau)+R_{XY}(t, t-\tau) = R_X(\tau)+\mu_X\mu_Y$$

与 t 无关，故

$$R_{XY}(\tau)) = \mu_X\mu_Y, \quad R_{XZ}(\tau) = R_X(\tau)+\mu_X\mu_Y.$$

$$S_{XY}(\omega) = \int_{-\infty}^{\infty}R_{XY}(\tau)\mathrm{e}^{-\mathrm{i}\omega\tau}\mathrm{d}\tau = \mu_X\mu_Y\int_{-\infty}^{\infty}\mathrm{e}^{-\mathrm{i}\omega\tau}\mathrm{d}\tau = 2\pi\mu_X\mu_Y\delta(\omega),$$

$$S_{XZ}(\omega) = \int_{-\infty}^{\infty}R_{XZ}(\tau)\mathrm{e}^{-\mathrm{i}\omega\tau}\mathrm{d}\tau = \int_{-\infty}^{\infty}R_X(\tau)\mathrm{e}^{-\mathrm{i}\omega\tau}\mathrm{d}\tau+\mu_X\mu_Y\int_{-\infty}^{\infty}\mathrm{e}^{-\mathrm{i}\omega\tau}\mathrm{d}\tau$$

$$= S_X(\omega)+2\pi\mu_X\mu_Y\delta(\omega).$$

10.17 证明：$EX(t) = 0, \forall t \in R$.

（1） $EY(t) = E[X(t)-X(t-1)] = EX(t)-EX(t-1) = 0$，

$$R_Y(t, t-\tau) = EY(t)Y(t-\tau) = E[X(t)-X(t-1)][X(t-\tau)-X(t-1-\tau)],$$

① 当 $|\tau|\geqslant 1$ 时，则由 $X(t)-X(t-1)$ 与 $X(t-\tau)-X(t-1-\tau)$ 独立知

$$R_Y(t, t-\tau) = E[X(t)-X(t-1)]E[X(t-\tau)-X(t-1-\tau)] = 0$$

② 当 $0 \leqslant \tau < 1$ 时，将 $(t-1-\tau, t)$ 分成以下三个区间：

$$(t-1-\tau, t-1] \bigcup (t-1, t-\tau] \bigcup (t-\tau, t),$$

————————————————————————
$\quad\quad t-1-\tau \quad\quad t-1 \quad\quad t-\tau \quad\quad t$

有

$$R_Y(t, t-\tau) = E[X(t) - X(t-\tau) + X(t-\tau) - X(t-1)] \cdot$$

$$[X(t-\tau) - X(t-1) + X(t-1) - X(t-1-\tau)]$$

$$= E[X(t-\tau) - X(t-1)]^2 = 1 - \tau$$

③ 当 $-1 < \tau < 0$ 时，将 $(t-1, t-\tau)$ 分成以下三个区间：

$$(t-1, t-1-\tau] \bigcup (t-1-\tau, t] \bigcup (t, t-\tau),$$

————————————————————————
$\quad\quad t-1 \quad\quad t-1-\tau \quad\quad t \quad\quad t-\tau$

$$R_Y(t, t-\tau) = E[X(t) - X(t-1-\tau) + X(t-1-\tau) - X(t-1)] \cdot$$

$$[X(t-\tau) - X(t) + X(t) - X(t-1-\tau)]$$

$$= E[X(t) - X(t-1-\tau)]^2 = 1 + \tau$$

故对 $\forall t \in R$，$R_Y(t, t-\tau)$ 与 t 无关，

$$R_Y(\tau) = R_Y(t, t-\tau) = \begin{cases} 1 - |\tau|, & |\tau| < 1 \\ 0, & |\tau| \geqslant 1 \end{cases}$$

从而 $\{Y(t), -\infty < t < \infty\}$ 为平稳过程.

（2）$Y(t)$ 的功率谱密度

$$S_Y(\omega) = \int_{-\infty}^{+\infty} R_Y(\tau) \mathrm{e}^{-\mathrm{i}\omega\tau} \mathrm{d}\tau = \int_{-1}^{1} (1 - |\tau|) \mathrm{e}^{-\mathrm{i}\omega\tau} \mathrm{d}\tau$$

$$= 2 \int_0^1 (1 - \tau) \cos(\omega\tau) \mathrm{d}\tau = 2 \left[\frac{1-\tau}{\omega} \sin(\omega\tau) \right]_0^1 + \frac{2}{\omega^2} \int_0^1 \sin(\omega\tau) \mathrm{d}\tau$$

$$= -\frac{2}{\omega^2} \cos(\omega\tau) \bigg|_0^1 = \frac{2}{\omega^2} (1 - \cos\omega).$$

10.18　解：依题意 $Y(t) = X(t-T)$，且 $X(t)$ 的相关函数 $R_X(\tau) = N_0 \delta(\tau)$.

互相关函数

$$R_{XY}(\tau) = E[X(t)Y(t-\tau)] = E[X(t)X(t-\tau-T)] = R_X(\tau+T) = N_0 \delta(\tau+T),$$

$$R_{YX}(\tau) = E[Y(t)X(t-\tau)] = E[X(t-T)X(t-\tau)] = R_X(\tau-T) = N_0 \delta(\tau-T).$$

互谱密度

$$S_{XY}(\omega) = \int_{-\infty}^{\infty} R_{XY}(\tau) \mathrm{e}^{-\mathrm{i}\tau\omega} \mathrm{d}\tau = N_0 \mathrm{e}^{\mathrm{i}\omega T} \int_{-\infty}^{\infty} \delta(\tau+T) \mathrm{e}^{-\mathrm{i}(\tau+T)\omega} \mathrm{d}\tau = N_0 \mathrm{e}^{\mathrm{i}\omega T},$$

$$S_{YX}(\omega) = \int_{-\infty}^{\infty} R_{YX}(\tau) \mathrm{e}^{-\mathrm{i}\tau\omega} \mathrm{d}\tau = N_0 \mathrm{e}^{-\mathrm{i}\omega T} \int_{-\infty}^{\infty} \delta(\tau-T) \mathrm{e}^{-\mathrm{i}(\tau-T)\omega} \mathrm{d}\tau = N_0 \mathrm{e}^{-\mathrm{i}\omega T}.$$

参 考 文 献

[1] 胡迪鹤. 随机过程论. 武汉：武汉大学出版社. 2000.

[2] 林元烈. 应用随机过程. 北京：清华大学出版社，2002.

[3] 刘次华. 随机过程（第四版）. 武汉：华中科技大学出版社，2008.

[4] 汪荣鑫. 随机过程. 西安：西安交通大学出版社：1987.

[5] 何声武. 随机过程引论. 北京：高等教育出版社，1995.

[6] 龚光鲁，钱敏平. 应用随机过程. 北京：清华大学出版社，2004.

[7] 李漳南，吴荣. 随机过程教程. 北京：高等教育出版社，1987.

[8] 严士健，刘秀芳. 测度与概率（第二版）. 北京：北京师范大学出版社，2003.

[9] 邓永录，梁之舜. 随机点过程及其应用. 北京：科学出版社，1992.

[10] 何书元. 随机过程. 北京：北京大学出版社，2008.

[11] 张波，商豪. 应用随机过程（第二版）. 北京：中国人民大学出版社，2009.

[12] Sheldem M. Ross，龚光鲁译. 应用随机过程（第 11 版）. 北京：人民邮电出版社，2015.

[13] 劳斯. 何声武，等译，随机过程. 北京：中国统计出版社，1997.

[14] 汪嘉冈. 概率论基础（第二版）. 上海：复旦大学出版社，2005.

[15] 姜启源，谢金星，叶俊. 数学模型（第三版）. 北京：高等教育出版社，2001.